Lärmschutz und Innenentwicklung

BERLINER SCHRIFTEN
ZUR STADT- UND REGIONALPLANUNG

Herausgegeben von Stephan Mitschang

Band 23

Benjamin Heyn

Lärmschutz und Innenentwicklung

Ist der Lärmschutz notwendiges Korrektiv oder
störendes Hemmnis für die Innenentwicklung?

Bibliografische Information der Deutschen Nationalbibliothek
Die Deutsche Nationalbibliothek verzeichnet diese Publikation
in der Deutschen Nationalbibliografie; detaillierte bibliografische
Daten sind im Internet über http://dnb.d-nb.de abrufbar.

ISSN 1861-762X
ISBN 978-3-631-65097-4 (Print)
E-ISBN 978-3-653-04166-8 (E-Book)
DOI 10.3726/978-3-653-04166-8

© Peter Lang GmbH
Internationaler Verlag der Wissenschaften
Frankfurt am Main 2014
Alle Rechte vorbehalten.
PL Academic Research ist ein Imprint der Peter Lang GmbH.

Peter Lang – Frankfurt am Main · Bern · Bruxelles · New York ·
Oxford · Warszawa · Wien

Das Werk einschließlich aller seiner Teile ist urheberrechtlich
geschützt. Jede Verwertung außerhalb der engen Grenzen des
Urheberrechtsgesetzes ist ohne Zustimmung des Verlages
unzulässig und strafbar. Das gilt insbesondere für
Vervielfältigungen, Übersetzungen, Mikroverfilmungen und die
Einspeicherung und Verarbeitung in elektronischen Systemen.

Dieses Buch erscheint in einer Herausgeberreihe bei PL Academic Research
und wurde vor dem Erscheinen peer reviewed.

www.peterlang.com

Vorwort

Das städtebauliche Leitbild der Innenentwicklung verfolgt das Ziel, die Inanspruchnahme von noch naturhaften Flächen zu reduzieren und die bauliche Entwicklung auf noch nicht bebaute, mindergenutzte oder brachgefallene Grundstücksflächen im bereits bebauten Bereich zu lenken. Im Rahmen der vor kurzem in Kraft getretenen Innenentwicklungsnovelle 2013 wurde die Bodenschutzklausel um eine Begründungs- und Ermittlungspflicht ergänzt und erweitert, soweit jedenfalls weiterhin das Bauen auf der „grünen Wiese" stattfinden soll sowie eine Prüfpflicht für die Inanspruchnahme landwirtschaftlich oder als Wald genutzter Flächen für die Durchführung von Ausgleichs- und Ersatzmaßnahmen begründet. Mit der insoweit vorgenommenen strategischen Stärkung der Innenentwicklung mag zwar ein Beitrag zum angestrebten Ziel der Reduzierung der Flächeninanspruchnahme geleistet werden können, doch tauchen auch neue Fragestellungen auf. Eines dieser neuen Probleme ist die Bewältigung von Lärmkonflikten, die infolge einer weiteren baulichen Verdichtung künftig sogar vermehrt auftreten werden.

Diesem für das wirkliche Erreichen einer städtebaulichen Innenentwicklung anzugehenden Themenkomplex hat Benjamin Heyn seine Masterarbeit mit dem Thema „Lärmschutz und Innenentwicklung – Ist der Lärmschutz notwendiges Korrektiv oder störendes Hemmnis für die Innenentwicklung" gewidmet. Es handelt sich dabei um eine den Studiengang der „Stadt- und Regionalplanung" an der Technischen Universität Berlin abschließende Studienarbeit, in der sich Benjamin Heyn sowohl unter fachlichen wie auch rechtlichen Gesichtspunkten mit den aktuellen Fragen des Lärmschutzes und ihrem Verhältnis zur städtebaulichen Innenentwicklung nicht nur auseinandergesetzt, sondern auch weiterführende Gedanken zur Lösung von Konfliktsituationen entwickelt hat. Das Lesen dieser Arbeit ist all jenen zu empfehlen, die eine Stärkung der Innenentwicklung nicht nur fordern, sondern es auch tun.

Berlin, im November 2013
Universitätsprofessor Dr.-Ing. habil. Stephan Mitschang
am Institut für Stadt- und Regionalplanung der TU Berlin
Fachgebiet Städtebau- und Siedlungswesen
– Orts-, Regional- und Landesplanung –
Hardenbergstraße 40 a
10623 Berlin

Inhaltsverzeichnis

Abkürzungsverzeichnis xiii
A. Einführung 1
B. Innenentwicklung als aktuelles städtebauliches Leitbild 3
   I. Veränderte Rahmenbedingungen 5
      I.1. Demografischer Wandel 5
         I.1.1. Bevölkerungsrückgang 5
         I.1.2. Anstieg des Durchschnittsalters 7
      I.2. Flächeninanspruchnahme 9
   II. Ziele 12
      II.1. Reduzierung der Flächeninanspruchnahme 13
      II.2. Zunahme der Nutzungsmischung 14
   III. Maßnahmen 16
      III.1. Bauliche Maßnahmen 16
      III.2. Nutzungsspezifische Maßnahmen 17
   IV. Instrumente 19
      IV.1. Flächennutzungsplanung 19
      IV.2. Bebauungsplanung 21
      IV.3. Informelle Planungen 22
   V. Zwischenfazit 23
C. Lärm als schädliche Umwelteinwirkung 25
   I. Physikalische Grundlagen 25
   II. Rechtliche Einordnung 27
   III. Lärmsituation in deutschen Städten 28
      III.1. Lärmquellen 29
      III.2. Auswirkungen 29
         III.2.1. Auswirkungen auf die Gesundheit des
              Menschen 30
         III.2.2. Auswirkungen auf Immobilien 30
   IV. Schallschutz 31
      IV.1. Aktiver Schallschutz 31
      IV.2. Passiver Schallschutz 32

D. Die Berücksichtigung von Belangen des Lärmschutzes bei der Zulassung von Vorhaben 33
  I. Zulässigkeit im Geltungsbereich eines Bebauungsplans 33
    I.1. Gebietsverträglichkeit 35
    I.2. Gebot der Rücksichtnahme 37
      I.2.1. Belästigungen und Störungen 40
      I.2.2. Maßstabsfunktion von lärmtechnischen Regelwerken 42
      I.2.3. Schallschutzmaßnahmen zur Wahrung der Zumutbarkeit 46
        a) Aktiver Schallschutz 47
        b) Passiver Schallschutz 48
  II. Zulässigkeit in einem im Zusammenhang bebauten Ortsteil 51
    II.1. Eigenart der näheren Umgebung 51
    II.2. Erfordernis der Einfügens 54
      II.2.1. Zulässigkeitskriterien 54
      II.2.2. Gebot der Rücksichtnahme 56
      II.2.3. Verbot der Begründung oder Erhöhung von bodenrechtlichen Spannungen 58
      II.2.4. Weitere Zulässigkeitsvoraussetzungen 59
    II.3. Sonderregelungen nach § 34 Abs. 3a BauGB 60
  III. Zwischenfazit 61

E. Die Berücksichtigung von Belangen des Lärmschutzes in der Bauleitplanung 63
  I. Lärmminderung als Aufgabe der Bauleitplanung 63
    I.1. Planungsgrundsätze gem. § 1 Abs. 5 BauGB 64
    I.2. Planungsleitlinien gem. § 1 Abs. 6 BauGB 65
      I.2.1. Allgemeine Anforderungen an gesunde Wohn- und Arbeitsverhältnisse 65
      I.2.2. Belange des Umweltschutzes 66
      I.2.3. Informelle gemeindliche Konzepte 68
  II. Regelwerke zum Lärmschutz und ihre Bedeutung für die Bauleitplanung 69
    II.1. Bundes-Immissionsschutzgesetz 70
      II.1.1. Planungsrelevante Inhalte 71
      II.1.2. Anwendungsbereich 74

II.2. Verkehrslärmschutzverordnung 75
  II.2.1. Planungsrelevante Inhalte 75
  II.2.2. Anwendungsbereich 77
II.3. Sportanlagenlärmschutzverordnung 78
  II.3.1. Planungsrelevante Inhalte 79
  II.3.2. Anwendungsbereich 82
II.4. Technische Anleitung zum Schutz gegen Lärm 83
  II.4.1. Planungsrelevante Inhalte 84
  II.4.2. Anwendungsbereich 87
II.5. DIN 18005 „Schallschutz im Städtebau" 88
  II.5.1. Planungsrelevante Inhalte 88
  II.5.2. Anwendungsbereich 90
II.6. Freizeitlärm-Richtlinie 90
  II.6.1. Planungsrelevante Inhalte 91
  II.6.2. Anwendungsbereich 92
II.7. Lärmaktionspläne 93
  II.7.1. Planungsrelevante Inhalte 94
  II.7.2. Anwendungsbereich 95
III. Potenzielle Konfliktsituation in überwiegend bebauten Bereichen 97
  III.1. Überplanung von Gemengelagen 97
  III.2. Planung von nutzungsgemischten Strukturen 99
  III.3. Heranrückende schutzbedürftige Bebauung an ein emittierendes Vorhaben 100
  III.4. Planung eines emittierenden Vorhabens 101
  III.5. Planung der Errichtung oder Erweiterung einer Straße 102
IV. Planerischer Umgang mit Lärm 102
  IV.1. Lärm in der Umweltprüfung 104
    IV.1.1. Ermittlung 105
    IV.1.2. Beschreibung 107
    IV.1.3. Bewertung 107
  IV.2. Flächennutzungsplanung 107
  IV.3. Bebauungsplanung 109
    IV.3.1. Gliederung durch Baugebiete 110
    IV.3.2. Feinsteuerung der Zulässigkeitstatbestände 113
      a) Horizontale Gliederung gem. § 1 Abs. 4 BauNVO 114
      b) Feinsteuerung der allgemein zulässigen Nutzungen gem. § 1 Abs. 5 BauNVO 119

        c) Feinsteuerung der ausnahmsweise zulässigen Nutzungen gem. § 1 Abs. 6 BauNVO 121
        d) Vertikale Gliederung gem. § 1 Abs. 7 BauNVO 122
        e) Feinsteuerung von bestimmten Arten von Anlagen gem. § 1 Abs. 9 BauNVO 123
    IV.3.3. Fremdkörperfestsetzung 123
    IV.3.4. Flächen und Vorkehrungen nach § 9 Abs. 1 Nr. 24 BauGB 126
        a) Schutzflächen 126
        b) Flächen für besondere Anlagen und Vorkehrungen 127
        c) Bauliche und sonstige technische Vorkehrungen 127
    IV.3.5. Befristete und bedingte Festsetzungen 129
    IV.3.6. Unzulässige Festsetzungen 132
  IV.4. Städtebauliche Verträge 133
 V. Zwischenfazit 135

F. Beispiele für Festsetzungen zum Lärmschutz aus der Planungspraxis 137
 I. Passiver Lärmschutz nach DIN 4109 137
  I.1. Lärmschutzrelevante Festsetzung 138
  I.2. Bewertung der Festsetzung 138
 II. Lärmschutzwand als Bedingungen für die Wohnnutzung 141
  II.1. Lärmschutzrelevante Festsetzung 141
  II.2. Bewertung der Festsetzung 144
 III. Nutzungsbeschränkungen für Mitarbeiterparkplatz 145
  III.1. Lärmschutzrelevante Festsetzung 145
  III.2. Bewertung der Festsetzung 146

G. Zusammenfassung 151

H. Verzeichnisse 153
 I. Quellenverzeichnisse 153
  I.1. Literatur 153
    I.1.1. Monografien 153
    I.1.2. Zeitschriftenaufsätze 155
    I.1.3. Beiträge in Sammelwerken 159
    I.1.4. Kommentierungen 161

I.2. Rechtsprechung..162
   I.2.1. Entscheidungen des Bundesverwaltungsgerichts...................162
   I.2.2. Entscheidungen der oberen Verwaltungsgerichte
       der Länder..167
I.3. Weitere Quellen 169
   I.3.1. Parlamentarische Drucksachen 169
   I.3.2. Internetquellen...170
   I.3.3. Sonstige Quellen 172
II. Rechtsgrundlagenverzeichnis..172
III. Abbildungsverzeichnis..173
IV. Tabellenverzeichnis...174

Abkürzungsverzeichnis

a. A.	anderer Auffassung
ABl.	Amtsblatt
Abs.	Absatz
AfK	Archiv für Kommunalwissenschaften (seit 2001: Deutsche Zeitschrift für Kommunalwissenschaften)
Alt.	Alternative
APuZ	Aus Politik und Zeitgeschichte (Zeitschrift)
ARL	Akademie für Raumforschung und Landesplanung
Art.	Artikel
Aufl.	Auflage
BauGB	Baugesetzbuch
BauNVO	Baunutzungsverordnung
BauR	Zeitschrift für das gesamte öffentliche und zivile Baurecht
BBauG	Bundesbaugesetz
BBSR	Bundesinstitut für Bau-, Stadt- und Raumforschung
Beschl. v.	Beschluss vom
BGBl.	Bundesgesetzblatt
BImSchG	Bundes-Immissionsschutzgesetz
BImSchV	Bundes-Immissionsschutzverordnung
BMU	Bundesministerium für Umwelt, Naturschutz und Reaktorsicherheit
BMVBS	Bundesministerium für Verkehr, Bau und Stadtentwicklung
BR-Drs.	Bundesrats-Drucksache
BRS	Baurechtssammlung (Rechtsprechung der Verwaltungsgerichte)
BT-Drs.	Bundestags-Drucksache
BVerwG	Bundesverwaltungsgericht
BVerwGE	Entscheidungen des Bundesverwaltungsgerichts (Sammlung)

dB(A)	Dezibel mit Bewertungskurve A (Maßeinheit für den Schalldruckpegel)
Die alte Stadt	Zeitschrift für Stadtgeschichte, Stadtsoziologie, Denkmalpflege und Stadtentwicklung (seit 2010: Forum Stadt)
Difu	Deutsches Institut für Urbanistik
DIN	Norm des Deutschen Instituts für Normung
DNotZ	Deutsche Notar-Zeitschrift
DÖV	Die Öffentliche Verwaltung (Zeitschrift)
DVBl.	Deutsches Verwaltungsblatt (Zeitschrift)
et al.	und andere (et alius)
f.	folgende [Seite]
ff.	folgende [Seiten]
FSP	flächenbezogener Schallleistungspegel
fub	Flächenmanagement und Bodenordnung (Zeitschrift)
Fußn.	Fußnote
gem.	gemäß
GewArch	Gewerbearchiv (Zeitschrift)
GG	Grundgesetz für die Bundesrepublik Deutschland
GMBl	Gemeinsames Ministerialblatt
Hrsg.	Herausgeber
hrsg.	herausgegeben
Hs.	Halbsatz
i. d. F.	in der Fassung
IBR	Immobilien & Baurecht (Zeitschrift)
IFSP	immissionswirksamer flächenbezogener Schallleistungspegel
IzR	Informationen zur Raumentwicklung (Zeitschrift)
JA	Juristische Arbeitsblätter (Zeitschrift)
jurisPR-BVerwG	juris PraxisReport Bundesverwaltungsgericht (Zeitschrift)
JuS	Juristische Schulung (Zeitschrift)
KommJur	Der Kommunaljurist (Zeitschrift)
lit.	Buchstabe (litera)
LKRZ	Zeitschrift für Landes- und Kommunalrecht
LKV	Landes- und Kommunalverwaltung (Zeitschrift)
Ls.	Leitsatz
NdsVBl.	Niedersächsische Verwaltungsblätter (Zeitschrift)

NJW	Neue Juristische Woche (Zeitschrift)
NordÖR	Zeitschrift für Öffentliches Recht in Norddeutschland
NuR	Natur und Recht (Zeitschrift)
NVwZ	Neue Zeitschrift für Verwaltungsrecht
NVwZ-RR	Neue Zeitschrift für Verwaltungsrecht Rechtsprechungs-Report
NWVBl.	Nordrhein-Westfälische Verwaltungsblätter (Zeitschrift)
NZBau	Neue Zeitschrift für Baurecht und Vergaberecht
o. A.	ohne Angabe
ÖPNV	öffentlicher Personennahverkehr
OVG	Oberverwaltungsgericht
RaumPlanung	Fachzeitschrift für räumliche Planung und Forschung
RL	Richtlinie
Rn.	Randnummer
RuR	Raumforschung und Raumordnung (Zeitschrift)
S.	Seite
sog.	sogenannter
TA Lärm	Technische Anleitung zum Schutz gegen Lärm
UBA	Umweltbundesamt
UPR	Umwelt- und Planungsrecht (Zeitschrift)
Urt. v.	Urteil vom
VBlBW	Verwaltungsblätter für Baden-Württemberg (Zeitschrift)
VDI	Verein Deutscher Ingenieure
VerwRspr.	Verwaltungsrechtsprechung in Deutschland (Entscheidungssammlung)
VGH	Verwaltungsgerichtshof
vgl.	vergleiche
Vorbem	Vorbemerkung
VR	Verwaltungsrundschau (Zeitschrift)
ZfBR	Zeitschrift für deutsches und internationales Bau- und Vergaberecht
ZNER	Zeitschrift für Neues Energierecht
ZUR	Zeitschrift für Umweltrecht

# A. Einführung

Die Stadtplanung und der Städtebau in Deutschland unterliegen einem steten Wandel. Dies ist u. a. auf die beständige Fortentwicklung von räumlichen Leitbildern zurückzuführen. Seit Mitte der 1990er Jahre gewinnt das städtebauliche Leitbild der Innenentwicklung zunehmend an Bedeutung und kann aktuell als dominierende Zielvorstellung in der Stadtplanung angesehen werden. Die Umsetzung der Innenentwicklung soll vor allem mit Hilfe der räumlichen Gesamtplanung erfolgen. Das Instrumentarium für die kommunale Ebene wird im Städtebaurecht subsumiert.

Eines der zentralen Ziele der Innenentwicklung ist die Erhaltung und Schaffung nutzungsgemischter Strukturen. Die dabei vorhandene bzw. entstehende Nähe verschiedener Nutzungen mit unterschiedlichen Ansprüchen verlangt eine räumliche Steuerung, welche die teilweise gegenteiligen Belange zum Ausgleich bringen muss. Zu diesen widerstrebenden Belangen gehört auch der Lärmschutz: Während beispielsweise auf der einen Seite die Wohnnutzung ein Interesse an möglichst geringer Geräuschbelastung hat; kann der Gewerbebetriebe auf der anderen Seite einen weitgehend geräuscharmen Betriebsablauf regelmäßig nicht erreichen. Der Lärmschutz stellt die Raumplanung insofern vor erhebliche Herausforderungen, da der (immissionsschutzrechtliche) Grundgedanke der räumlichen Trennung bei der Innenentwicklung im Regelfall keine oder nur noch begrenzt Anwendung finden kann bzw. soll.

Im Folgenden gilt es deshalb zu untersuchen, wie die Belange des Lärmschutzes im Genehmigungsverfahren und in der Bauleitplanung Berücksichtigung finden. Dabei ist herauszuarbeiten, inwiefern der Lärmschutz als Korrektiv eine insgesamt nachhaltige Entwicklung fördern kann bzw. in welchen Punkten er hemmend wirkt und damit die Umsetzung der Innenentwicklung erschwert oder sogar verhindert.

Im vorliegenden Werk liegt der Fokus auf bodennahem, innerstädtischem Lärm, d. h., es erfolgt keine Auseinandersetzung mit Lärm(quellen) im Außenbereich und mit Fluglärm. Des Weiteren stehen vor allem die Möglichkeiten des städtebaulichen Lärmschutzes im Vordergrund; technische Fragen werden hingegen nicht untersucht.

B. Innenentwicklung als aktuelles städtebauliches Leitbild

Städtebauliche Leitbilder im heutigen Sinne existieren seit der zweiten Hälfte des 19. Jahrhunderts.[1] Es handelt sich dabei um

> *„umfassende bildhafte Darstellungen von komplexen Zielvorstellungen für eine wünschenswerte und auf gemeinsame Wertvorstellungen gegründete Ordnung und Gestaltung der gebauten Umwelt."*[2]

Seit Anfang der 1990er Jahre ist der Aspekt der nachhaltigen Entwicklung sehr stark in den Vordergrund des politischen Handelns gerückt, insbesondere seit der UN-Konferenz in Rio de Janeiro 1992. Seither haben Fragen der Nachhaltigkeit (auch) in der räumlichen Planung an Bedeutung gewonnen.[3] Auf städtischer Ebene wurde dies an den städtebaulichen Leitbildern der „kompakten, durchmischten Stadt", der „Stadt der kurzen Wege" sowie der Innenentwicklung deutlich. Alle drei Leitbilder verfolgen als Ziel u. a. die Beachtung des Nachhaltigkeitsgebots.[4] Darüber hinaus ist durch die BauGB-Novelle 1998 die nachhaltige städtebauliche Entwicklung in § 1 Abs. 5 Satz 1 BauGB[5] als allgemeiner Planungsgrundsatz hinzugefügt worden.[6] Die Innenentwicklungsnovelle 2013 hat diesen Grundsatz dahingehend konkretisiert, dass die städtebauliche

---

1 Z. B. Bandstadt und Gartenstadt als erste moderne Leitkonzepte; bereits zuvor Idealstadtkonzepte der Renaissance und des Barock. Vgl. *Jessen*, Leitbilder der Stadtentwicklung, in: *ARL* (Hrsg.), Handwörterbuch der Raumordnung, 4. Aufl., Hannover 2005, S. 602 (602).
2 *Borchard*, Braucht der Städtebau Leitbilder?, in: *Battis/Söfker/Stüer* (Hrsg.), Nachhaltige Stadt- und Raumentwicklung – Festschrift für Michael Krautzberger zum 65. Geburtstag, München 2008, S. 237 (237).
3 Vgl. *Weiland*, Nachhaltige Stadtentwicklung, in: *Henckel/Kuczkowski/Lau* et al. (Hrsg.), Planen – Bauen – Umwelt, Wiesbaden 2010, S. 343 (343 ff.).
4 Vgl. *Borchard*, a. a. O. (Fußn. 2), S. 237 (246 f.).
5 Baugesetzbuch (BauGB) i. d. F. der Bekanntmachung vom 23.09.2004 (BGBl. I S. 2414), das durch Art. 1 des Gesetzes vom 11.06.2013 (BGBl. I S. 1548) geändert worden ist.
6 Vgl. *Finkelnburg/Ortloff/Kment*, Öffentliches Baurecht – Band I, 6. Aufl., München 2011, S. 153; vgl. *Stüer*, Der Bebauungsplan, 4. Aufl., München 2009, S. 53 f.

Entwicklung vorrangig durch Maßnahmen der Innenentwicklung erfolgen soll[7], wodurch die Innenentwicklung gestärkt wird, wenngleich kein abstrakter Vorrang gegenüber anderen Belangen besteht[8]. Das städtebauliche Leitbild der Innenentwicklung kann demnach grundsätzlich als Ausdruck einer nachhaltigen Stadtentwicklung verstanden werden. Die Entwicklung nach innen, d. h. insbesondere die Orientierung auf den baulichen Bestand[9], ist zugleich in den Kontext der beiden Leitbilder „kompakte und durchmischte Stadt"[10] sowie „Stadt der kurzen Wege" einzuordnen, da eine exakte Abgrenzung nur begrenzt möglich ist und eine Legaldefinition für den Begriff „Innenentwicklung" nicht existiert.[11] Zwar stehen beim Leitbild der Innenentwicklung vor allem die bauliche Entwicklung im Bestand und damit die weitgehende Minimierung von baulichen Aktivitäten im Außenbereich im Vordergrund. Langfristig kann dies jedoch nur erfolgreich sein, wenn im Innenbereich die entsprechend notwendigen Voraussetzungen und Umstände geschaffen werden, womit den beiden oben genannten Leitbildern wieder Bedeutung zukommt.[12]

Im Folgenden werden zunächst die veränderten Rahmenbedingungen aufgezeigt, aus denen sich maßgeblich die Erforderlichkeit für die Innenentwicklung ergibt. Im Anschluss daran werden sowohl Ziele als auch Maßnahmen des Leitbildes vertiefend analysiert. Abschließend wird überblicksartig das planerische Instrumentarium auf kommunaler Ebene zur Umsetzung der Innenentwicklung in die räumliche Gesamtplanung aufgezeigt. Es wird jeweils auf die relevanten Vorschriften des Städtebaurechts Bezug genommen.

---

7 Siehe § 1 Abs. 5 Satz 3 BauGB.
8 Vgl. *Battis/Mitschang/Reidt*, Stärkung der Innenentwicklung in den Städten und Gemeinden, in: NVwZ 2013, S. 961 (962); vgl. *Mitschang*, Städtebauliche Instrumente für die Innenentwicklung, in: ZfBR 2013, S. 324 (327 f.).
9 Vgl. *Siedentop*, Innenentwicklung/Außenentwicklung, in: *Henckel/Kuczkowski/Lau* et al. (Hrsg.), Planen – Bauen – Umwelt, Wiesbaden 2010, S. 235 (236).
10 Auch bezeichnet als „Urbanität durch Dichte" sowie „Verdichtung und Verflechtung". Vgl. *Albers*, Die kompakte Stadt im Wandel der Leitbilder, in: *Wentz* (Hrsg.), Die kompakte Stadt, Frankfurt/Main 2000, S. 22 (24 f.).
11 Vgl. *Mitschang/Schwarz*, Innenentwicklung als Aufgabe von Metropolregionen – Ein Blick in die Planungspraxis am Beispiel des Ruhrgebietes, in: NWVBl. 2010, S. 258 (260).
12 So auch: vgl. *Spiekermann*, Räumliche Leitbilder in der kommunalen Planungspraxis, in: AfK 2000, S. 289 (306).

I. Veränderte Rahmenbedingungen

Es bestehen im Wesentlichen zwei Entwicklungen, die aus Sicht der Raumplanung eine räumliche Entwicklung nach innen erfordern: der demografische Wandel und die anhaltend hohe Flächenneuinanspruchnahme.
Auf weitere Rahmenbedingungen, wie z. B. den Klimawandel oder Veränderungen im Bereich der Mobilität, die – mindestens in Teilen – ebenfalls die Innenentwicklung rechtfertigen bzw. erfordern, wird im Rahmen dieses Werkes aufgrund der nachrangigen Bedeutung nicht vertiefend eingegangen.[13]

I.1. Demografischer Wandel

Der demografische Wandel in Deutschland hat verschiedene Facetten. Im Hinblick auf die Raumentwicklung sind dabei der Rückgang der Gesamtbevölkerung und der Anstieg des Durchschnittsalters entscheidend.

I.1.1. Bevölkerungsrückgang

Im Jahr 2011 lebten in Deutschland rund 80,5 Mio. Menschen.[14] Nach Prognosen des *Statistischen Bundesamtes* wird sich die Bevölkerungsanzahl bis zum Jahr 2030 – je nach Szenario – um 5,8% auf 77,3 Mio. bzw. um 3,5% auf 79,0 Mio. Menschen verringern. Bis 2060 soll die Bevölkerung sogar auf 64,6 bzw. 70,1 Mio. Menschen sinken.[15] Andere Prognosen zeigen einen ähnlichen Trend auf.[16] Es gibt aktuell allerdings noch keine Bevölkerungsprognosen, die die jüngste Volkszählung aus dem Jahr 2011, die vor allem eine deutliche geringere Bevölkerungsanzahl als bislang angenommen zum Ergebnis hatte[17], berücksichtigen.

---

13 Überblicksartig: vgl. *Mitschang/Schwarz*, a. a. O. (Fußn. 11), S. 258 (260). Mit Augenmerk auf deutsche Innenstädte: vgl. *Sandeck/Simon-Philipp*, Destination Innenstadt – zur Entwicklung der Innenstädte in Deutschland, in: Die alte Stadt 2008, S. 303 (303 ff.).
14 Vgl. *Statistisches Bundesamt* (Hrsg.), Bevölkerung und Erwerbstätigkeit – Vorläufige Ergebnisse der Bevölkerungsfortschreibung auf Grundlage des Zensus 2011, Wiesbaden 2013, S. 6.
15 Vgl. *Statistisches Bundesamt* (Hrsg.), Bevölkerung Deutschlands bis 2060, Wiesbaden 2009, S. 39 f.
16 Das *BBSR* prognostiziert für 2030 eine Bevölkerung von ca. 79,3 Mio. Menschen. Vgl. *BBSR* (Hrsg.), Raumordnungsprognose 2030, Bonn 2012, S. 11.
17 So war das *Statistische Bundesamt* bislang für 2011 von einer Bevölkerungszahl von ca. 81,8 Mio. ausgegangen. Vgl. *Statistisches Bundesamt* (Hrsg.), Bevölkerung und

Insofern wird der Bevölkerungsrückgang höchstwahrscheinlich noch stärker ausfallen als bisher prognostiziert.

Die Ursache für diesen Rückgang ist in erster Linie in der seit vielen Jahren geringen Geburtenrate in Deutschland zu sehen. Verstärkt wird die Schrumpfung der Bevölkerungszahl durch negative Wanderungssalden in Bezug auf die gesamte Bundesrepublik.[18]

Allerdings erfolgt die Bevölkerungsentwicklung regional sehr unterschiedlich; Abbildung 1 verdeutlicht dies. Insbesondere in den neuen Bundesländern wird sich die Bevölkerung bis 2030 teilweise um mehr als ein Fünftel reduzieren. Einige, wenige Regionen werden jedoch auch Zuwächse zu verzeichnen haben, z. B. die Umlandregionen von Berlin und München.[19]

Werden die Städte als räumlicher Bezugspunkt herangezogen, wird deutlich, dass die zentralen Lagen von Großstädten in den letzten Jahren wieder eine Bevölkerungszunahme verzeichnen können, während die Stadtrandlagen seit Mitte des letzten Jahrzehnts wieder an Einwohnern verlieren bzw. die Bevölkerungszahlen dort stagnieren. Beide Trends sind sowohl in Ost- als auch in Westdeutschland zu erkennen.[20] Ungeachtet dieser neuerlichen Entwicklungen verlieren zahlreiche Städte seit Jahren konstant Einwohner. Zu den zehn Großstädten mit dem stärksten Bevölkerungsrückgang im Zeitraum von 2000 bis 2009 zählen beispielsweise Gera (-11,7%), Gelsenkirchen (-6,8%), Hagen (-6,7%) und Halle/Saale (-6,4%). Andererseits konnten z. B. München (9,3%), Dresden (9,0%) sowie Mainz und Düsseldorf (jeweils 8,4%) im gleichen Zeitraum deutliche Zuwächse verzeichnen. Es wird sichtbar, dass die Trends der Bevölkerungsentwicklung in den Städten sich nicht eindeutig nach alten und neuen Bundesländern unterscheiden lassen.[21] Wenngleich der Rückgang insgesamt in Ostdeutschland deutlich stärker ausfällt, wird es in Zukunft bundesweit ein dichtes Nebeneinander von Bevölkerungswachstum und -schrumpfung geben.

Erwerbstätigkeit, Wiesbaden 2012, S. 6. Tatsächlich betrug sie jedoch nur 80,5 Mio. Vgl. *Statistisches Bundesamt* (Hrsg.), a. a. O. (Fußn. 14), S. 6.

18 Vgl. *Hradil*, Bevölkerung, in: *Hradil* (Hrsg.), Deutsche Verhältnisse – Eine Sozialkunde, Bonn 2012, S. 41 (51).

19 Vergleichbare räumliche Disparitäten prognostiziert auch die *Bertelsmann Stiftung* (Hrsg.), Bevölkerungsentwicklung 2006 bis 2025 für Landkreise und kreisfreie Städte, online: http://www.bertelsmann-stiftung.de/cps/rde/xbcr/SID-A44C6DEF-E34FAC9E/bst/xcms_bst_dms_26882_26883_2.pdf, Zugriff am 26.10.2013.

20 Vgl. *BBSR* (Hrsg.), Fokus Innenstadt – Aspekte innerstädtischer Bevölkerungsentwicklung, BBSR-Berichte 11/2010, Bonn 2010, S. 3.

21 Vgl. *BBSR* (Hrsg.), Renaissance der Großstädte – eine Zwischenbilanz, BBSR-Berichte 9/2011, Bonn 2011, S. 4.

Abbildung 1:   *Kleinräumige Bevölkerungsentwicklung bis 2030*

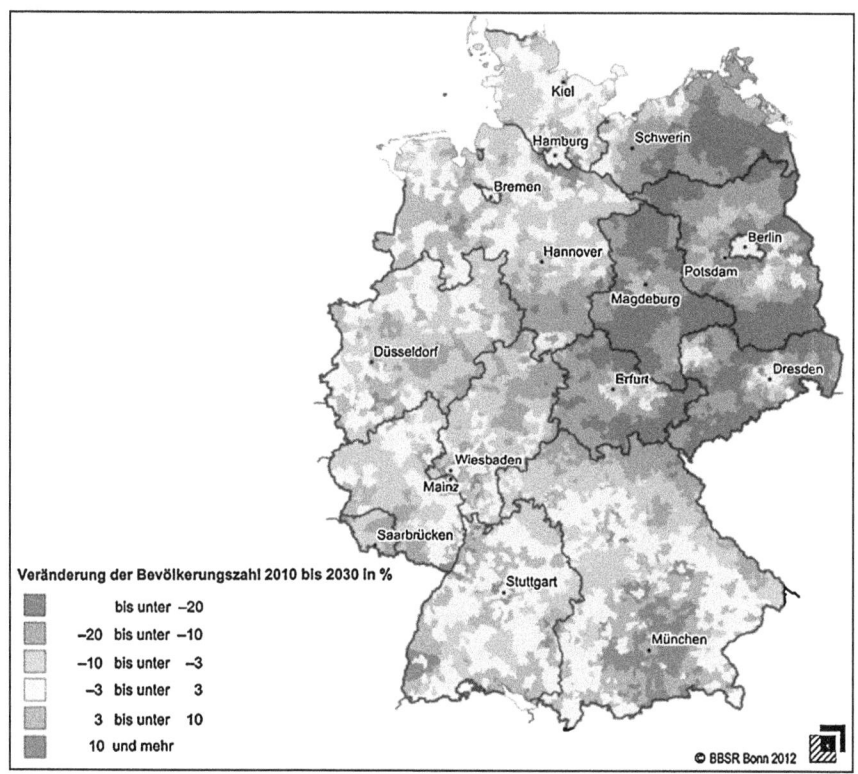

Quelle: BBSR (Hrsg.), Raumordnungsprognose 2030, Bonn 2012, S. 55

I.1.2. Anstieg des Durchschnittsalters

Der zweite bedeutende Aspekt des demografischen Wandels ist die Veränderung der Altersstruktur. Das Durchschnittsalter in Deutschland wird von 42,3 Jahren bei Männern bzw. 45,0 Jahren bei Frauen im Jahr 2010 auf rund 50 Jahre bei Männern bzw. rund 54 Jahre bei Frauen im Jahr 2060 ansteigen.[22] Dabei wird vor allem

---

22 Vgl. *Bundesinstitut für Bevölkerungsforschung* (Hrsg.), Medialalter in Deutschland – 1950 bis 2060, online: http://www.bib-demografie.de/DE/ZahlenundFakten/02/Abbildungen/a_02_16_medianalter_d_1950_2060.html?nn=3074118, Zugriff am 26.10.2013.

der Anteil der über 65-Jährigen deutlich zunehmen: von 20 auf 34 % im Zeitraum von 2008 bis 2060. Die Abbildung 2 stellt dies graphisch dar. Allerdings beruht die dabei zugrundeliegende Hochrechnung ebenfalls noch nicht auf der jüngsten Volkszählung aus dem Jahr 2011.

Abbildung 2: Bevölkerung nach Altersgruppen

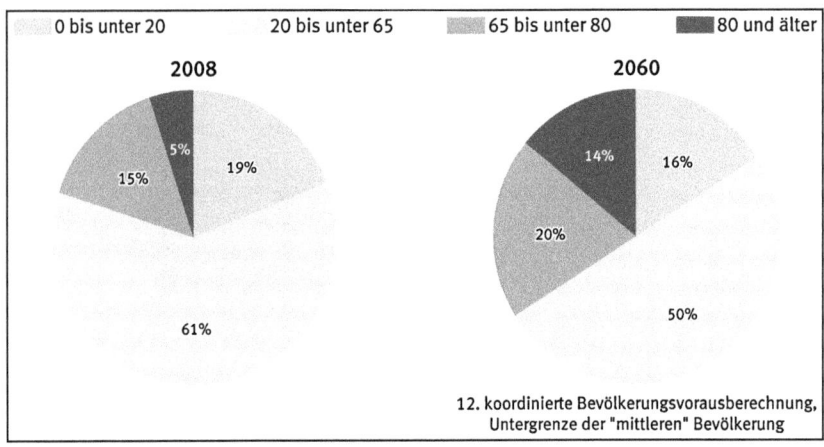

Quelle: Statistisches Bundesamt (Hrsg.), Bevölkerung Deutschlands bis 2060, Wiesbaden 2009, S. 16

Die Auswirkungen des demografischen Wandels auf den Raum und den damit verbundenen Anforderungen an die räumliche Planung sind enorm. Die Schrumpfung führt in weiten Teilen Deutschlands zu erheblichen Leerständen, vor allem bei Wohnungs- und Gewerbeimmobilien. In den neuen Bundesländern wurde diese Entwicklung durch die Binnenwanderung nach der Wiedervereinigung sogar noch verstärkt. Seit einigen Jahren sehen sich aber auch immer mehr westdeutsche Städte und Gemeinden mit der Problematik konfrontiert. Des Weiteren ist die vorhandene technische Infrastruktur häufig nicht anpassungsfähig und wird somit in der Zukunft oft überdimensioniert sein. Die Folge sind steigende Kosten für Wartung und Instandhaltung bei gleichzeitig reduzierter Nutzeranzahl. Darüber hinaus werden die Wege zwischen dem Wohnort und den Einrichtungen der Daseinsvorsorge (z. B. Schule, Arzt, Verwaltung) zunehmend länger, da die Tragfähigkeit dieser Institutionen in schrumpfenden Regionen – insbesondere in peripheren Lagen – zumeist nicht mehr gegeben sein wird und es deshalb zu einer Konzentration an wenigen zentralen Orten kommen wird.²³ All diese Entwicklungen sind häufig mit kostenintensiven Anpassungs- und Rückbaumaßnahmen verbunden, was jedoch durch sinkende (finanzielle) Handlungsspielräume auf Seiten der öffentlichen Hand – insbesondere bei den Städten und Gemeinden – zusätzlich erschwert wird²⁴.

Für die Bevölkerung vor Ort bedeuten die oben erläuterten Entwicklungen in der Regel ebenfalls höhere Kosten, beispielshalber für die Nutzung der Infrastruktur, aber auch wegen höherer Mobilitätskosten aufgrund längerer Wege zum Arbeitsplatz oder zu den Daseinsvorsorgeeinrichtungen.²⁵ Vor dem Hintergrund einer insgesamt älter werdenden Gesellschaft verschärft sich die Problematik noch einmal zusätzlich: Einerseits sind ältere Menschen weniger mobil als jüngere und damit auf eine möglichst umfassende Versorgung in Wohnortnähe angewiesen. Andererseits müssen sie die Angebote, beispielsweise im Hinblick auf die gesundheitliche Versorgung, häufiger in Anspruch nehmen²⁶.

I.2. Flächeninanspruchnahme

Bundesweit wurden im Jahr 2012 täglich rund 69 ha für Siedlungs-, Verkehrs- und Erholungsflächen neu in Anspruch genommen. Im Jahr zuvor lag der Wert noch bei 73 ha.²⁷ Zwar stellt dies einen deutlichen Rückgang gegenüber den Werten in den 1990er Jahren dar (z. B. 129 ha pro Tag im Zeitraum von 1997 bis 2000), allerdings liegen die Zahlen noch deutlich über der politischen Zielsetzung.²⁸ Laut der Nachhaltigkeitsstrategie der *Bundesregierung* aus dem Jahr 2002 soll die Flächeninanspruchnahme

---

23 Vgl. *Mäding*, Demographischer Wandel, in: *Henckel/Kuczkowski/Lau* et al. (Hrsg.), Planen – Bauen – Umwelt, Wiesbaden 2010, S. 105 (107 f.).
24 Vgl. *Siebel*, Die Zukunft der Städte, in: APuZ 17/2010, S. 3 (6 f.).
25 Vgl. *Berlin-Institut für Bevölkerung und Entwicklung* (Hrsg.), Vielfalt statt Gleichwertigkeit – Was Bevölkerungsrückgang für die Versorgung ländlicher Regionen bedeutet, Berlin 2013, S. 6 f.
26 Vgl. *Mäding*, a. a. O. (Fußn. 23), S. 105 (108). A. A.: vgl. *Weeber*, Wohnen in der Innenstadt, in: RaumPlanung 2012, S. 15 (18).
27 Eigene Berechnung auf Grundlage von Zahlen des *Statistischen Bundesamtes*. Vgl. *Statistisches Bundesamt* (Hrsg.), Land- und Forstwirtschaft, Fischerei – Bodenfläche nach Art der tatsächlichen Nutzung (Fachserie 3 Reihe 5.1), Wiesbaden 2013, S. 37.
28 Vgl. *BBSR* (Hrsg.), Auf dem Weg, aber noch nicht am Ziel – Trends der Siedlungsflächenentwicklung, BBSR-Berichte 10/2011, Bonn 2011, S. 3.

im Jahr 2020 maximal 30 ha pro Tag betragen.[29] Nach prognostischen Berechnungen des *BBSR* wird dieser Wert jedoch nicht einmal im Jahr 2030 erreicht werden können (siehe Abbildung 3). Gleichwohl ist langfristig – insbesondere aufgrund des Bevölkerungsrückgangs – von einer Reduzierung der Flächeninanspruchnahme auszugehen[30].

Abbildung 3:   Veränderung der täglichen Flächeninanspruchnahme durch Siedlung und Verkehr

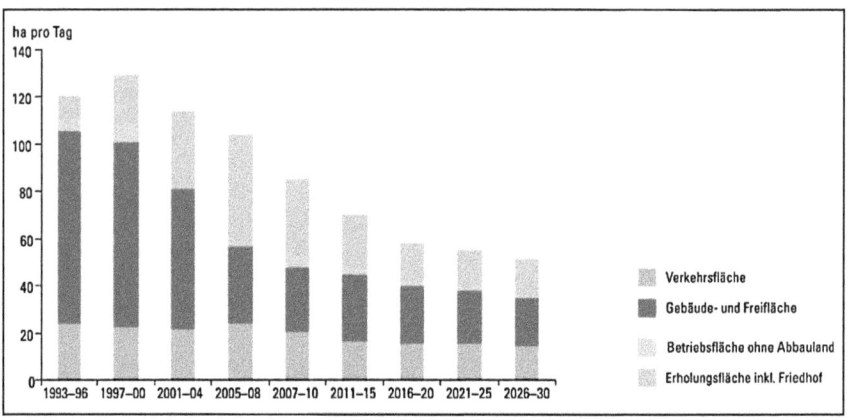

Quelle: BBSR (Hrsg.), Trends der Siedlungsflächenentwicklung – Status quo und Projektion 2030, BBSR-Analysen 09/2012, Bonn 2012, S. 10

Bei näherer Betrachtung der Siedlungsflächenentwicklung ist zu erkennen, dass in absoluten Zahlen die meisten neuen Siedlungsflächen im verdichten Umland von Städten entstehen (ca. 47 ha pro Tag im Zeitraum von 2001 bis 2004). Im Gegensatz dazu ist die Zunahme von Siedlungsflächen in Kernstädten, im ländlichen Umland sowie in ländlichen Kreisen deutlich geringer (Kernstädte ca. 10 ha, ländliches Umland ca. 28 ha und ländliche Kreise ca. 29 ha pro Tag im selben Zeitraum).[31] Werden diese Werte allerdings in Bezug zur übrigen Fläche gesetzt, so sind es neben dem verdichten Umland vor allem die Kernstädte, in denen überproportional Fläche in Anspruch genommen wird[32].

---

29 Vgl. *Bundesregierung*, Perspektiven für Deutschland – Unsere Strategie für eine nachhaltige Entwicklung, o. A. 2002, S. 99.
30 So auch: vgl. *Henger/Schröter-Schlaack/Ulrich/Distelkamp*, Flächeninanspruchnahme 2020 und das 30-ha-Ziel, in: RuR 2010, S. 297 (301 f.).
31 Vgl. ebenda, S. 9.
32 Vgl. ebenda, S. 4.

Die Ursachen für die anhaltend hohe Flächeninanspruchnahme lassen sich im Wesentlichen zwei Bereichen zuordnen: der Nachfrageseite und der Angebotsseite. Es besteht seit mehreren Jahrzehnten eine Nachfrage nach Wohn- und Gewerbeflächen hervorgerufen durch regionales Bevölkerungs- und Wirtschaftswachstum. In diesem Zusammenhang sind sowohl die Zunahme von Haushalten und der Wohnfläche pro Kopf als auch die weit verbreitete Präferenz des Wohnens im Eigenheim bzw. im „Grünen" – als Ausdruck von Wohlstand – zu nennen.[33]

Der zweite Ursachenkomplex lässt sich der Angebotsseite zuordnen. Seit Jahren werden von Seiten der öffentlichen Hand im großen Umfang Flächen für die Bebauung zur Verfügung gestellt. Kommunen stehen untereinander in Konkurrenz um Einwohner und (Gewerbe-)Steuereinnahmen mit der Folge, dass großflächig Bauland ausgewiesen wurde und wird, um für neue Einwohner und Unternehmen möglichst attraktiv zu sein.[34] Darüber hinaus existierten bzw. existieren verschiedene staatliche Subventionen, die mindestens mittelbar die Entwicklungen im Außenbereich förderten bzw. (teilweise) immer noch fördern: einerseits zur Bildung von Wohneigentum, insbesondere die sog. Eigenheimzulage (bis 2005); andererseits zur Förderung des Wohnens in suburbanen und ländlichen Räumen, u. a. die Entfernungspauschale oder die Förderung regionaler (Verkehrs-)Infrastrukturen.[35]

Die Folge der hohen Flächeninanspruchnahme ist in erster Linie ein Verlust an landwirtschaftlicher Nutzfläche. Im Zeitraum von 2005 bis 2008 gingen beispielshalber 115 ha pro Tag verloren.[36] Dieser Verlust kann allerdings nicht allein auf die Umwandlung in Siedlungs-, Verkehrs- und Erholungsflächen zurückgeführt werden. Vielmehr nimmt seit mehreren Jahrzehnten auch der Anteil von Waldflächen stetig zu[37] und verringert dadurch ebenfalls in Teilen die Grundlagen der landwirtschaftlichen Urproduktion.

Des Weiteren kommt es – insbesondere bei der Umwandlung naturnaher Flächen – zu verschiedenen Beeinträchtigungen des Naturhaushalts. Diese reichen von der Gefährdung der Biodiversität aufgrund des vollständigen Verlusts oder der

---

33 Vgl. *BMVBS/BBSR* (Hrsg.), Einflussfaktoren der Neuinanspruchnahme von Flächen, Bonn 2009, S. 105.
34 Vgl. *Bundesamt für Naturschutz* (Hrsg.), Stärkung des Instrumentariums zur Reduzierung der Flächeninanspruchnahme, Bonn 2008, S. 6.
35 Vgl. *BMVBS/BBSR* (Hrsg.), a. a. O. (Fußn. 33), S. 96.
36 Vgl. *BBSR* (Hrsg.), S. 3.
37 Vgl. *Bundesministerium für Ernährung, Landwirtschaft und Verbraucherschutz* (Hrsg.), Bundeswaldinventur² – Waldflächenveränderung, online: http://www.bundeswaldinventur.de/enid/ce41960de9ae254828bd0691e20dcaff,0/4r.html, Zugriff am 26.10.2013.

Zerschneidung und Fragmentierung von natürlichen Lebensräumen, über Auswirkungen auf das Mikroklima, bis hin zum Verlust von Bodenfunktionen wie z. B. der Abflussminderung, der Grundwasserneubildung oder der Filter- und Pufferfunktion.[38] Ferner wird unter siedlungsstrukturellen Gesichtspunkten aufgrund der unvermindert hohen Flächenumwandlung die Zersiedlung vorangetrieben. Dies führt wiederum zu einem Anstieg des Verkehrsaufkommens und zu einer Erhöhung verkehrsbedingter Emissionen, vor allem Lärm, Kohlenstoffdioxid und Feinstaub.[39]

Insbesondere vor dem Hintergrund der oben skizzierten Bevölkerungsentwicklung ist eine anhaltend hohe Flächeninanspruchnahme, die häufig mit Entwicklungen im Außenbereich verbunden ist, nicht nachhaltig. Langfristig zerstört sie die natürlichen Lebensgrundlagen – von Tier und Mensch gleichermaßen – und führt zu enormen Kostensteigerungen für die öffentliche Hand und den Einzelnen, wobei ein Teil der Folgen und der daraus resultierenden Kosten zum jetzigen Zeitpunkt nur bedingt abschätzbar sind.

II. Ziele

Das Hauptziel des städtebaulichen Leitbildes der Innenentwicklung lässt sich mit dem Grundsatz „Innen- vor Außenentwicklung" zusammenfassen.[40] Dies bedeutet allgemein, dass Entwicklungen im Bestand in aller Regel solchen im Außenbereich vorzuziehen sind. Wird dieses Hauptziel auf Zwischenziele heruntergebrochen, stehen die Reduzierung der Flächeninanspruchnahme und die Zunahme der Nutzungsmischung in Städten und Gemeinden im Vordergrund.

Grundsätzlich gilt es zu beachten, „dass eine forcierte Innenentwicklung nicht schrankenlos sein darf."[41] Dies beinhaltet vor allem eine Berücksichtigung der drei Aspekte einer nachhaltigen Entwicklung (Ökonomie, Ökologie und Soziales): So dürfen beispielsweise weder die ausreichende Versorgung der Bevölkerung mit Wohnraum noch die Bedürfnisse an den (wohnortnahen) Freiraum oder die allgemeinen Anforderungen an gesunde Wohn- und Arbeitsverhältnisse gefährdet oder beeinträchtigt sein.[42] Der letztgenannte Aspekt wird maßgebend durch die Lärmbelastung beeinflusst.

---

38 Vgl. *Bundesamt für Naturschutz* (Hrsg.), a. a. O. (Fußn. 34), S. 5.
39 Vgl. ebenda, S. 5 f.
40 So auch: vgl. *Mitschang*, Die Bedeutung der Baunutzungsverordnung für die Innenentwicklung der Städte und Gemeinden, in: ZfBR 2009, S. 10 (11).
41 *Siedentop*, a. a. O. (Fußn. 9), S. 235 (237).
42 Vgl. ebenda; vgl. *Borchard*, a. a. O. (Fußn. 2), S. 237 (247).

II.1. Reduzierung der Flächeninanspruchnahme

Die Flächeninanspruchnahme ist zwar seit einigen Jahren rückläufig, betrug jedoch im Jahr 2012 noch immer 69 ha pro Tag, d. h., Siedlungs-, Verkehrs- und Erholungsflächen nehmen nach wie vor zu. Die damit verbundenen Folgen, wie Bodenversiegelung und steigende Infrastrukturkosten, wurden bereits erläutert. Insofern widerspricht eine derart hohe Flächeninanspruchnahme einer nachhaltigen Raumentwicklung. Aus diesem Grund hat die *Bundesregierung* im Jahr 2002 im Rahmen der Nationalen Nachhaltigkeitsstrategie die Reduzierung der Flächeninanspruchnahme auf 30 ha pro Tag als Zielmarke für 2020 beschlossen (sog. Mengenziel).[43] Das *UBA* hat als Zwischenziel für 2015 55 ha pro Tag vorgeschlagen.[44] Zielsetzungen über das Jahr 2020 hinaus wurden bislang noch nicht beschlossen. Allerdings sollte insbesondere vor dem Hintergrund einer schrumpfenden Bevölkerung langfristig die vollständige Vermeidung der Inanspruchnahme von naturnahen und landwirtschaftlichen Flächen als Ziel formuliert werden[45].

Aktuellen Prognosen zufolge kann das Mengenziel von 30 ha pro Tag bis 2020 nicht erreicht werden[46]; vielmehr wird das Erreichen erst nach 2030 erwartet.[47] Dies ändert jedoch nichts an der Bedeutung des Ziels für eine nachhaltige Raumentwicklung.

Neben dem Mengenziel definiert die Nationale Nachhaltigkeitsstrategie auch ein sog. Qualitätsziel: Das Verhältnis der Innen- zur Außenentwicklung sollte mindestens drei zu eins betragen.[48] Im Rahmen eines Forschungsprojektes (im Zeitraum von 1996 bis 2003) wurde festgestellt, dass dieses Verhältnis bereits in den meisten untersuchten Städten erreicht wurde[49].

Auf europäischer oder internationaler Ebene existieren keine vergleichbaren Zielsetzungen zur Reduzierung der Flächeninanspruchnahme. Dies ist aufgrund der sehr unterschiedlichen Rahmenbedingungen in den verschiedenen Staaten und Regionen in Europa und erst recht in der Welt auch nicht möglich. Ungeachtet dessen bestehen jedoch verschiedene internationale und europäische Entwicklungsziele, die allgemein eine stärkere Berücksichtigung des Nachhaltigkeitsgebots – als

---

43 Vgl. *Bundesregierung*, a. a. O. (Fußn. 29), S. 99.
44 Vgl. *Kommission Bodenschutz beim UBA* (Hrsg.), Flächenverbrauch einschränken – jetzt handeln, Dessau-Roßlau 2009, S. 11.
45 So auch: vgl. ebenda, S. 16.
46 So auch: vgl. *Bundesregierung*, Nationale Nachhaltigkeitsstrategie – Fortschrittsbericht 2012, Berlin 2012, S. 194.
47 Vgl. *BMVBS/BBSR* (Hrsg.), a. a. O. (Fußn. 33), S. 105.
48 Vgl. *Bundesregierung*, a. a. O. (Fußn. 29), S. 296.
49 Vgl. ebenda.

Teil dessen die Reduzierung der Flächeninanspruchnahme verstanden werden kann – fordern. Beispielhaft zu nennen sind die Rio-Erklärung über Umwelt und Entwicklung der Vereinten Nationen aus dem Jahr 1992[50] sowie die Strategie für nachhaltige Entwicklung der Europäischen Union von 2006[51].

In vielen Fällen bedeutet die Minimierung der Flächeninanspruchnahme gleichzeitig eine Erhöhung der baulichen Dichte, weshalb häufig auch die bauliche Verdichtung als Ziel der Innenentwicklung benannt wird.[52] Dabei kommt es allerdings auf eine maßvolle Nachverdichtung an, d. h. grundsätzlich die Beachtung des Nachhaltigkeitsgebots und dementsprechend keine Verdichtung, die sich in erheblichem Maße negativ auf andere Bereiche, wie etwa die Wohnqualität (einschließlich der Lärmbelastung) oder das Mikroklima[53], auswirkt.

II.2. Zunahme der Nutzungsmischung

Eine dauerhaft erfolgreiche Entwicklung im Innenbereich kann insbesondere nur dann gelingen, wenn im Bestand die notwendigen Voraussetzungen existieren bzw. geschaffen werden. Die Nutzungsmischung ist dabei als maßgeblich angesehen. Mit Hilfe der Mischung verschiedener Nutzungsarten auf vergleichsweise kleinem Raum können die Wege zwischen den einzelnen Nutzungen, z. B. Wohnen, Arbeiten, Einkaufen und Erholung, erheblich minimiert werden („Stadt der kurzen Wege"). Die geringen Entfernungen gewährleisten einerseits eine wohnortnahe Versorgung mit Waren, Dienstleistungen und Angeboten der Daseinsvorsorge sowie Möglichkeiten zur Erholung. Andererseits verhindern sie unrentable Infrastrukturerweiterungen in der Fläche bzw. ermöglichen die Finanzierung der Sanierung von Infrastruktursystemen, da die Kosten auf viele Nutzer umgelegt werden können.[54] Darüber hinaus können verkehrsbedingte Umweltbelastungen, z. B. in Form von Lärm, Kohlenstoffdioxid und Feinstaub, reduziert werden[55].

---

50 Insbesondere die Grundsätze 3 und 4; vgl. *Vereinte Nationen* (Hrsg.), Rio-Erklärung über Umwelt und Entwicklung, Rio de Janeiro 1992, S. 1.
51 Vgl. *Rat der Europäischen Union*, Drs. 10971/06 vom 26.06.2006, S. 13 f.
52 Vgl. *Borchard*, a. a. O. (Fußn. 2), S. 237 (246).
53 Vgl. *ARL* (Hrsg.), „Zugspitz-Thesen" – Klimawandel, Energiewende und Raumordnung, Hannover 2012, S. 7 f.
54 Vgl. *Siedentop*, a. a. O. (Fußn. 9), S. 235 (238); vgl. *Preuß/Floeting*, Kosten der Flächeninanspruchnahme, in: *Bock/Hinzen/Libbe* (Hrsg.), Nachhaltiges Flächenmanagement – Ein Handbuch für die Praxis, Berlin 2011, S. 312 (314).
55 Vgl. *UBA* (Hrsg.), Leitkonzept – Stadt und Region der kurzen Wege, Texte 48/2011, Dessau-Roßlau 2011, S. 49.

Die Zunahme der Nutzungsmischung zielt dabei sowohl auf die funktionale Mischung von verschiedenen baulichen Nutzungen (Wohnen, Gewerbe, öffentliche Einrichtungen etc.) als auch auf das Nebeneinander von baulichen und nicht-baulichen Nutzungen (insbesondere Grün- und Freiflächen) ab.[56] Damit soll u. a. eine maßlose Verdichtung verhindert werden, da diese ggf. nicht den Anforderungen an gesunde Wohn- und Arbeitsverhältnissen und häufig auch nicht den Wünschen von weiten Teilen der Bevölkerung in Bezug auf das Wohnen entspricht.[57] Es besteht demnach – neben der quantitativen Dimension (30 ha-Ziel) – auch die Zielsetzung den Innenbereich weiter zu qualifizieren[58], insbesondere im Hinblick auf die Wohnnutzung. Der Lärmminderung ist dabei besondere Bedeutung beizumessen, da die Höhe der Lärmimmissionen die Lebensqualität maßgebend beeinflusst. Die zweidimensionale Ausrichtung des Leitbildes der Innenentwicklung (auf Qualität und Quantität) wird auch als „doppelte Innenentwicklung" bezeichnet[59], wobei der Begriff aus Sicht des Autors nur bedingt geeignet erscheint[60].

Abschließend sei darauf hingewiesen, dass eine strikte Nutzungstrennung wie sie noch in der ersten Hälfte des 20. Jahrhunderts – auch aus gesundheitlichen Gründen – gefordert und realisiert wurde, in Zeiten einer modernen Dienstleistungsgesellschaft oftmals nicht mehr (zwingend) erforderlich ist.[61] Ungeachtet dessen führen allerdings insbesondere die Bestrebungen zur Stärkung der Innenentwicklung in der Regel zu einer räumlichen Verdichtung unterschiedlicher Nutzung mit der Folge, dass das Potenzial für mögliche Konfliktsituationen (insbesondere im Hinblick auf Geräuschimmissionen) eher ansteigt als abnimmt.

---

56 Vgl. *Siedentop*, Innenentwicklung als Leitbild einer nachhaltigen städtebaulichen Entwicklung?, in: fub 2003, S. 89 (91 f.); vgl. *Wüstenrot Stiftung* (Hrsg.), Nutzungswandel und städtebauliche Steuerung, Opladen 2003, S. 131 f.
57 Vgl. *Albers*, a. a. O. (Fußn. 10), S. 22 (27); vgl. *BMVBS/BBSR* (Hrsg.), a. a. O. (Fußn. 33), S. 99.
58 Vgl. *Krautzberger*, Änderungen des Baugesetzbuchs und der Baunutzungsverordnung, in: UPR 2013, S. 281 (281 f.).
59 Vgl. *Siedentop*, a. a. O. (Fußn. 56), S. 89 (91 f.).
60 Der Begriff „doppelte Innenentwicklung" suggeriert nach Meinung des Autors eine zweifache bzw. zweimalige Entwicklung. Gemeint sind jedoch die zwei Dimensionen der Innenentwicklung (Quantität und Qualität).
61 Vgl. *Borchard*, a. a. O. (Fußn. 2), S. 237 (246).

III. Maßnahmen

Die Innenentwicklung als abstraktes städtebauliches Leitbild muss durch praktische Maßnahmen umgesetzt werden. Diese lassen sich grundsätzlich in zwei Bereiche einteilen: bauliche Maßnahmen und nutzungsspezifische Maßnahmen. In der Planungspraxis lag der Fokus bislang zumeist auf den erstgenannten[62], allerdings sind nach Meinung des Autors – insbesondere vor dem oben dargestellten Zusammenhang zwischen der baulichen Entwicklung und den Nutzungen im Bestand – auch nutzungsspezifische Maßnahmen von großer Relevanz, um die Innenentwicklung langfristig und erfolgreich zu realisieren.

III.1. Bauliche Maßnahmen

Die bauliche Entwicklung – insbesondere in Bezug auf Siedlungsflächen – soll künftig in erster Linie im Bestand erfolgen. Dass dies allerdings nicht in allen Fällen möglich ist, da z. B. keine Nachverdichtungspotenziale (mehr) bestehen oder Anforderungen des Immissionsschutzes dies verhindern, ist selbstredend. Jedoch muss auch in solchen Fällen eine bauliche Fortentwicklung möglich sein, wobei folgende Priorisierung berücksichtigt werden sollte: In erster Linie sollte die Entwicklung des Ortskerns fokussiert werden und nur sofern dies nicht möglich ist, sollte die Entwicklung in räumlicher Hinsicht „Schritt für Schritt" in Richtung Außenbereich „verschoben" werden.[63] Flächeninanspruchnahmen im Außenbereich sollten hingegen nicht mehr stattfinden, was jedoch in der Planungspraxis an Grenzen stoßen wird und nur anhand des konkreten Einzelfalls abschließend entschieden werden kann. Nichtsdestotrotz ist vor allem beim Siedlungsflächenbau der Fokus auf die bereits bebauten Bereiche zu richten.

Ferner sollte bei der baulichen Entwicklung grundsätzlich beachtet werden, dass die Fragmentierung und Zerschneidung naturnaher und landwirtschaftlicher Flächen nicht weiter vorangetrieben wird.[64] Sofern bauliche Aktivitäten im Außenbereich notwendig sind, sollten Flächen an Siedlungsrändern oder in bereits stark fragmentierten Bereichen dafür genutzt werden.

---

62 Vgl. *Schink*, Nachverdichtung, Baulandmobilisierung und Umweltschutz, in: UPR 2001, S. 161 (161).
63 Vgl. *Meyer*, Nachhaltige Stadt- und Verkehrsplanung, Wiesbaden 2013, S. 19.
64 Vgl. *BMU* (Hrsg.), Nationale Strategie zur biologischen Vielfalt, 3. Aufl., Berlin 2011, S. 79.

Seit der Innenentwicklungsnovelle 2013 findet sich diese schrittweise Prüfung bzw. Priorisierung der Möglichkeiten zur baulichen Fortentwicklung auch im BauGB wieder: Nach § 1a Abs. 2 Satz 4 BauGB soll die Notwendigkeit zur Umwandlung von landwirtschaftlichen Nutzflächen oder Wald begründet werden, indem vor allem Ermittlungen zu Entwicklungsmöglichkeiten im Innenbereich zugrunde gelegt werden sollen.

Neben diesen eher grundlegenden Maßnahmen und Überlegungen in Bezug auf die räumliche Ausrichtung der zukünftigen baulichen Entwicklung existieren verschiedene bauliche Maßnahmen im Rahmen der Innenentwicklung, die an dieser Stelle lediglich kurz benannt werden sollen:

- die Schließung von Baulücken;
- die Nachverdichtung, d. h. die Erweiterung oder Ergänzung der baulichen Nutzung eines Grundstücks über das bestehende Maß hinaus durch die Neuerrichtung oder den Umbau von Gebäuden;
- das Flächenrecycling, d. h. die Um- und Wiedernutzung von brachgefallenen Siedlungsflächen (insbesondere Wohn-, Infrastruktur- und Einzelhandelsflächen) sowie die Konversion von Industrie-, Verkehrs- und Militärbrachen.[65]

Insbesondere das Flächenrecycling muss dabei nicht zwangsläufig auf eine bauliche Nutzung abzielen, sondern kann ebenso – als qualifizierende Maßnahme – die Schaffung neuer Grün- und Freiflächen zum Gegenstand haben.

III.2. Nutzungsspezifische Maßnahmen

Neben den baulichen Maßnahmen müssen auch verschiedene nutzungsspezifische Maßnahmen umgesetzt werden, um die Innenentwicklung langfristig zu sichern. Allerdings stehen solche Maßnahmen bislang weniger im Fokus, da sie im Gegensatz zu baulichen Maßnahmen auch deutlich differenzierter beurteilt werden müssen: Während beispielsweise die Schließung von innerstädtischen Baulücken in aller Regel als positive Maßnahme im Rahmen der Innenentwicklung zu bewerten ist, kann die Entscheidung, welche Nutzungen in bestimmten Quartieren zu fördern sind bzw. welchen eher restriktiv begegnet werden sollte, häufig nur anhand des konkreten Einzelfalls

---

65 Vgl. *Siedentop*, a. a. O. (Fußn. 9), S. 235 (236); vgl. *Beilein*, Aktivierung von Stadtbrachen für das Wohnen, in: IzR 2010, S. 13 (16); vgl. *Butzin/Noll/Wlocka* et al., Neue Zugänge zum Flächenrecycling, in: IzR 2010, S. 83 (83 ff.).

getroffen werden. In diesem Zusammenhang muss insbesondere die Schutzwürdigkeit und der Störgrad der vorhandenen Nutzungen berücksichtigt werden. Grundsätzlich kann jedoch festgehalten werden, dass eine Mischung von verschiedenen, einander nicht erheblich störenden/einschränkenden Nutzungen anzustreben ist, um der derzeit fortschreitenden (funktionalen) Entmischung zu begegnen.[66] Konkret bedeutet dies beispielshalber, dass dem Rückgang der Wohnnutzung im Innenstadtbereich entgegengewirkt und eine weitere Verlagerung von Einzelhandelsnutzungen in die Stadtrandbereiche (auf die „grüne Wiese") verhindert werden müssen, d. h., die Stärkung der zentralen Versorgungsbereiche muss gefördert werden.[67]

Nach Ansicht des Autors erscheint im Hinblick auf die Nutzungsmischung eine Orientierung an den sog. Daseinsgrundfunktion bzw. Grunddaseinsfunktionen (Arbeit, Wohnen, Versorgung, Erholung, Bildung und Mobilität)[68] sinnvoll. Sind diese Nutzungen in (relativ) enger räumlicher Nähe vorhanden, entfallen lange Wege und die Innenentwicklung wird gestärkt (Leitbild der „Stadt der kurzen Wege"). Dabei wird häufig eine weitgehend „gleichmäßige" Mischung einerseits nicht realisierbar, andererseits aber auch nicht wünschenswert sein, da vor dem Hintergrund des Zentrale-Orte-Systems bestimmte Orte bzw. Bereiche immer einen funktionalen Schwerpunkt aufweisen werden und sollen, weil sie die Versorgungsfunktion für ihr Umfeld übernehmen. So werden (höchstwahrscheinlich) auch zukünftig in den Citylagen die Einzelhandel- und Dienstleistungsnutzungen einen großen Anteil einnehmen. Gleichwohl wird vor allem dort die Wohnnutzung an Bedeutung gewinnen. Ihre Zunahme und Stärkung sollte in Zukunft fokussiert werden, da sie bislang – insbesondere in innerstädtischen Lagen – oftmals stark unterrepräsentiert ist[69].

Mit Blick auf die Wohnnutzung im innerstädtischen Bereich ist auch das Wohnumfeld zu qualifizieren. Dies kann durch den Erhalt und die Pflege von Grün- und Freiflächen oder die Schaffung und Aufwertung wohnungsbezogener Infrastrukturen geschehen.[70] Gleichzeitig kann aber auch eine Minimierung der Lärmbelastung das Wohnen in zentralen Lagen aufwerten bzw. teilweise sogar erst ermöglichen.

---

66 Vgl. *Wüstenrot Stiftung* (Hrsg.), a. a. O. (Fußn. 56), S. 131 ff.
67 Vgl. *Meyer*, a. a. O. (Fußn. 63), S. 19.
68 Vgl. *Neumair/Haas*, Gabler Wirtschaftslexikon – Stichwort: Grunddaseinsfunktionen, online: http://wirtschaftslexikon.gabler.de/Archiv/6643/grunddaseinsfunktionen-v7.html, Zugriff am 26.10.2013.
69 Vgl. *Wüstenrot Stiftung* (Hrsg.), a. a. O. (Fußn. 56), S. 71 f.
70 Vgl. *Sandeck/Simon-Philipp*, a. a. O. (Fußn. 13), S. 303 (314).

IV. Instrumente

Um die benannten Maßnahmen wirkungsvoll umzusetzen, bedarf es der Anwendung von Instrumenten. Es wurde deutlich, dass die Maßnahmen zum einen vordergründig die Bodennutzung betreffen und dass sie sich zum anderen in der Regel auf einen (vergleichsweise) kleinmaßstäblichen Bereich beziehen (z. B. einzelne Grundstücke, Quartiere oder Stadtviertel). Diese beiden Eigenschaften – in Kombination mit der Anforderung bzw. dem Wunsch nach allgemeiner Verbindlichkeit – prädestinieren die Instrumente des Städtebaurechts, insbesondere die (verbindliche) Bauleitplanung, für die Umsetzung von Innenentwicklungsmaßnahmen.[71]

Bauleitpläne sollen gem. § 1 Abs. 5 Satz 1 BauGB insbesondere eine nachhaltige städtebauliche Entwicklung gewährleisten. Der durch die Innenentwicklungsnovelle 2013 ergänzte Satz 3 erklärt, dass dies vor allem durch Maßnahmen der Innenentwicklung erfolgen soll. Darüber hinaus verdeutlich auch die Planungsleitlinie in § 1 Abs. 6 Nr. 4 BauGB, wonach bei der Aufstellung der Bauleitpläne insbesondere die Erhaltung, Erneuerung, Fortentwicklung, Anpassung und der Umbau vorhandener Ortsteile zu berücksichtigen sind, die Bedeutung der Innenentwicklung für die Bauleitplanung.

IV.1. Flächennutzungsplanung

Auf gesamtstädtischer bzw. -gemeindlicher Ebene kann im Flächennutzungsplan insbesondere durch die Darstellung von Bau- und Verkehrsflächen gem. § 5 Abs. 2 Nrn. 1 und 3 BauGB die bauliche Entwicklung und somit auch die Ausdehnung der Siedlungsbereiche in Grundzügen geregelt werden. Dadurch kann eine Fokussierung auf den Bestand erreicht werden.

Des Weiteren können mit Hilfe von Darstellungen zum allgemeinen Maß der baulichen Nutzung Aussagen zu den Obergrenzen der baulichen Dichte getroffen werden sowie mittels Darstellungen zur Art der baulichen Nutzung prinzipiell die Grundlage für eine funktionale Nutzungsmischung geschaffen werden. Im Flächennutzungsplan wird dabei in der Regel die allgemeine Art in Form von Bauflächen

---

71 So auch im Ergebnis: vgl. *Mitschang*, a. a. O. (Fußn. 8), S. 324 (325). Darüber hinaus können beispielsweise auch die städtebaulichen Gebote nach den §§ 175 ff. BauGB oder Sanierungs- und Entwicklungsmaßnahmen nach den §§ 136 ff. und 165 ff. BauGB einen Beitrag zur Innenentwicklung leisten. Zur Steuerung auf der Ebene der Raumordnung: vgl. *Mitschang/Schwarz*, a. a. O. (Fußn. 11), S. 258 (261).

gem. § 1 Abs. 1 Nrn. 1 bis 4 BauNVO[72] dargestellt. Gleichwohl können jedoch auch bereits auf der Ebene der vorbereitenden Bauleitplanung Darstellungen zur besonderen Art der baulichen Nutzung mittels Baugebieten gem. §§ 2 bis 11 BauNVO getroffen werden.[73] Das Ziel der (innerstädtischen) Nutzungsmischung legt die Darstellung von gemischten Bauflächen nach § 1 Abs. 1 Nr. 2 BauNVO sowie von Misch- und Kerngebieten nach §§ 6 und 7 BauNVO nahe. Zur Stärkung der Wohnnutzung im Innenbereich ist jedoch vor allem in kleineren Städten und ländlichen Gemeinde auch die Darstellung von Wohnbauflächen gem. § 1 Abs. 1 Nr. 1 BauNVO sowie von allgemeinen Wohngebieten nach § 4 BauNVO vorstellbar.

Außerdem kann die Darstellung von zentralen Versorgungsbereichen im Flächennutzungsplan den Fokus auf den Innenbereich lenken und somit ebenfalls einen Beitrag zur Innenentwicklung leisten.[74]

Die benannten Darstellungen stellen nur eine Auswahl an Möglichkeiten zu Regelungen im Flächennutzungsplan dar. Es bedarf stets der Analyse des Einzelfalls, um konkrete Planinhalte zu benennen. Der Flächennutzungsplan kann gem. seiner Natur als vorbereitender Bauleitplan lediglich die Grundzüge der beabsichtigten gemeindlichen Entwicklung darstellen und ist im Innenbereich ausschließlich behördenverbindlich.[75] Für die planerische Umsetzung konkreter Maßnahmen bedarf es deshalb in der Regel der Aufstellung eines Bebauungsplans.

Ferner gilt es grundsätzlich zu berücksichtigen, dass im Innenbereich mittlerweile zahlreiche Bebauungsplanverfahren im beschleunigten Verfahren durchgeführt werden, sodass die Vorgaben des Entwicklungsgebots nach § 8 Abs. 2 Satz 1 BauGB nur noch beschränkt Anwendung finden müssen (§ 13 Abs. 2 Nr. 2 BauGB). Im Ergebnis führt dies zu einem Bedeutungsrückgang des Flächennutzungsplans im Innenbereich.[76]

---

72 Baunutzungsverordnung (BauNVO) i. d. F. der Bekanntmachung vom 23.01.1990 (BGBl. I S. 132), die durch Art. 2 des Gesetzes vom 11.06.2013 (BGBl. I S. 1548) geändert worden ist.
73 Vgl. *Schmidt-Eichstaedt*, Städtebaurecht, 4. Aufl., Stuttgart 2005, S. 202.
74 Die Innenentwicklungsnovelle 2013 hat § 5 Abs. 2 Nr. 2 BauGB um den Buchstaben d erweitert, wonach im Flächennutzungsplan auch zentrale Versorgungsbereiche dargestellt werden können. Dies war allerdings auch schon zuvor möglich, da der Darstellungskatalog in § 5 Abs. 2 BauGB nicht abschließend ist. Ausführlich: vgl. *Schwarz*, Die Darstellung zentraler Versorgungsbereiche im Flächennutzungsplan, in: *Mitschang* (Hrsg.), Stärkung der Innenentwicklung – BauGB-Novelle 2012/13, Berliner Schriften zur Stadt- und Regionalplanung – Band 20, Frankfurt/Main 2013, S. 95 (98 ff.).
75 Im Außenbereich kann den Darstellungen des Flächennutzungsplans durchaus eine allgemein verbindliche Bindungswirkung zukommen. Vgl. *Stüer*, a. a. O. (Fußn. 6), S. 61.
76 Vgl. *Mitschang*, a. a. O. (Fußn. 8), S. 324 (329).

IV.2. Bebauungsplanung

Der Bebauungsplan eignet sich insbesondere aufgrund seines Detaillierungsgrades sowie seiner Verbindlichkeit gegenüber Dritten als Umsetzungsinstrument für die Innenentwicklung. Dabei können grundsätzlich die oben genannten Darstellungsmöglichkeiten im Bebauungsplan als Festsetzungen konkretisiert werden. So können beispielsweise die Obergrenzen des Maßes der baulichen Nutzung festgesetzt werden, um eine zu hohe bauliche Verdichtung zu verhindern, da dies einer qualitativen Innenentwicklung zu widerlaufen kann.

Außerdem kann die besondere Art der baulichen Nutzung geregelt werden: Durch die Festsetzung von Misch- und Kerngebieten kann die Zulässigkeit verschiedener Nutzungen normiert und damit eine Nutzungsmischung gesichert bzw. erreicht werden. Mit Blick auf den teilweise nur geringen Wohnanteil (insbesondere in Kerngebieten[77]) muss auch über die Festsetzung von allgemeinen Wohngebieten gem. § 4 BauNVO in innenstadtnahen Lagen nachgedacht werden, was insbesondere mit Blick auf den Lärmschutz durchaus kritisch beurteilt wird[78].

Grundsätzlich führt der Zwang zur Festsetzung eines Baugebiets nach §§ 2 bis 9 BauNVO zur Normierung der Art der baulichen Nutzung (sog. Typenzwang) in bereits bebauten Bereichen häufig zu Problemen, da sich diese Bereiche oft keinem der typisierten Baugebiete zuordnen lassen.[79] Auch die Möglichkeiten der Feinsteuerung nach § 1 Abs. 4 bis 9 BauNVO sowie der Fremdkörperfestsetzung nach § 1 Abs. 10 BauNVO bilden oftmals keine umfassende Lösung, da stets die allgemeine Zweckbestimmung des jeweiligen Baugebiets gewahrt werden muss. Der Bundesgesetzgeber hat diese Problematik bereits erkannt und den Typenzwang für bestimmte Arten von Bebauungsplänen aufgehoben.[80] Eine umfassende Lösung existiert bislang jedoch noch nicht.

Neben dem „klassischen" Bebauungsplan gibt es seit der BauGB-Novelle 2007[81] den Bebauungsplan der Innenentwicklung (§ 13a BauGB). Sofern ein

---

77 Zur Problematik: vgl. *Otto*, Wohnen im Kerngebiet, in: ZfBR 2013, S. 125 (125 ff.).
78 Vgl. *Schröer*, Ein Plädoyer für innerstädtisches Wohnen, in: NZBau 2009, S. 768 (768 f.).
79 Vgl. *Mitschang*, a. a. O. (Fußn. 8), S. 324 (330).
80 Bei vorhabenbezogenen Bebauungsplänen nach § 11 BauGB sowie bei Bebauungsplänen nach § 9 Abs. 2a BauGB (sog. Einzelhandels-Bebauungspläne) und nach § 9 Abs. 2b BauGB (sog. Vergnügungsstätten-Bebauungspläne) kann die Art der baulichen Nutzung ohne die Festsetzung eines Baugebiets geregelt werden.
81 Gesetz zur Anpassung des Baugesetzbuchs an EU-Richtlinien (Europarechtsanpassungsgesetz Bau – EAG Bau) i. d. F. der Bekanntmachung vom 24.06.2004 (BGBl. I S. 1359), in Kraft getreten am 20.07.2004.

Bebauungsplan die Wiedernutzbarmachung von Flächen, die Nachverdichtung oder anderen Maßnahmen der Innenentwicklung zum Ziel hat, kann er als Bebauungsplan der Innenentwicklung bezeichnet werden und – bei Vorliegen der übrigen Voraussetzungen nach § 13a Abs. 1 BauGB – im beschleunigten Verfahren aufgestellt werden (§ 13a Abs. 1 Satz 1 BauGB). Mit Hilfe dieses neu geschaffenen Planungsinstruments soll die Innenentwicklung gestärkt werden[82], da durch den Verzicht auf Verfahrensschritte[83] die Planverfahren insgesamt verkürzt und somit schneller sowie kostengünstiger Baurecht geschaffen werden soll.

IV.3. Informelle Planungen

In vielen Fällen werden der formellen Bauleitplanung informelle Pläne und Konzepte vorgelagert sein (müssen), weil übergeordnete bzw. gesamträumliche Aspekte in einer solchen informellen Planung in der Regel besser beurteilt und entwickelt werden können als z. B. in einem einzelnen Bebauungsplan, der sich nur auf eine relativ kleine Fläche bezieht.[84] Es kann sich dabei beispielsweise um folgende Erhebungen und Planwerke handeln:

– Bestandsermittlung und Kartierung von Nachverdichtungspotenzialen, z. B. Baulücken- und Brachflächenkataster, Leerstanderfassungen;
– prognostische Berechnungen zur Bauland- und Einwohnerentwicklung;
– Konzepte zur Revitalisierung der Innenstadt, zur Steuerung des Einzelhandels oder zur Entwicklung von Wohnraum;
– bis hin zu Innenentwicklungskonzepten[85], die sowohl eine Analyse des Ist-Zustands und eine Prognose zur zukünftigen Entwicklung als auch Strategien und Maßnahmen zur Realisierung der Innenentwicklung enthalten.[86]

---

82 So auch: vgl. *Mitschang*, a. a. O. (Fußn. 40), S. 10 (10).
83 Insbesondere die Durchführung einer Umweltprüfung, die frühzeitige Träger- und Öffentlichkeitsbeteiligung sowie die Anpassungspflicht an die Inhalte des Flächennutzungsplans sind nicht zwingend erforderlich. Vgl. *Battis*, in: *Battis/Krautzberger/Löhr*, BauGB – Kommentar, 12. Aufl., München 2014, § 13a Rn. 11 ff.
84 Vgl. *Mitschang*, a. a. O. (Fußn. 8), S. 324 (336).
85 Zu den Anforderungen eines solchen Konzepts: vgl. ebenda, S. 324 (335).
86 Vgl. *Molder/Müller-Herbers*, Neue Instrumente der Innenentwicklung – Aktivierung von Baulücken und Leerständen, in: fub 2009, S. 264 (265 ff.).

Es ist davon auszugehen, dass solche informellen Datenerhebungen und Planwerke in Zukunft weiter an Bedeutung gewinnen werden.[87] Deutlich wird dies u. a. an der Erweiterung der Bodenschutzklausel in § 1a Abs. 2 Satz 4 BauGB im Rahmen der letzten Gesetzesnovellierung: Danach soll die Notwendigkeit zur Umwandlung landwirtschaftlich oder als Wald genutzter Flächen begründet werden – insbesondere durch oben genannte informelle Konzepte und Erhebungen.

V. Zwischenfazit

Seit Jahren verändern sich die planerischen Rahmenbedingungen in Deutschland. So wird der demografische Wandel einschließlich seiner Folgen mittlerweile für Ost und West gleichermaßen prognostiziert. Die Flächeninanspruchnahme als zweiter zentraler Aspekt ist zwar seit Jahren rückläufig jedoch immer noch auf einem unverändert hohen Niveau. Beide Entwicklungen und vor allem die aus ihnen resultierenden Auswirkungen führen im Ergebnis zur Forderung die Innenentwicklung zu fördern und zu stärken. Der Gesetzgeber hat dies erkannt und das städtebauliche Leitbild insbesondere im Städtebaurecht verankert.

Die Umsetzung der Innenentwicklung obliegt in erster Linie den Städten und Gemeinden. Sie sollen insbesondere mit Hilfe der kommunalen Bauleitplanung und durch informelle Konzepte das Leitbild realisieren. Dabei gilt es eine städtebauliche Entwicklung zu gewährleisten, die insgesamt als nachhaltig zu beurteilen ist. Das bedeutet, dass verschiedenste Belange Berücksichtigung finden müssen. Der Lärmbelastung kommt in diesem Zusammenhang – insbesondere aufgrund ihrer negativen Folgen für die menschliche Gesundheit – besondere Bedeutung zu.

---

87 So auch: vgl. *Difu* (Hrsg.), Planspiel zur Novellierung des Bauplanungsrechts, Berlin 2012, S. 19.

C. Lärm als schädliche Umwelteinwirkung

Die Umwelt – als Gesamtheit der belebten und unbelebten Umgebung – wird von unzähligen Einwirkungen beeinträchtigt.[88] Lärm zählt dabei unzweifelhaft zu den vom Menschen am stärksten empfundenen Beeinträchtigungen: Laut einer Umfrage des *UBA* fühlen sich fast 90 % der Befragten einer Lärmbelästigung ausgesetzt[89].

Bevor im Folgenden die Lärmsituation in deutschen Städten und die Möglichkeiten des Lärm- bzw. Schallschutzes überblicksartig dargestellt werden, erfolgt zunächst eine kurze Erläuterung der physikalischen Grundlagen der Akustik.

I. Physikalische Grundlagen

Aus physikalischer Sicht nimmt der Mensch grundsätzlich nur Geräusch war. Dabei handelt es sich um Schallwellen, die durch Schwingungen verursacht werden. Der Entstehungsort des Schalls wird dabei als Emissionsort, der Ort des Einwirkens als Immissionsort bezeichnet. Die Übertragung erfolgt in der Regel über die Luft (sog. Luftschall). Die dabei in Schwingung gebrachten Luftteilchen verursachen Schwankungen der Luftdichte, die sich als Schalldruck messen lassen. Mit Bezug auf das akustische Wahrnehmungsvermögen des Menschen wird der Schalldruck als logarithmisches Maß in Form des Schalldruckpegels in der Maßeinheit Dezibel (dB) angegeben: Die dB-Skala reicht von 0 dB (Hörschwelle) bis 140 dB (Schmerzbereich, siehe Abbildung 4).[90]

---

88 Zur Definition des Begriffs „Umwelt": vgl. *Erbguth/Schlacke*, Umweltrecht, 4. Aufl., Baden-Baden 2012, S. 39.
89 Vgl. *UBA* (Hrsg.), Auswertung der Online-Lärmumfrage des Umweltbundesamtes, S. 16, online: http://www.umweltbundesamt.de/sites/default/files/medien/publikation/long/3974.pdf, Zugriff am 26.10.2013.
90 Ausführlich: vgl. *Biehn/Trautmann*, Größen und Messverfahren zur Kennzeichnung von Geräuschen und Geräuschquellen, in: *Schirmer* (Hrsg.), Technischer Lärmschutz, 2. Aufl., Berlin 2006, S. 17 (17 ff.).

Abbildung 4: Schalldruckpegel verschiedener Schallquellen und -wirkungen in dB

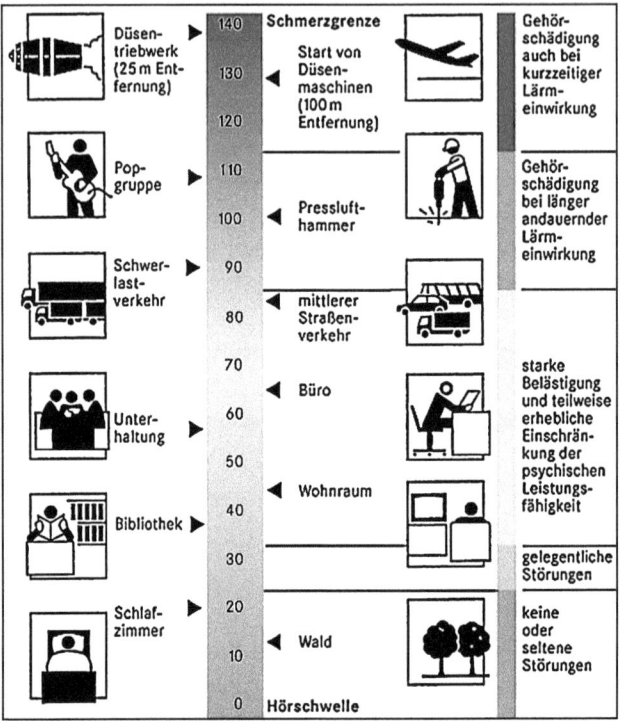

Quelle: Brockhaus, Enzyklopädie – Band 16, 21. Aufl., Mannheim 2006, S. 345

Welche Zusammenhänge aufgrund der beim Schalldruckpegel rechnerisch zugrunde liegenden logarithmischen Funktion im Vergleich zum Schalldruck und zur Lautstärke bestehen, wird in Tabelle 1 exemplarisch dargestellt.

Tabelle 1: Physikalische Zusammenhänge im Bereich Akustik

Veränderung des Schalldruckpegels	Veränderung der Schalldrucks	Veränderung der Lautstärke
Erhöhung um 6 dB	Verdopplung	deutlich wahrnehmbar
Erhöhung um 10 dB	Verdreifachung	Verdopplung
Erhöhung um 20 dB	Verhundertfachung	Vervierfachung

Eine weitere Anpassung an die Geräuschwahrnehmung des menschlichen Ohres erfolgt durch die Anwendung von sog. Bewertungskurven. In der Regel wird die Bewertungskurve A zugrunde gelegt (dB(A)). Sie sieht bei tiefen und hohen Frequenzen bestimmte Abschläge vor und entspricht damit dem menschlichen Hörvermögen am ehesten.[91]

Wann ein Geräusch als Lärm bzw. lästig wahrgenommen wird, ist prinzipiell eine subjektive Bewertung und lässt sich nicht mithilfe physikalischer Parameter abbilden. Eine einheitliche und zugleich konkrete Definition des Begriffs „Lärm" kann folglich nicht existieren. Die *Deutsche Gesellschaft für Akustik* definiert Lärm beispielshalber als „jede Art von Schall, der stört oder belästigt oder die Gesundheit schädigen kann."[92]

Die Beurteilung von Geräuschen steht zwar in engem Zusammenhang zu deren Lautstärke (indirekt messbar in dB), allerdings sind insbesondere auch der Informationsgehalt, die Abfolge bzw. Wiederholung (regelmäßig oder unregelmäßig) sowie die persönliche Einstellung zu den Geräuschen maßgebend. Gleichwohl ist es unstrittig, dass Geräusche ab 85 dB(A) gesundheitsgefährdende Wirkungen verursachen können – unabhängig von der subjektiven Bewertung.[93]

II. Rechtliche Einordnung

Das Bundes-Immissionsschutzgesetz[94] enthält in § 3 Abs. 1 eine Legaldefinition des Begriffs der schädlichen Umwelteinwirkungen: Es handelt sich dabei um Immissionen, die nach Art, Ausmaß oder Dauer geeignet sind, Gefahren, erhebliche Nachteile oder erhebliche Belästigungen für die Allgemeinheit oder die Nachbarschaft herbeizuführen. Zu den Immissionen gehören nach § 3 Abs. 2 BImSchG ausdrücklich auch Geräusche, d. h. hörbare Einwirkungen. Sie können ebenso als Emission auftreten (§ 3 Abs. 3 BImSchG). Sofern diese Geräusche als störend zu beurteilen sind, wird von Lärm gesprochen.[95] Inwiefern von

---

91 Vgl. *Kutscheidt*, in: *Landmann/Rohmer* (Hrsg.), Umweltrecht, Loseblattsammlung, Stand: Februar 2013, München, § 3 BImSchG Rn. 20f; vgl. *Kotulla*, in: *Kotulla* (Hrsg.), BImSchG – Kommentar, Loseblattsammlung, Stand: Juni 2011, Stuttgart, § 3 Rn. 23.
92 *Deutsche Gesellschaft für Akustik* (Hrsg.), Lärmlexikon – Fachbegriffe der Akustik, online: http://www.ald-laerm.de/laermlexikon?search_letter=l, Zugriff am 26.10.2013.
93 Vgl. *Kloepfer/Griefahn/Kaniowski* et al., Leben mit Lärm?, Berlin 2006, S. 67.
94 Bundes-Immissionsschutzgesetz (BImSchG) i. d. F. der Bekanntmachung vom 17.05.2013 (BGBl. I S. 1274), das durch Art. 1 des Gesetzes vom 02.07.2013 (BGBl. I S. 1943) geändert worden ist.
95 Vgl. *Kutscheidt*, a. a. O. (Fußn. 91), § 3 BImSchG Rn. 20g.

§ 3 BImSchG auch harmonische Geräusche subsumiert werden[96], ist an dieser Stelle irrelevant.

Rechtlich von Bedeutung, z. B. im Genehmigungsverfahren, sind vor allem solche Geräusche, die oberhalb der in § 3 Abs. 1 BImSchG normierten Erheblichkeitsschwelle liegen. Diese Schwelle wird durch die verschiedenen lärmtechnischen Regelwerke und den darin enthaltenen Schalldruckpegeln konkretisiert. Im Rahmen der Bauleitplanung können allerdings auch Geräusche unterhalb dieser Schwelle Berücksichtigung finden, z. B. um Immissionsvorsorge zu betreiben. Beide Aspekte werden im weiteren Verlauf noch ausführlich erläutert.

III. Lärmsituation in deutschen Städten

Wie bereits eingangs erwähnt, fühlt sich fast jeder von Lärm belästigt. Bei genauerer Betrachtung wird allerdings auch deutlich, dass sich nur ein kleiner Teil stark oder sehr stark belästigt fühlt: Eine Befragung des *BBSR* aus dem Jahr 2009 kam zu dem Ergebnis, dass 2,5 Mio. Haushalte einer derartigen Belastung ausgesetzt sind; das entspricht etwa 6 % aller Haushalte in Deutschland.[97] Eine Umfrage des *BMU* und des *UBA* von 2012 zeigte lediglich beim Straßenverkehrslärm eine starke Belastung bei 6 % der Befragten; bei allen anderen Lärmarten war eine solche Belastung nur bei 1 bis 3 % der Umfrageteilnehmer festzustellen.[98]

Bei näherer Betrachtung sind in Bezug auf die Lärmbelastung allerdings nicht nur Unterschiede bei verschiedenen Lärmarten feststellbar, sondern auch hinsichtlich der Stadt- und Gemeindetypen: So ist der Anteil der Bevölkerung in Landgemeinden, der gar nicht oder nur gering von Lärm betroffen ist, rund 10 % höher gegenüber dem Anteil in Großstädten. Bei starken und sehr starken Lärmbeeinträchtigungen beträgt die Differenz jedoch nur noch etwa 5 %.[99] Insgesamt besteht demzufolge in allen Lagetypen die Notwendigkeit zur Lärmminderung, wenngleich das Erfordernis in Großstädten noch größer ist. Besonders deutlich wird dieses grundsätzliche Bedürfnis anhand der (negativen) Auswirkungen von Lärm, die nachfolgend vorgestellt werden.

---

96 Zustimmend: vgl. *Jarass*, BImSchG – Kommentar, 9. Aufl., München 2009, § 3 Rn. 5. Ablehnend: vgl. *Erbguth/Schlacke*, a. a. O. (Fußn. 88), S. 190.
97 Vgl. *BBSR* (Hrsg.), Leben in der Stadt, BBSR-Analysen KOMPAKT 06/2013, Bonn 2013, S. 13.
98 Vgl. *BMU/UBA* (Hrsg.), Umweltbewusstsein in Deutschland 2012, Berlin 2013, S. 52.
99 Vgl. *BBSR* (Hrsg.), a. a. O. (Fußn. 97), S. 14.

III.1. Lärmquellen

Der bereits zitierten Umfrage des *BMU* und *UBA* zufolge fühlen sich die meisten Betroffenen durch Straßenverkehrslärm (54%) und Schienenverkehrslärm (44%) gestört – gefolgt von Nachbarschaftslärm (42%), Industrie- und Gewerbelärm (32%) sowie Flugverkehrslärm (23%).[100] An den Zahlen wird deutlich, dass häufig unterschiedliche Lärmquellen als störend bzw. belästigend wahrgenommen werden.

Die oben stehende Aufzählung benennt bereits die häufigsten Lärmquellen in deutschen Städten. Es sei allerdings darauf hingewiesen, dass zum Industrie- und Gewerbelärm sowohl die Geräuschemissionen von Großanlagen, wie Kraftwerken, Stahlwerken u. ä., als auch die von kleineren Betrieben, wie Handwerks- und Einzelhandelsbetrieben oder Vergnügungsstätten, zählen.

Der Vollständigkeit halber ist noch der Lärm von Sport- und Freizeitanlagen zu ergänzen. Ggf. ist auch noch Kinderlärm hinzuzufügen, sofern dieser nicht vom Begriff des Nachbarschaftslärms erfasst wird. Rechtlich hat er aufgrund von § 22 Abs. 1a BImSchG allerdings keine Bedeutung (mehr); er gilt regelmäßig nicht als schädliche Umwelteinwirkung.

Wie bereits angedeutet, werden die unterschiedlichen Arten von Lärm aus verschiedenen Gründen subjektiv unterschiedlich wahrgenommen: So wird der Lärm von Verkehrsmitteln oder baulichen Anlagen wie Gewerbe- und Industriebetrieben häufig als weniger störend wahrgenommen als der Lärm von Sport- oder Freizeitanlagen. Letztgenannter übermittelt oftmals Informationen, z. B. Musik oder Stimmen, die ungewollt zu einer besonderen Aufmerksamkeit bei den Betroffenen führen.[101]

III.2. Auswirkungen

Lärm wirkt sich auf verschiedene Bereiche der Umwelt aus, wobei dies meist in negativer Art und Weise geschieht.[102] Nachfolgend werden exemplarisch die Auswirkungen auf die menschliche Gesundheit und auf Immobilien dargestellt.

Darüber hinaus sind beispielsweise auch Folgen für die Fauna feststellbar. Diese sind ebenfalls in erster Linie negativ, indem der Lärm vor allem zur Vergrämung von Tieren beiträgt. Allerdings kann dies für bestimmte Arten, die weniger

---

100 Vgl. *BMU/UBA* (Hrsg.), a. a. O. (Fußn. 98), S. 52.
101 Vgl. *Biehn/Trautmann*, a. a. O. (Fußn. 90), S. 17 (24).
102 Überblicksartig: vgl. *Mitschang*, Die Berücksichtigung von Belangen des Lärmschutzes bei der städtebaulichen Entwicklung, in: ZfBR 2009, S. 538 (539 ff.).

geräuschempfindlich und somit länger standorttreu sind, auch positive Auswirkungen mit sich bringen, wenn nämlich (nur) ihre Fressfeinde vergrämt werden.[103]

III.2.1. Auswirkungen auf die Gesundheit des Menschen

Die negativen Folgen von Lärm für die Gesundheit sind erheblich. Dabei wird zwischen sog. auralen und extra-auralen Wirkungen unterschieden: Erstgenannte wirken direkt auf das Gehör; dazu zählen u. a. Knalltraumata und Gehörschädigungen (bis hin zum vollständigen Hörverlust). Derartige Schädigungen sind bereits bei kurzfristigen Spitzenschalldruckpegeln ab 115 dB(A) bzw. ab einem Mittelungspegel von 85 dB(A) an acht Stunden pro Tag zu erwarten.[104]

Unter extra-auralen Wirkungen werden hingegen Folgen für den übrigen Organismus verstanden. Dies umfasst vor allem Kommunikations- sowie Schlaf- und Ruhestörungen. Für Letztgenannte ist nachgewiesen, dass sie wiederum zu Beeinträchtigungen des Herz-Kreislauf-Systems, wie Bluthochdruck oder zu einem Anstieg des Herzinfarktrisikos, sowie zu psychischen Beeinträchtigungen, wie Lernstörungen, führen.[105] So ist beispielshalber ab einem nächtlichen Dauerschallpegel von 50 dB(A) aufgrund von Verkehrslärm mit einem behandlungsbedürftigen Bluthochdruck zu rechnen. Eine Erhöhung des Herzinfarktrisikos ist bei einer langfristigen Geräuschbelastung von über 65 dB(A) zu erwarten.[106]

Hohe Lärmimmissionen rufen beim menschlichen Organismus grundsätzlich Stressreaktionen hervor mit der Folge, dass vor allem Belastungen während der Schlaf- und Ruhephasen besonders schädlich sind. Des Weiteren stehen die Auswirkungen auch in Abhängigkeit von der Lautstärke der Geräusche und der Dauer der Einwirkung.[107]

III.2.2. Auswirkungen auf Immobilien

Der Wert von Immobilien wird von verschiedenen Faktoren beeinflusst; Umwelteinwirkungen wie Lärm zählen dazu. In verschiedenen Studien konnte festgestellt werden, dass beispielsweise Straßenverkehrslärm zu Wertminderungen bei

---

103 Vgl. *Francis/Ortega/Cruz*, Noise Pollution Changes Avian Communities and Species Interactions, in: Current Biology 2009, S. 1415 (1416).
104 Vgl. *Kloepfer/Griefahn/Kaniowski* et al., a. a. O. (Fußn. 93), S. 129 f.
105 Vgl. *Weltgesundheitsorganisation* (Hrsg.), Burden of disease from environmental noise, Kopenhagen 2011, S. 100 f.
106 Vgl. *Rhein-Main-Institut* (Hrsg.), Lärm und Gesundheit, Dreieich 2005, S. 9 ff.
107 Vgl. *Kohlhuber/Bolte*, Einfluss von Umweltlärm auf Schlafqualität und Schlafstörungen und Auswirkungen auf die Gesundheit, in: Somnologie 2012, S. 10 (11 f.).

Immobilien von 0,16 bis 0,3 % je dB(A) Lärmzunahme führt; bei Fluglärm beträgt die Minderung sogar 0,6 % je dB(A) Lärmzunahme.[108]

Der ermittelten Wertverluste gelten im Besonderen für Wohnimmobilien: Einerseits halten sich Menschen dort vor allem während der Ruhe- und Schlafphasen auf, während derer Lärm besonders schädlich ist. Zum anderen verfügen derartige Immobilien häufig über Außenwohnbereiche, wo die Belastung aufgrund fehlender Schutzvorkehrungen meist noch höher ist als im Innenraum und eine adäquate Nutzung bei entsprechenden Lärmbelastungen nur noch eingeschränkt oder gar nicht mehr möglich ist.[109]

IV. Schallschutz

Die exemplarisch dargestellten negativen Auswirkungen von Lärm verdeutlichen die Notwendigkeit zur Reduzierung von Geräuschemissionen und -immissionen. Um dies zu erreichen, ist in einem ersten Schritt zu prüfen, ob durch übergeordnete Maßnahmen wie Verkehrslenkung oder Betriebsverlagerungen die Lärmbelastung reduziert werden kann. Häufig wird dies jedoch nicht möglich sein, da es u. a. an geeigneten Alternativstandorten mangelt.

Die Folge dessen sind technische oder bauliche Schutzmaßnahmen. Dabei wird zwischen aktivem und passivem Schallschutz unterschieden.

IV.1. Aktiver Schallschutz

Im günstigsten Fall wird bereits die Entstehung von Lärm verhindert bzw. vermieden. Derartige Schallschutzmaßnahmen an der Quelle, d. h. am Emissionsort, werden als aktiver Schallschutz bezeichnet. Er ist dem passiven Schallschutz hinsichtlich der Wirkungen oftmals vorzuziehen, da er bereits die Entstehung bzw. die Ausbreitung des Lärms verhindert. Des Weiteren ist es insbesondere in Bezug auf Gewerbelärm häufig kostensparender nur einen Betrieb – anstelle von zahlreichen umliegenden (Wohn-)Gebäuden – mit Schallschutzmaßnahmen zu versehen.

Beim Verkehrslärm sind insbesondere Maßnahmen an den Rädern oder am Fahrbahnuntergrund möglich. Zu den Letztgenannten zählen im Bereich des

---

108 Zusammenfassend: vgl. *Heyn/Wilbert/Hein*, Lärm macht Leer – Auswirkungen von Lärmemissionen auf den Immobilienmarkt und die Wohnungswirtschaft, in: IzR 2013, S. 235 (235).
109 Vgl. *Mitschang*, a. a. O. (Fußn. 102), S. 538 (540).

Schienenverkehrs etwa der Bau durchgängiger Schotterbetten bzw. der Einsatz von Unterschottermatten sowie regelmäßiges „Schleifen" der Schienenköpfe zur Reduzierung der Rollgeräusche.[110] Im Bereich des Straßenverkehrs ist z. B. die Verwendung offenporiger Asphaltdeckschichten mit lärmmindernder Wirkung erprobt. Ferner können auch die Veränderung der Höhenlage des Verkehrswegs (Trog- oder Hochlagen), die vollständige oder teilweise Eintunnelung der Strecke sowie die Errichtung von Lärmschutzwänden und -wällen entlang der Fahrbahn zum aktiven Schallschutz beitragen.[111]

Beim Industrie- und Gewerbelärm zählen neben verschiedensten technischen Vorkehrungen direkt an den Maschinen und Geräten vor allem Dämpfungen an den Außenbauteilen der Gebäude (Wände, Türen, Fenster etc.) zum aktiven Lärmschutz. Darüber hinaus kann auch die Anordnung der emittierenden Anlagen auf dem Betriebsgrundstück zur Minderung der Schallemissionen beitragen. Ebenso wie beim Verkehrslärm ist auch bei dieser Art von Lärm die Errichtung von Lärmschutzwänden und -wällen möglich, wobei diese nur zu den aktiven Maßnahmen zählen, wenn sie unmittelbar an der Schallquelle errichtet werden.

IV.2. Passiver Schallschutz

Die zweite Möglichkeit zum Lärmschutz bietet sich am Immissionsort. Die Maßnahmen dort sind teilweise identisch mit denen an der Lärmquelle: So sind am Ort des Einwirkens ebenfalls Lärmschutzwände und -wälle als Schutzeinrichtungen möglich. Mit Bezug auf die betroffenen Gebäude können außerdem schallschützende Außenbauteile wie Lärmschutzfenster oder schallgedämpfte Außenwände angebracht werden. Darüber hinaus besteht die Möglichkeit zur sog. architektonischen Selbsthilfe. Dies meint Veränderungen am Gebäude im Hinblick auf dessen Architektur, z. B. eine veränderte Stellung des Gebäudes, die Anordnung von schutzwürdigen Aufenthaltsräumen, der Einbau von zu öffnenden Fenstern an der lärmabgewandten Gebäudeseite in Verbindung mit separaten Lüftungseinrichtungen sowie die Verwendung nicht zu öffnender Fenster an der am stärksten vom lärmbelasteten Seite des Gebäudes.

Bei passiven Schallschutzmaßnahmen gilt es zu beachten, dass ein umfassender Schutz meist nur für die Innenräume erreicht werden kann und auch dies in der Regel nur bei geschlossenem Fenster. Außen(wohn)bereiche sind hingegen regelmäßig ungeschützt.

---

110 Vgl. *BMVBS* (Hrsg.), Lärmschutz im Schienenverkehr, Berlin 2013, S. 19 f.
111 Vgl. *BMVBS* (Hrsg.), Statistik des Lärmschutzes an Bundesfernstraßen 2010, Bonn 2011, S. 7 und 22 f.

D. Die Berücksichtigung von Belangen des Lärmschutzes bei der Zulassung von Vorhaben

Die Zulassung von baulichen Vorhaben im Sinne von § 29 BauGB richtet sich nach verschiedenen öffentlich-rechtlichen Vorschriften. Dabei sind neben dem Bauplanungs- und Bauordnungsrecht häufig Regelungen aus korrespondierenden Rechtsbereichen zu berücksichtigen. Zu diesem sog. Baunebenrecht zählt insbesondere das Immissionsschutzrecht, wobei oftmals eine integrierte Betrachtung stattfindet, sodass die immissionsschutzrechtlichen Belange und Aspekte in die baurechtliche Zulässigkeitsbewertung mit einfließen.

In diesem Kapitel wird die Zulässigkeit von Vorhaben im Geltungsbereich von Bebauungsplänen sowie im unbeplanten Innenbereich näher analysiert. Im Vordergrund steht dabei die Frage, inwiefern die Belange des Lärmschutzes – als ein wesentlicher Teil des Umweltschutzes – dabei Berücksichtigung finden.

Die Zulässigkeit im Außenbereich gem. § 35 BauGB wird im Rahmen dieses Werkes nicht untersucht, da vor dem Hintergrund der Innenentwicklung eine Fokussierung auf den baulichen Bestand im beplanten und unbeplanten Innenbereich erfolgt.

I. Zulässigkeit im Geltungsbereich eines Bebauungsplans

Die bauplanungsrechtliche Zulässigkeit eines Vorhabens richtet sich im Geltungsbereich eines Bebauungsplans grundsätzlich nach § 30 BauGB. Danach ist ein Vorhaben zulässig, wenn die Erschließung gesichert ist und es den Festsetzungen des Bebauungsplans nicht widerspricht. Sofern der Bebauungsplan nicht die Mindestfestsetzungen gem. § 30 Abs. 1 BauGB enthält (einfacher Bebauungsplan), richtet sich die Zulässigkeit im Übrigen nach den §§ 34 oder 35 BauGB (§ 30 Abs. 3 BauGB). Ob ein Vorhaben im Widerspruch zu Bebauungsplanfestsetzungen steht, ist abschließend stets nur anhand des konkreten Einzelfalls festzustellen.

Im Hinblick auf den Lärmschutz ist vor allem die Art der baulichen Nutzung von Relevanz. In aller Regel wird diese normiert, indem im Bebauungsplan ein

Baugebiet der BauNVO festgesetzt wird.[112] Geschieht dies, richtet sich die Zulässigkeit in Bezug auf die Art der baulichen Nutzung nach der jeweiligen Baugebietsvorschrift in der BauNVO, da die entsprechenden Regelungen Bestandteil des Bebauungsplans werden (§ 9a BauGB in Verbindung mit § 1 Abs. 3 BauNVO). Zu berücksichtigen sind die Möglichkeiten der Feinsteuerung nach § 1 Abs. 4 bis 10 BauNVO, welche Abweichungen von den allgemeinen Baugebietsvorschriften zu lassen (siehe Punkte E.IV.3.2 und E.IV.3.3).

Die Vorschriften zu den verschiedenen Baugebieten (§§ 2 ff. BauNVO) enthalten jeweils im Absatz 2 die allgemein zulässigen und im Absatz 3 die ausnahmsweise zulässigen Nutzungsarten. Ein Vorhaben steht – hinsichtlich der Art der baulichen Nutzung – nicht im Widerspruch zu den Festsetzungen des Bebauungsplans, wenn es im festgesetzten Baugebiet allgemein zulässig ist. Sofern das Vorhaben ausnahmsweise zulässig ist, bedarf es einer Ermessensentscheidung der Genehmigungsbehörde. Dabei ist insbesondere zu beachten, dass solche Nutzungen tatsächlich nur im Ausnahmefall (und nicht im Regelfall) zugelassen werden. Insgesamt sind jedoch stets die Umstände des Einzelfalls entscheidend, weshalb an dieser Stelle keine weitergehende Betrachtung erfolgt. Selbiges gilt für eine Befreiung nach § 31 Abs. 2 BauGB.

Ein Vorhaben kann allerdings im Verhältnis zu den Bebauungsplanfestsetzungen widerspruchsfrei sein und trotzdem als unzulässig beurteilt werden: Dies ist gegeben, wenn das Vorhaben mit dem „ungeschriebenen"[113] Grundsatz der Gebietsverträglichkeit sowie dem Gebot der Rücksichtnahme – normiert in § 15 Abs. 1 BauNVO – unvereinbar ist. Nachfolgend findet diesbezüglich eine vertiefte Auseinandersetzung statt.

Es sei bereits an dieser Stelle darauf hingewiesen, dass weder der Grundsatz der Gebietsverträglichkeit noch das Gebot der Rücksichtnahme die Festsetzungen eines Bebauungsplans korrigieren können. Zwar werden beide Gebote als Korrektiv

---

112 Ausnahmen vom sog. Typenzwang bestehen beim vorhabenbezogenen Bebauungsplan gem. § 12 BauGB, beim Einzelhandels-Bebauungsplan gem. § 9 Abs. 2a BauGB und beim Vergnügungsstätten-Bebauungsplan gem. § 9 Abs. 2b BauGB.

113 *Claus*, Aktuelle höchstrichterliche Rechtsprechung zur BauNVO, in: *Mitschang* (Hrsg.), Fach- und Rechtsprobleme der Baunutzungsverordnung, Berliner Schriften zur Stadt- und Regionalplanung – Band 8, Frankfurt/Main 2009, S. 75 (84); BVerwG, Beschl. v. 28.02.2008 – 4 B 60/07 –, BauR 2008, S. 954 (954 f.) = NVwZ 2008, S. 786 (787 f.).

bezeichnet[114], allerdings stellen sie nur eine Ergänzung dar[115]: Sie können die abschließend abgewogenen Festsetzungen eines Bebauungsplans nicht modifizieren oder ersetzen.[116]

I.1. Gebietsverträglichkeit

Der Grundsatz bzw. das Erfordernis der Gebietsverträglichkeit ist in den letzten Jahren vor allem durch die Rechtsprechung entwickelt worden.[117] Maßgebend sind dabei insbesondere drei Entscheidungen des *BVerwG* aus den Jahren 2002[118] und 2008[119]: Wenn in einem Bebauungsplan ein Baugebiet nach den §§ 2 bis 9 BauNVO festgesetzt wird, kann ein Vorhaben, das nach den Absätzen 2 oder 3 der genannten Baugebietsvorschriften allgemein oder ausnahmsweise zulässig ist, trotzdem unzulässig sein, wenn der jeweilige Gebietscharakter durch das Vorhaben gefährdet wäre und das Vorhaben somit gebietsunverträglich ist.[120] Eine Befreiung gem. § 31 Abs. 2 BauGB ist darüber hinaus ausgeschlossen[121].

Die Gebietsverträglichkeit fußt auf der typisierenden Betrachtungsweise von Anlagen und Betrieben innerhalb der Baugebietsvorschriften der BauNVO (sog. Typisierungslehre).[122] So werden beispielsweise in den Zulässigkeitsvorschriften

---

114 So etwa *Roeser*, in: *König/Roeser/Stock*, BauNVO – Kommentar, 2. Aufl., München 2003, § 15 Rn. 5.
115 So in Bezug auf § 15 BauNVO: vgl. *BVerwG*, Beschl. v. 06.03.1989 – 4 NB 8/89 –, BauR 1989, S. 306 (307) = NVwZ 1989, S. 960 (960); vgl. *BVerwG*, Beschl. v. 08.03.2010 – 4 B 76/09 –, BRS 76, S. 149 (149 f.). In beiden Entscheidungen wird sogar der Begriff „Nachsteuerung" benutzt. A. A.: vgl. *Fickert/Fieseler/Determann/Stühler*, BauNVO – Kommentar, 11. Aufl., Stuttgart 2011, § 15 Rn. 1.13.
116 Vgl. *Söfker*, in: *Ernst/Zinkahn/Bielenberg/Krautzberger* (Hrsg.), BauGB – Kommentar, Loseblattsammlung, Stand: Januar 2013, München, § 15 BauNVO Rn. 7.
117 Vgl. *Stühler*, Zum bauplanungsrechtlichen Grundsatz der Gebietsverträglichkeit, in: BauR 2007, S. 1350 (1350).
118 *BVerwG*, Urt. v. 21.03.2002 – 4 C 1/02 –, BauR 2002, S. 1497–1499 = ZfBR 2002, S. 684–685; *BVerwG*, Beschl. v. 13.05.2002 – 4 B 86/01 –, BauR 2002, S. 1499–1500 = GewArch 2002, S. 495.
119 *BVerwG*, Beschl. v. 28.02.2008 – 4 B 60/07 –, BauR 2008, S. 954–957 = NVwZ 2008, S. 786–789.
120 Vgl. *BVerwG*, Beschl. v. 28.02.2008 – 4 B 60/07 –, BauR 2008, S. 954 (954) = NVwZ 2008, S. 786 (786).
121 Vgl. *Berkemann*, Lärmschutz im Städtebaurecht, Essen 2009, S. 155.
122 Vgl. *Fickert/Fieseler/Determann/Stühler*, a. a. O. (Fußn. 115), Vorbem §§ 2–9, 12–14 Rn. 9.2.

der einzelnen Baugebiete nicht verschiedenste gewerbliche Betriebe benannt, sondern unter verschiedenen Anlagentypen, beispielshalber „nicht störende" oder „nicht wesentlich störende" Gewerbebetriebe, subsumiert.[123] Die Typisierung in den Baugebieten hilft dabei, eine gebietstypische Nutzungsstruktur herzustellen, in der miteinander verträgliche Nutzungsarten zusammengefasst und von anderen (nicht verträglichen) Nutzungsarten abgegrenzt werden.[124] Dadurch werden die verschiedenen, oft gegenläufigen Ansprüche an die Bodennutzung zu einem Ausgleich gebracht.[125] Gleichzeitig wird ein Mindestmaß an Immissionsschutz gewährleistet, da einander erheblich beeinträchtigende Nutzungen nicht innerhalb eines Baugebietstyps zulässig sind.

So wie der Verordnungsgeber eine typisierende Betrachtungsweise bei den Zulässigkeitsvorschriften der einzelnen Baugebietstypen vorgenommen hat, muss dies auch im Rahmen des Genehmigungsverfahrens erfolgen: Ein konkretes Vorhaben ist jeweils dem entsprechenden, übergeordneten Anlagen- bzw. Betriebstyp (z. B. Schreinerei) zuzuordnen. Anschließend ist zu klären, ob für diesen Nutzungstyp bestimmte Störungen oder Empfindlichkeiten charakteristisch sind[126], etwa in Bezug auf das Emissionsverhalten oder die Immissionsempfindlichkeit. Dabei kommt es regelmäßig nicht auf das konkrete Vorhaben, sondern vielmehr auf die typischen Auswirkungen und Ansprüche an.[127] So ist beispielshalber in einem allgemeinen Wohngebiet gem. § 4 BauNVO ein Schlachthaus aufgrund seiner gebietsunverträglichen Störungen generell unzulässig[128].

Eine Abweichung von der typisierenden Betrachtungsweise (sog. „Enttypisierung"[129]) ist allerdings in jenen Fällen geboten, in denen der jeweilige Betrieb vom üblichen Typ abweicht.[130] Dies gilt im Besonderen, wenn die

---

123 Vgl. *Kormann*, Zur Situation von Handwerksbetrieben nach geltendem Bauplanungsrecht, in: GewArch 2010, S. 396 (398).
124 Vgl. *BVerwG*, Urt. v. 24.09.1992 – 7 C 7/92 –, GewArch 1993, S. 85 (85) = NVwZ 1993, S. 987 (987); vgl. *VGH Mannheim*, Beschl. v. 05.03.2012 – 5 S 3239/11 –, KommJur 2012, S. 310 (311).
125 Vgl. *BVerwG*, Urt. v. 02.02.2012 – 4 C 14/10 –, BauR 2012, S. 900 (901) = GewArch 2012, S. 268 (269).
126 Vgl. *Kuschnerus*, Der sachgerechte Bebauungsplan, 4. Aufl., Bonn 2010, S. 385.
127 Vgl. *Finkelnburg/Ortloff/Kment*, a. a. O. (Fußn. 6), S. 141.
128 Vgl. *Ziegler*, in: *Brügelmann* (Hrsg.), BauGB – Kommentar, Loseblattsammlung, Stand: Juni 2013, Stuttgart, § 1 BauNVO Rn. 122.
129 Vgl. ebenda, § 1 BauNVO Rn. 124 f.
130 Vgl. *Fickert/Fieseler/Determann/Stühler*, a. a. O. (Fußn. 115), Vorbem §§ 2–9, 12–14 Rn. 9.

Bandbreite des Störgrades innerhalb einer Branche vergleichsweise groß ist.[131] Folglich ist stets eine Einzelfallprüfung erforderlich, im Rahmen derer zunächst zu klären ist, ob sich der Betrieb einer typischen Nutzungsart zuordnen lässt.

Maßgebliches Kriterium für die Gebietsverträglichkeit ist die allgemeine Zweckbestimmung der unterschiedlichen Baugebiete, wie sie jeweils im ersten Absatz der §§ 2 ff. BauNVO normiert ist. Dabei besteht ein wechselseitiges Verhältnis zwischen der jeweiligen Zweckbestimmung der Baugebiete und den dort zulässigen Nutzungen: Einerseits normiert die Zweckbestimmung in übergeordneter Art und Weise, welche Nutzungen zulässig sind und konkretisiert somit die zulässigen Nutzungen. Andererseits helfen die zulässigen Nutzungen bei der Auslegung der Zweckbestimmung, indem durch sie verdeutlicht wird, welche Nutzungen gebietsverträglich sind.[132]

Des Weiteren ist jedoch auch von Relevanz, welche Funktionen dem einzelnen Baugebiet im Verhältnis zu anderen Baugebieten der BauNVO zukommen.[133] Unbedeutend sind hingegen die Umgebung des Vorhabens sowie etwaige Vorbelastungen. Beide Aspekte können nur im Rahmen des Rücksichtnahmegebots bzw. bei der Bebauungsplanung Berücksichtigung finden.[134]

I.2. Gebot der Rücksichtnahme

Ebenso wie beim Erfordernis der Gebietsverträglichkeit handelt es sich auch beim Rücksichtnahmegebot, normiert in § 15 Abs. 1 BauNVO, um ein Korrektiv. Allerdings unterscheiden sich die beiden Korrektive in ihren Aufgaben: Das Rücksichtnahmegebot betrachtet ausschließlich den Einzelfall und dessen konkrete (gebietsunverträgliche) Auswirkungen, während die Gebietsverträglichkeit Aussagen zum Nutzungstyp als solchem enthält, d. h. über den Einzelfall hinaus.[135]

Die Regelung in § 15 Abs. 1 BauNVO ist insbesondere eine Ausprägung des Gebots der Rücksichtnahme.[136] Sie normiert, dass bauliche und sonstige in den

---

131 Vgl. *Berkemann*, a. a. O. (Fußn. 121), S. 152.
132 Vgl. *Ziegler*, a. a. O. (Fußn. 128), § 1 BauNVO Rn. 151.
133 Vgl. *BVerwG*, Urt. v. 24.02.2000 – 4 C 23/98 –, BauR 2000, S. 1306 (1307) = NVwZ 2000, S. 1054 (1054).
134 Vgl. *Ziegler*, a. a. O. (Fußn. 128), § 1 BauNVO Rn. 152 f.
135 Vgl. *BVerwG*, Urt. v. 21.03.2002 – 4 C 1/02 –, BauR 2002, S. 1497 (1498) = ZfBR 2002, S. 684 (685); vgl. *OVG Magdeburg*, Beschl. v. 12.12.2011 – 2 M 162/11 –, BauR 2012, S. 756 (759).
136 So z. B. *BVerwG*, Beschl. v. 10.01.2013 – 4 B 48/12 –, BauR 2013, S. 934 (935). Zu weiteren Anwendungsbereichen des Gebots im Baurecht: vgl. *Muckel*, Öffentliches Baurecht, München 2010, S. 153 ff.

§§ 2 bis 14 BauNVO aufgeführte Anlagen im Einzelfall unzulässig sind, wenn sie nach Anzahl, Lage, Umfang oder Zweckbestimmung der Eigenart des Baugebiets widersprechen (§ 15 Abs. 1 Satz 1 BauNVO). Darüber hinaus sind Vorhaben gem. Satz 2 unzulässig, wenn von ihnen Belästigungen oder Störungen ausgehen können, die nach der Eigenart des Baugebiets oder in dessen Umgebung unzumutbar sind (1. Alt.) oder wenn sie solchen Belästigungen oder Störungen ausgesetzt wären (2. Alt.).

Zur Anwendung kann das Rücksichtnahmegebot gem. § 15 Abs. 1 BauGB grundsätzlich nur in solchen Fällen kommen, in denen der Bebauungsplan den Konflikt nicht bereits selbst mittels Festsetzungen löst. Erfolgt dies jedoch bereits durch Planfestsetzungen, wird ein Rückgriff auf § 15 Abs. 1 BauGB in Verbindung mit den lärmtechnischen Regelwerken im Regelfall nicht mehr möglich sein: Einerseits genießt der Bebauungsplan als speziellere Regelung bzw. Lösung Vorrang.[137] Andererseits wurde das Gebot der Rücksichtnahme in diesen Fällen regelmäßig bereits im Rahmen der planerischen Abwägung nach § 1 Abs. 7 BauGB „aufgezehrt"[138].

Das Gebot kann darüber hinaus auch nicht durch privatrechtliche Verträge oder Absprachen außer Kraft gesetzt werden, indem sich der beeinträchtige Nutzer dazu bereit erklärt, die auf ihn einwirkenden Immissionen zu akzeptieren und auf die Geltendmachung von Abwehrrechten zu verzichten. Auf solche personenbezogenen Eigentumsverhältnisse stellen die bauplanungsrechtlichen Regelungen zur Nutzbarkeit eines Grundstückes grundsätzlich nicht ab.[139]

Des Weiteren bedarf es für die Anwendung der in Satz 1 normierten Vorschrift
– sofern sich das Vorhaben im Geltungsbereich eines Bebauungsplans befindet
– stets der Festsetzung eines Baugebiets.[140] Bei unzumutbaren Belästigungen und Störungen gem. Satz 2 kann sich hingegen entweder der Emissions- oder

---

137 Vgl. *Reidt*, Passiver Lärmschutz und TA Lärm – Anmerkungen zu dem Urteil des Bundesverwaltungsgerichts vom 29.11.2012 (4 C 8.11), in: UPR 2013, S. 166 (170).
138 Vgl. u. a. *BVerwG*, Beschl. v. 27.12.1984 – 4 B 278/84 –, NVwZ 1985, S. 652 (652 f.) = UPR 1985, S. 137; vgl. *OVG Berlin-Brandenburg*, Urt. v. 07.06.2012 – 2 B 18.11 –, Juris, Rn. 54; vgl. *Fricke*, Passiver Schallschutz im Anwendungsbereich der TA Lärm – Anmerkungen zum Urteil des BVerwG vom 29. November 2012, in: ZfBR 2013, S. 627 (630). Hinweisend auf mögliche Ausnahmen: vgl. *BVerwG*, Beschl. v. 11.07.1983 – 4 B 123/83 –, Juris, Rn. 15.
139 Vgl. *BVerwG*, Urt. v. 23.09.1999 – 4 C 6/98 –, BauR 2000, S. 234 (238) = ZfBR 2000, S. 128 (130).
140 Vgl. *Roeser*, a. a. O. (Fn. 116), § 15 Rn. 6.

Immissionsort auch außerhalb des Baugebiets befinden[141], sofern die Auswirkungen im Baugebiet ihren Ursprung haben (Emissionsort) oder von außerhalb bis in das Baugebiet hineinwirken (Immissionsort).

Der Maßstab für das Rücksichtnahmegebot wird in räumlicher Hinsicht sowohl durch das Baugebiet selbst als auch durch dessen Umgebung gebildet; § 15 Abs. 1 Satz 2 BauNVO verdeutlicht dies. Als „Umgebung" sind dabei all jene Flächen mit in die Beurteilung einzubeziehen, auf die sich die von der Anlage ausgehenden Belästigungen oder Störungen noch auswirken können.[142] Demzufolge sind allgemeingültige Aussagen zum Begriff der Umgebung nicht möglich. Im Hinblick auf Lärmemissionen erscheint es im Regelfall – nach Ansicht des Autors – auch nicht sachgerecht lediglich einen kreisrunden Radius um das betreffende Vorhaben zu ziehen. Vielmehr wird es erforderlich sein, die konkreten Gegebenheiten vor Ort, z. B. topografische Besonderheiten, sowie die Spezifika der in Frage stehenden Anlage, z. B. die Austrittsorte der Emissionen, zu ermitteln und anhand derer prognostisch oder durch Messungen die betroffene Umgebung zu bestimmen.

Ausgangspunkt für die Prüfung des Rücksichtnahmegebots ist die Eigenart des festgesetzten Baugebiets. Diese ergibt sich zunächst aus der allgemeinen Zweckbestimmung und den Zulässigkeitstatbeständen der verschiedenen Baugebiete, welche bei Festsetzung des Baugebiets ebenfalls Bestandteil des Plans werden (§ 1 Abs. 3 Satz 2 BauNVO). Der unterschiedliche Störgrad bzw. die Schutzwürdigkeit werden beispielshalber bei Gewerbebetrieben an den konkretisierenden Bezeichnungen „nicht störend"[143], „nicht wesentlich störend"[144], „nicht erheblich belästigend"[145] sowie erheblich belästigend im Sinne von § 9 Abs. 1 BauNVO deutlich[146].

Darüber hinaus können auch andere Bebauungsplanfestsetzungen eine prägende Wirkung hinsichtlich der Eigenart hervorrufen, indem sie z. B. die „üblichen" Zulässigkeitstatbestände modifizieren und somit das Baugebiet bzw. die Eigenart konkretisieren.[147] Neben solchen Festsetzungen zur Art der baulichen Nutzung kommen für die Prägung prinzipiell auch solche zum Maß der baulichen

---

141 Vgl. *Stüer*, a. a. O. (Fußn. 6), S. 538.
142 Vgl. *Fickert/Fieseler/Determann/Stühler*, a. a. O. (Fußn. 115), § 15 Rn. 22.
143 Siehe § 2 Abs. 3 Nr. 4, § 3 Abs. 3 sowie § 4 Abs. 3 Nr. 2 BauNVO.
144 Siehe § 5 Abs. 1 Satz 1, § 6 Abs. 1 sowie § 7 Abs. 2 Nr. 3 BauNVO.
145 Siehe § 8 Abs. 1 BauNVO.
146 Vgl. *Söfker*, a. a. O. (Fußn. 116), § 15 BauNVO Rn. 22.
147 Vgl. *Jäde*, in: *Jäde/Dirnberger/Weiß*, BauGB und BauNVO – Kommentar, 6. Aufl., Stuttgart 2010, § 15 BauNVO Rn. 2.

Nutzung, zur Bauweise und zu den (nicht) überbaubaren Grundstücksflächen in Frage[148].

Weitgehend unbedeutend ist hingegen die tatsächliche, konkrete Entwicklung des Baugebiets[149]:

> *„Die tatsächlich vorhandene Bausubstanz [...] ist [...] nur insoweit beachtlich, als sie sich im Rahmen der durch die Festsetzungen zum Ausdruck gebrachten städtebaulichen Ordnungsvorstellungen für das Baugebiet hält."*[150]

Dies gilt insbesondere dann nicht, wenn sich die planerische Zielsetzung (noch) nicht im Faktischen widerspiegelt, z. B. weil das Baugebiet noch weitgehend unbebaut ist, weil ein besonderes Wohngebiet nach § 4a BauNVO festgesetzt wurde und sich das Gebiet erst dahingehend fortentwickeln soll oder weil sich das Gebiet mit einem geringeren Störgrad entwickelt hat, als es der Bebauungsplan generell zulässt[151]. In Bezug auf Lärm können Vorbelastungen jedoch durchaus von Relevanz sein[152], sofern sie bei der Festsetzung des Baugebiets in der Abwägung nach § 1 Abs. 7 BauGB berücksichtigt wurden.[153]

Vor dem Hintergrund des Lärmschutzes sind weniger die in § 15 Abs. 1 Satz 1 BauNVO genannten Tatbestände (Anzahl, Lage, Umfang oder Zweckbestimmung einer Anlage)[154], als vielmehr die in Satz 2 benannten Belästigungen oder Störungen als Versagungsgründe von Bedeutung. Gleichwohl können jedoch auch die Unzulässigkeitstatbestände aus Satz 1 – in Verbindung mit Satz 2 – relevant sein, z. B. die Lage bzw. der Standort einer Anlage, sodass es im Einzelfall auch zu Überschneidungen der Tatbestände aus beiden Sätzen kommen kann.

I.2.1. Belästigungen und Störungen

Die Begriffe „Belästigungen" und „Störungen" sind unbestimmte Rechtsbegriffe, die neben den Bezeichnungen des Immissionsschutzrechts eine „eigenständige

---

148 Vgl. *Söfker*, a. a. O. (Fußn. 116), § 15 BauNVO Rn. 11.
149 Teilweise a. A.: vgl. *Jäde*, a. a. O. (Fußn. 147), § 15 BauNVO Rn. 3.
150 *Fickert/Fieseler/Determann/Stühler*, a. a. O. (Fußn. 115), § 15 Rn. 8.
151 Vgl. *OVG Hamburg*, Urt. v. 02.02.2011 – 2 Bf 90/07 und 2 Bf 91/07 –, Juris, Rn. 97 = DVBl. 2011, S. 827 (832) (gekürzt).
152 Vgl. *Finkelnburg/Ortloff/Kment*, a. a. O. (Fußn. 6), S. 341.
153 Vgl. *Söfker*, a. a. O. (Fußn. 116), § 15 BauNVO Rn. 12 und 25.
154 Vgl. u. a. *Fickert/Fieseler/Determann/Stühler*, a. a. O. (Fußn. 115), § 15 Rn. 10 ff.; vgl. *Roeser*, a. a. O. (Fußn. 114), § 15 Rn. 11 ff.; vgl. *Söfker*, a. a. O. (Fußn. 116), § 15 BauNVO Rn. 13 ff.

städtebaurechtliche Bedeutung behalten sollen"[155]. Unter Belästigungen werden Beeinträchtigungen des körperlichen Wohlbefindens subsumiert, die – jedoch anders als im BImSchG[156] – nicht die Erheblichkeitsschwelle als Grenze haben, sondern (nur) über das bloße Lästigsein hinausgehen. Hingegen handelt es sich bei Störungen einerseits um solche im Sinne von § 3 Abs. 1 BImSchG, d. h. Lärm, Luftverunreinigungen, Erschütterungen, Licht etc. Andererseits umfasst der Begriff auch Beeinträchtigungen der in § 1 Abs. 6 Nr. 1 BauGB genannten Belange: die allgemeinen Anforderungen an gesunde Wohn- und Arbeitsverhältnisse und die Sicherheit der Wohn- und Arbeitsbevölkerung.[157]

Entscheidend für die Unzulässigkeit einer Anlage ist die Unzumutbarkeit der mit ihr verbundenen Belästigungen oder Störungen.[158] Um dies beurteilen zu können, muss der zulässige Störgrad bzw. die Schutzwürdigkeit als Maßstab aus der Eigenart des Baugebiets abgeleitet werden. Dies hat zur Folge, dass beispielsweise in einem Wohngebiet die Grenze zur Unzumutbarkeit eher überschritten wird als in einem Gewerbe- oder Industriegebiet.[159] Eine vollumfängliche Beurteilung kann allerdings nur unter Berücksichtigung des konkreten Einzelfalls erfolgen.

Hinsichtlich der Schutzwürdigkeit einer Nutzung gibt es jedoch vor allem eine Besonderheit: Befinden sich die schutzbedürftige und die störende Nutzung in Gebieten mit unterschiedlicher Schutzwürdigkeit, wirkt sich das Rücksichtnahmegebot auf beide Nutzungen aus (Prinzip der Gegenseitigkeit[160]). Denkbar ist beispielshalber, dass ein festgesetztes Wohngebiet an ein faktisches Mischgebiet im unbeplanten Innenbereich oder an den Außenbereich grenzt. Möglich ist aber auch, dass innerhalb eines Bebauungsplans zwei unterschiedliche Baugebiete aneinander grenzen. Die gegenseitige Rücksichtnahme bedeutet, dass einerseits das zu schützende Vorhaben mehr Immissionen akzeptieren muss, als ein Vorhaben,

---

155 *Fickert/Fieseler/Determann/Stühler*, a. a. O. (Fußn. 115), § 15 Rn. 11.
156 Siehe § 3 Abs. 1 BImSchG.
157 Vgl. *Söfker*, a. a. O. (Fußn. 116), § 15 BauNVO Rn. 21.
158 Unbedeutend ist hingegen, ob ein besser geeigneter Alternativstandort existiert. Vgl. *BVerwG*, Beschl. v. 22.11.2010 – 7 B 58/10 –, BauR 2011, S. 629 (629) = BRS 76, S. 433 (434).
159 *Fickert/Fieseler/Determann/Stühler*, a. a. O. (Fußn. 115), § 15 Rn. 13.1. So auch in Bezug auf die Schutzwürdigkeit der Wohnnutzung in einem Dorfgebiet gem. § 5 BauNVO: vgl. *VGH Mannheim*, Urt. v. 30.01.1995 – 5 S 908/94 –, BauR 1995, S. 819 (820). Zu Unterschieden in der Schutzwürdigkeit der einzelnen Baugebiete: vgl. *VGH München*, Beschl. v. 21.01.2013 – 22 CS 12.2297 –, ZNER 2013, S. 211 (211 ff.).
160 Vgl. *Schmidt-Eichstaedt*, a. a. O. (Fußn. 73), S. 311.

das nicht planerisch vorbelastet ist, weil beispielsweise die Umgebung die gleiche Schutzbedürftigkeit aufweist.[161] Andererseits kann aber auch das störende Vorhaben nicht so viel emittieren, wie es üblicherweise in der Gebietsart möglich wäre.[162] Beide Nutzungen müssen folglich Rücksicht auf die jeweils andere nehmen, indem sie eine geringere Schutzbedürftigkeit bzw. einen geringeren Störgrad akzeptieren.[163]

Im Hinblick auf Lärm gilt es grundsätzlich zu beachten, dass insbesondere Lautäußerungen des menschlichen Zusammenlebens keine unzumutbaren Belästigungen oder Störungen darstellen können, sondern als sozialadäquat von jedermann zu dulden sind. Dazu zählen u. a. die Lebensäußerungen von Menschen mit Behinderung[164] sowie die Geräusche, die von Kindern ausgehen[165].

I.2.2. Maßstabsfunktion von lärmtechnischen Regelwerken

Für die Beurteilung der Zumutbarkeit von Belästigungen oder Störungen in Form von Lärm kommen verschiedene lärmtechnische Regelwerke in Frage, wobei insbesondere die TA Lärm[166], die 16. BImSchV[167] und 18. BImSchV[168] sowie die Freizeitlärm-Richtlinie der Länder[169] von Bedeutung sind. Im Regelfall wird sich die Wahl des jeweiligen Regelwerkes nach der Art der Lärmquelle

---

161 Vgl. *Biedermann*, in: *Rixner/Biedermann/Steger* (Hrsg.), Systematischer Praxiskommentar BauGB/BauNVO, Köln 2010, § 15 BauNVO Rn. 29.
162 Vgl. *BVerwG*, Urt. v. 12.12.1975 – IV C 71.73 –, BauR 1976, S. 100 (102 f.) = VerwRspr. 1976, S. 857 (857).
163 Vgl. *Reidt*, in: *Gelzer/Bracher/Reidt*, Bauplanungsrecht, 7. Aufl., Köln 2004, S. 636 f.
164 Vgl. *VGH Mannheim*, Beschl. v. 15.02.2006 – 8 S 2551/05 –, ZfBR 2006, S. 481 (481).
165 Siehe § 22 Abs. 1a BImSchG. Vgl. *Hansmann*, Privilegierung von Kinderlärm im Bundes-Immissionsschutzgesetz, in: DVBl. 2011, S. 1400 (1401 ff.).
166 Technische Anleitung zum Schutz gegen Lärm (TA Lärm) vom 26.08.1998 (GMBl Nr. 26/1998 S. 503).
167 Verkehrslärmschutzverordnung (16. BImSchV) vom 12.06.1990 (BGBl. I S. 1036), die durch Art. 3 des Gesetzes vom 19.09.2006 (BGBl. I S. 2146) geändert worden ist.
168 Sportanlagenlärmschutzverordnung (18. BImSchV) vom 18.07.1991 (BGBl. I S. 1588, 1790), die durch Art. 1 der Verordnung vom 09.02.2006 (BGBl. I S. 324) geändert worden ist.
169 Freizeitlärm-Richtlinie des Länderausschusses für Immissionsschutz (LAI) vom 04.05.1995, in: NVwZ 1997, S. 469–471.

richten. Nach bislang überwiegender Meinung in Rechtsprechung[170] und Schrifttum[171] stellen die lärmtechnischen Regelwerke mehr oder weniger grobe Anhaltspunkte bzw. Orientierungsmarken dar. Dabei sind stets auch die besonderen Umstände des Einzelfalls zu berücksichtigen und in der Beurteilung zu würdigen[172].

Mögliche Elemente bzw. Aspekte, welche bei der Bewertung der konkreten Situation von Bedeutung sein können, sind – jeweils in Bezug auf die zur Diskussion stehenden Geräusche – z. B.:

- die Herkömmlichkeit,
- die soziale Adäquanz,
- die allgemeine Akzeptanz,
- die etwaigen tatsächlichen oder rechtlichen Vorbelastungen,
- der Schallpegel und
- die Eigenart (z. B. Dauer, Häufigkeit und Impulshaltigkeit) sowie ihr Zusammenwirken.[173]

Seit einer Entscheidung des *BVerwG* vom 29.11.2012[174] wird der Berücksichtigung des Einzelfalls in oben genannter Art und Weise jedoch erhebliche Grenzen gesetzt: Sowohl die Verwaltung als auch die Gerichte sind bei der einzelfallbezogenen Beurteilung an die Bewertungsspannen und -spielräume der TA Lärm gebunden, soweit die TA Lärm für Geräusche den unbestimmten Rechtsbegriff der

---

170 Vgl. *BVerwG*, Beschl. v. 27.01.1994 – 4 B 16/94 –, NVwZ-RR 1995, S. 6; vgl. *BVerwG*, Beschl. v. 20.03.2003 – 4 B 59/02 –, NVwZ 2003, S. 1516 (1517 f.); vgl. *OVG Koblenz*, Urt. v. 16.04.2003 – 8 A 11903/02 –, BauR 2003, S. 1187 (1188); vgl. *VGH München*, Beschl. v. 12.07.2007 – 15 ZB 06.3088 –, Juris, Rn. 7. In Bezug auf die 18. BImSchV: vgl. *VGH Mannheim*, Urt. v. 03.07.2012 – 3 S 321/11 –, VBlBW 2013, S. 61 (61); vgl. *OVG Berlin-Brandenburg*, Beschl. v. 23.07.2008 – 2 N 96.07 –, Juris, Rn. 13 ff. In Bezug auf die Freizeitlärm-RL: vgl. *OVG Münster*, Urt. v. 06.09.2011 – 2 A 2249/09 –, BauR 2012, S. 602 (605 f.).
171 Vgl. *Fickert/Fieseler/Determann/Stühler*, a. a. O. (Fußn. 115), § 15 Rn. 18.2; vgl. *Söfker*, a. a. O. (Fußn. 116), § 15 BauNVO Rn. 23; vgl. *Berkemann*, a. a. O. (Fußn. 121), S. 178 f.; vgl. *Biedermann*, a. a. O. (Fußn. 161), § 15 BauNVO Rn. 25 ff.; vgl. *Ziegler*, a. a. O. (Fußn. 128), § 15 BauNVO Rn. 108.
172 Vgl. *Söfker*, a. a. O. (Fußn. 116), § 15 BauNVO Rn. 23.
173 Vgl. *OVG Münster*, Urt. v. 06.09.2011 – 2 A 2249/09 –, BauR 2012, S. 602 (605).
174 *BVerwG*, Urt. v. 29.11.2012 – 4 C 8/11 –, BauR 2013, S. 563–566 = ZfBR 2013, S. 261–265.

schädlichen Umwelteinwirkungen konkretisiert.[175] In mehreren – zum Teil vorausgegangenen – Entscheidungen des *OVG Münster* heißt es diesbezüglich:

„Für eine einzelfallbezogene Beurteilung der Zumutbarkeitsgrenze [...] lässt das normkonkretisierende Regelungskonzept der TA Lärm – abgesehen von der ergänzenden Prüfung im Sonderfall nach Nr. 3.2.2 – nur insoweit Raum, als die TA Lärm insbesondere durch Kann-Vorschriften [...] und Bewertungsspannen [...] Spielräume eröffnet."[176]

Das *BVerwG* ist dieser Einschätzung gefolgt[177] und hat die Möglichkeit der Abweichung von den Vorschriften der TA Lärm noch konkretisiert: So ist beispielsweise eine ergänzende Prüfung im Sonderfall nach Nr. 3.2.2 TA Lärm nicht bereits deshalb möglich, weil es sich um eine Gemengelage handelt. Vielmehr wird eine solche Situation bereits durch die Bildung von Zwischenwerten gem. Nr. 6.7 TA Lärm berücksichtigt.[178]

Diese Auffassung widerspricht – mindestens in Teilen – der oben erläuterten Meinung, wonach lärmtechnische Regelwerke nur grobe Anhaltspunkte für die Beurteilung der Zumutbarkeit bieten können und die Umstände des Einzelfalls stets im Besonderen zu würdigen sind. Dieser Widerspruch ist umso deutlicher, als es sich in dem betreffenden Fall um eine an eine gewerbliche Nutzung heranrückende Wohnbebauung handelte[179], für die die TA Lärm aus sich heraus gem. Nr. 1 keine normkonkretisierend Wirkung entfaltet.[180] Das *BVerwG* ist jedoch von der Spiegelbildlichkeit des Rücksichtnahmegebots ausgegangen und hielt insofern eine Anwendung der TA Lärm für zwingend.[181] Insofern ist es – nach Ansicht des Autors – durchaus fragwürdig, ob die vom *OVG Münster* und vom *BVerwG*

---

175 *BVerwG*, Urt. v. 29.11.2012 – 4 C 8/11 –, BauR 2013, S. 563 (564) = ZfBR 2013, S. 261 (263). Zum Anwendungsbereich der TA Lärm: siehe Punkt E.II.4.2.
176 *OVG Münster*, Urt. v. 01.06.2011 – 2 A 1058/09 – (aufgehoben), BauR 2012, S. 476 (478); *OVG Münster*, Urt. v. 06.09.2011 – 2 A 2249/09 –, BauR 2012, S. 602 (605); *OVG Münster*, Urt. v. 09.03.2012 – 2 A 1626/10 –, BauR 2012, S. 1223 (1223 f.); *OVG Münster*, Urt. v. 15.05.2013 – 2 A 3010/11 –, Juris, Rn. 65.
177 *BVerwG*, Urt. v. 29.11.2012 – 4 C 8/11 –, BauR 2013, S. 563 (564) = ZfBR 2013, S. 261 (263).
178 *BVerwG*, Urt. v. 29.11.2012 – 4 C 8/11 –, BauR 2013, S. 563 (565) = ZfBR 2013, S. 261 (264).
179 Zum Tatbestand: vgl. *OVG Münster*, Urt. v. 01.06.2011 – 2 A 1058/09 – (aufgehoben), BauR 2012, S. 476 (476 f.).
180 Vgl. *Beckert/Fabricius*, TA Lärm mit Erläuterungen, 2. Aufl., Berlin 2009, S. 27 ff.
181 Vgl. *BVerwG*, Urt. v. 29.11.2012 – 4 C 8/11 –, BauR 2013, S. 563 (564) = ZfBR 2013, S. 261 (263).

fokussierte Vorgehensweise tatsächlich der einzig denkbare Weg zur Beurteilung der Zumutbarkeit ist.[182] Oder ob nicht auch in Zukunft – insbesondere bei der Beurteilung von Gewerbelärm an einem Immissionsort – die Heranziehung anderer Regelwerke zulässig sein kann. Gleichwohl wird jedoch sowohl die Genehmigungspraxis als auch die Rechtsprechung die Entscheidung des *BVerwG* berücksichtigen müssen[183].

Die bereits angesprochene Besonderheit bei Gebieten unterschiedlicher Schutzwürdigkeit führt bei der Maßstabsbildung durch Grenz- bzw. Orientierungswerte dazu, dass ein Mittelwert der Schallwerte der beiden Gebiete gebildet wird.[184] Prinzipiell handelt es sich bei diesem Wert nicht um ein arithmetisches Mittel[185]; vielmehr sind die Umstände des Einzelfalls entscheidend bei der Bestimmung des Wertes.[186] Je eher die Gebiete allerdings dem „Normalfall" entsprechen, d. h., keine besondere Prägung aufweisen, desto eher wird es sich (doch) um einen arithmetischen Mittelwert handeln[187].

Eine Ausnahme bei der Maßstabsbildung mittels lärmtechnischer Regelwerke stellt die DIN 18005[188] dar: Ihre Richtwerte können im Regelfall nicht als Maßstab für die Unzumutbarkeit von Belästigungen und Störungen im Sinne von § 15 Abs. 1 Satz 2 BauNVO herangezogen werden.[189] Dies ergibt sich insbesondere aus dem flächenbezogen Charakter der Werte[190].

---

182 Ebenfalls skeptisch: vgl. *Reidt*, a. a. O. (Fußn. 137), S. 166 (167).
183 Vgl. ebenda; vgl. *Dolde*, Baugenehmigung zur Nutzungsänderung einer Fabrikhalle in Mehrfamilienhaus, in: NVwZ 2013, S. 372 (375).
184 Siehe Nr. 6.7 Satz 1 TA Lärm. Zur sog. „Mittelwertrechtsprechung" des *BVerwG*: vgl. u. a. *BVerwG*, Urt. v. 12.12.1975 – IV C 71.73 –, BauR 1976, S. 100 (102) = VerwRspr. 1976, S. 857 (861 f.); vgl. *BVerwG*, Urt. v. 07.02.1986 – 4 C 49/82 –, BauR 1986, S. 414 (416) = NVwZ 1986, S. 642 (643); vgl. *BVerwG*, Beschl. v. 06.11.2008 – 4 B 58/08 –, Juris, Rn. 8.
185 Vgl. *Reidt*, a. a. O. (Fußn. 163), S. 637.
186 Vgl. *Gatz*, Keine unverminderte Inanspruchnahme des Schutzniveaus der Nr. 6.1 Satz 1 Buchstabe e der TA Lärm im reinen Wohngebiet, in: jurisPR-BVerwG 1/2009, Anm. 2.
187 Bildung eines arithmetischen Mittels bei keiner besonderen Prägung des nachbarschaftlichen Verhältnisses: vgl. *OVG Münster*, Urt. v. 06.09.2011 – 2 A 2249/09 –, Juris, Rn. 197.
188 DIN 18005 – Schallschutz im Städtebau, hrsg. vom Deutschen Institut für Normung, Berlin 2002.
189 Vgl. *VGH München*, Beschl. v. 27.06.2007 – 15 CS 07.406 und 15 CS 07.430 –, Juris, Rn. 32.
190 Vgl. *Fickert/Fieseler/Determann/Stühler*, a. a. O. (Fußn. 115), § 15 Rn. 16 und 18.2.

Zusammenfassend wird deutlich: Die Grenze zwischen Zumutbarkeit und Unzumutbarkeit im Sinne von § 15 Abs. 1 Satz 2 BauNVO muss nicht zwingend mit den Schallwerten der Regelwerke identisch sein.[191] Grundsätzlich sollten demnach sowohl Werte ober- als auch unterhalb der Richtwerte als Unzumutbarkeitsgrenze in Betracht gezogen werden.[192] Allerdings werden Geräusche unterhalb der Richtwerte in aller Regel als zumutbar zu bewerten sein, da vom Verursacher des Lärms nicht mehr an Rücksichtnahme verlangt werden kann, als es das Immissionsschutzrecht, welches mittels der Regelwerke und ihrer Richtwerte konkretisiert wird, fordert[193].

I.2.3. Schallschutzmaßnahmen zur Wahrung der Zumutbarkeit

Das Ergebnis der Bewertung der Immissionen kann letztlich entscheidend sein für die Zulässigkeit eines Vorhabens: Sind die zu erwartenden Immissionen im konkreten Einzelfall zumutbar, so besteht in Bezug auf das Rücksichtnahmegebot keine Veranlassung zur Versagung des Vorhabens. Werden die Immissionen allerdings als unzumutbar beurteilt, ist zu prüfen, ob ggf. mittels Auflagen in der Baugenehmigung[194] die Zumutbarkeit der Lärmimmissionen (§ 15 Abs. 1 Satz 2, 1. Alt. BauNVO) bzw. der Schutz vor solchen Belästigungen oder Störungen (2. Alt.) sichergestellt werden kann.[195]

Zunächst gilt es zu beachten, dass genehmigungspflichtige Anlagen gem. § 5 Abs. 1 Nr. 2 BImSchG so errichtet und betrieben werden müssen, dass Vorsorge gegen schädliche Umwelteinwirkungen wie Lärm nach dem Stand der Technik erfolgt (Vorsorgepflicht).[196] Ähnliches gilt gem. § 22 Abs. 1 Nrn. 1 und 2 BImSchG auch für nicht genehmigungspflichtige Anlagen: Schädliche Umwelteinwirkungen müssen nach dem Stand der Technik verhindert bzw. auf ein Mindestmaß beschränkt werden (Verhinderungs- und Minimierungspflicht).[197] Beide Pflichten gelten unabhängig von den Vorschriften des Bauplanungsrechts und sollen erhebliche Immissionen,

---

191 Vgl. *Berkemann*, a. a. O. (Fußn. 121), S. 178 f.
192 Vgl. ebenda, S. 179.
193 Vgl. *BVerwG*, Urt. v. 24.09.1992 – 7 C 7/92 –, GewArch 1993, S. 85 (87) = NVwZ 1993, S. 987 (988); vgl. *VGH München*, Beschl. v. 25.02.2010 – 22 CS 09.3065 –, Juris, Rn. 13; vgl. *OVG Schleswig*, Beschl. v. 23.05.2011 – 1 MB 6/11 –, NordÖR 2011, S. 344 (344).
194 Gem. § 36 Abs. 2 Nr. 4 des Verwaltungsverfahrensgesetzes.
195 Vgl. *Berkemann*, a. a. O. (Fußn. 121), S. 188.
196 Ausführlich: vgl. *Koch*, Immissionsschutzrecht, in: *Koch* (Hrsg.), Umweltrecht, 3. Aufl., München 2010, S. 158 (211 ff.).
197 Vgl. *Erbguth/Schlacke*, a. a. O. (Fußn. 88), S. 204 ff.

die nach dem Stand der Technik und insbesondere unter Berücksichtigung des Verhältnismäßigkeitsgrundsatzes vermeidbar sind[198], unterbinden.[199] Gleichwohl können im Einzelfall weitere Schallschutzmaßnahmen erforderlich sein.

a) Aktiver Schallschutz

Sofern es sich bei dem in Rede stehenden Vorhaben um eine emittierende Nutzung handelt, ist auf Maßnahmen der Lärmvermeidung und -minderung zurückzugreifen (aktiver Schallschutz), die wiederum gegenüber dem Emittenten zumutbar sein müssen.[200] Dabei muss gewährleistet sein, dass der Bauherr tatsächlich in der Lage ist, Einfluss auf den Lärmpegel zu nehmen und somit die Möglichkeit zur Immissionsreduzierung real vorhanden ist. Dies ist insbesondere dann nicht gegeben, wenn hauptsächlich Dritte, z. B. Gäste oder Besucher, durch ihr Verhalten den Lärm verursachen.[201] Ebenfalls problematisch sind solche Maßnahmen, die im Wesentlichen vom „Wohlverhalten" des Vorhabenträgers abhängen, wie z. B. die Forderung Türen und Fenster ständig geschlossen zu halten. Die Umsetzung solcher Maßnahmen ist nicht hinreichend sichergestellt[202].

Vorstellbar sind in diesem Zusammenhang u. a. zeitliche Nutzungsbeschränkungen, beispielsweise beim Betrieb von Sportanlagen[203] oder bei Gewerbebetrieben im Hinblick auf den Liefer- und Entsorgungsverkehr[204]. Die TA Lärm führt unter Nr. 4.3 weitere mögliche Maßnahmen auf, allerdings ohne abschließende Wirkung. Dazu gehören – neben den bereits genannten – organisatorische Maßnahmen im Betriebsablauf, die Einhaltung ausreichender Schutzabstände, das Ausnutzen von Hindernissen zur Lärmminderung sowie die Wahl des Aufstellungsortes von Maschinen oder Anlagenteilen.[205]

---

198 Vgl. *Kutscheidt*, a. a. O. (Fußn. 91), § 3 BImSchG Rn. 29 ff. Zum Begriff „Stand der Technik": vgl. § 3 Abs. 6 BImSchG.
199 Vgl. *Jarass*, a. a. O. (Fußn. 96), § 22 Rn. 12 ff.; vgl. BVerwG, Urt. v. 18.05.1995 – 4 C 20/94 –, BauR 1995, S. 807 (812) = NVwZ 1996, S. 379 (381).
200 Vgl. *Finkelnburg/Ortloff/Kment*, a. a. O. (Fußn. 6), S. 52 f.
201 Vgl. *OVG Münster*, Beschl. v. 21.04.2011 – 7 B 280/11 –, Juris, Rn. 9.
202 Vgl. *OVG Saarlouis*, Beschl. v. 26.01.2007 – 2 W 27/06 –, BauR 2008, S. 652 (653); vgl. *OVG Saarlouis*, Beschl. v. 04.12.2008 – 2 A 228/08 –, LKRZ 2009, S. 142 (142).
203 Vgl. *VGH Mannheim*, Urt. v. 14.05.1991 – 5 S 1827/90 –, NVwZ 1992, S. 389 (389); vgl. *VGH Mannheim*, Urt. v. 16.04.2002 – 10 S 2443/00 –, BauR 2002, S. 1366 (1367).
204 Vgl. *VGH Kassel*, Beschl. v. 17.11.2000 – 4 TG 3518/00 –, ZfBR 2001, S. 429.
205 Für Sportanlagenlärm regelt die 18. BImSchV in den §§ 3 ff. die Maßnahmen zum Schallschutz.

b) Passiver Schallschutz

Insbesondere bei Vorhaben, die sich unzumutbaren Immissionen aussetzen (§ 15 Abs. 1 Satz 2, 2. Alt. BauNVO), stellt sich die Frage, ob die Zumutbarkeit mittels passiven Schallschutzes gesichert werden kann. Denn nur wenn der Vorhabenträger die Wahrung der Zumutbarkeit nachweisen kann, ist sein Vorhaben gem. § 15 BauNVO zulässig. Die bereits mehrfach genannte Entscheidung des *BVerwG* vom 29.11.2012[206] hat diesbezüglich – insbesondere in Bezug auf Gewerbelärm – für Klarheit gesorgt.[207]

Sofern die TA Lärm als normkonkretisierende Verwaltungsvorschrift für die Beurteilung der Immissionen heranzuziehen ist, sind nur solche Maßnahmen des passiven Schallschutzes zulässig bzw. berücksichtigungswürdig, die durch die TA Lärm ermöglicht werden. Danach sind folgende immissionsreduzierende Maßnahmen im Rahmen der architektonischen Selbsthilfe denkbar:

- Veränderungen der Stellung des Gebäudes,
- Anpassungen des äußeren Zuschnitts des Gebäudes,
- Gestaltung des Wohnungsgrundrisses, insbesondere die Anordnung von schutzwürdigen Aufenthaltsräumen auf die lärmabgewandte Gebäudeseite, sowie
- Veränderungen der notwendigen (zu öffnenden) Fenster.[208]

Des Weiteren ist es möglich, nicht zu öffnende Fenster einzubauen, da diese keinen maßgebenden Immissionsort nach TA Lärm darstellen. Dieser liegt bei bebauten Flächen 0,5 m außerhalb vor der Mitte des geöffneten Fensters des vom Geräusch am stärksten betroffenen schutzbedürftigen Raumes (Nr. 2.3 in Verbindung mit A.1.3 lit. a TA Lärm). Bei nicht zu öffnenden Fenstern sind jedoch ggf. bauordnungsrechtliche Anforderungen an Aufenthaltsräume zu beachten[209].

---

206 *BVerwG*, Urt. v. 29.11.2012 – 4 C 8/11 –, BauR 2013, S. 563–566 = ZfBR 2013, S. 261–265.

207 Kurzer Überblick über die vorherige Rechtsprechung zum passiven Schallschutz bei Gewerbelärm: vgl. *Heilsborn*, Der Einsatz passiver Schallschutzmaßnahmen bei gewerblichen Immissionen, in: *Mitschang* (Hrsg.), Aktuelle Fach- und Rechtsfragen des Lärmschutzes, Berliner Schriften zur Stadt- und Regionalplanung – Band 9, Frankfurt/Main 2010, S. 113 (114 f.).

208 So bereits *BVerwG*, Urt. v. 23.09.1999 – 4 C 6/98 –, BauR 2000, S. 234 (238) = ZfBR 2000, S. 128 (130); bestätigt durch *BVerwG*, Urt. v. 29.11.2012 – 4 C 8/11 –, BauR 2013, S. 563 (566) = ZfBR 2013, S. 261 (264).

209 Siehe z. B. § 48 Abs. 2 der Bauordnung für das Land Nordrhein-Westfalen oder Art. 45 Abs. 2 Satz 1 der Bayerischen Bauordnung.

In diesem Zusammenhang werden wohl auch hinterlüftete Glasfassaden, d. h. die Abschirmung von Fenstern und den davor liegenden relevanten Immissionsorten mittels einer vorgesetzten Glasfassade, zulässig sein.[210] Bislang ebenfalls nicht abschließend geklärt ist die Zulässigkeit des sog. Hamburger Fensters als Mittel der Konfliktlösung nach TA Lärm. Die besondere Konstruktion dieses Fenstertyps führt dazu, dass diese Fenster im gekippten Zustand weniger Schall in den (schützenswerten) Raum hinein lassen als herkömmliche Fenster.[211] Damit wird zwar ein maßgebender Immissionsort nach TA Lärm geschaffen und die Immissionswerte der Vorschrift werden nicht eingehalten, allerdings bleibt das Schutzziel der TA Lärm, wie es das *BVerwG* definiert hat, gewahrt: Ziel der TA Lärm sei es „einen Mindestwohnkomfort [sicherzustellen], der darin besteht, Fenster trotz der vorhandenen Lärmquellen öffnen zu können und eine natürliche Belüftung sowie einen erweiterten Sichtkontakt nach außen zu ermöglichen."[212] *Dolde*[213] argumentiert, dass die Verwendung von Hamburger Fenstern einen Sonderfall nach Nr. 3.2.2 der TA Lärm darstelle und somit – bei Wahrung des Schutzziels – auch ein erhöhter Außenpegel zulässig sei.[214] Nach Ansicht des Autors erscheint es jedoch sehr fragwürdig, ob dieser Argumentation gefolgt werden kann, allein weil z. B. zu öffnende, schallgedämmte Fenster mit fensterunabhängiger Belüftung ebenfalls unzulässig für die Konfliktbewältigung sind[215]. Es ist insoweit nicht ersichtlich, warum Hamburger Fenster im Gegensatz dazu eine Sonderfallprüfung rechtfertigen sollten. Außerdem erscheint es fragwürdig, ob eine natürliche Belüftung mit Hilfe dieses speziellen Fenstertyps tatsächlich in ausreichendem Umfang erreicht werden kann. Nach Meinung des Autors ist dies zu verneinen. Insofern führt die Verwendung von Hamburger Fenstern nicht zur Wahrung der

---

210 Vgl. *Oerder/Beutling*, Bewältigung des Gewerbelärmkonflikts in der Vorhabenzulassung und Bauleitplanung, in: BauR 2013, S. 1196 (1204).
211 Ausführlich: vgl. *Bönnighausen/Mundt*, Lärmminderung durch Stadt- und Bauleitplanung – Hamburger Erfahrungen, in: IzR 2013, S. 245 (250 f.).
212 *BVerwG*, Urt. v. 29.11.2012 – 4 C 8/11 –, BauR 2013, S. 563 (565) = ZfBR 2013, S. 261 (264).
213 Vgl. *Dolde*, a. a. O. (Fußn. 183), S. 372 (375).
214 Wohl ähnlicher Auffassung: vgl. *Rappen/Küas*, Neue Herausforderungen für die Innenentwicklung von Städten – Möglichkeiten der Konfliktbewältigung durch passive Schallschutzmaßnahmen, in: BauR 2013, S. 874 (880); vgl. *Oerder/Beutling*, a. a. O. (Fußn. 210), S. 1196 (1205); vgl. *Fricke*, a. a. O. (Fußn. 138), S. 627 (629).
215 Vgl. *Dolde*, a. a. O. (Fußn. 183), S. 372 (375).

Schutzziele der TA Lärm; als Schutzmaßnahmen sind sie folglich nicht berücksichtigungsfähig.

Die (strengen) Regelungen in Bezug auf passiven Schallschutz sind grundsätzlich bei Gewerbelärm anzuwenden – sowohl bei der Zulässigkeit eines Gewerbebetriebs als auch bei schützenswerten Nutzungen wie Wohngebäuden, die Gewerbelärm ausgesetzt sind. Die zweite Fallkonstellation überschreitet zwar den Anwendungsbereich der TA Lärm, wie sie ihn nach Nr. 1 normiert, allerdings ist nach Ansicht des *BVerwG* eine spiegelbildliche Anwendung der Immissionswerte zulässig und erforderlich.[216]

Die Ausführungen werden sich im Wesentlichen auf die 18. BImSchV übertragen lassen, da der maßgebliche Immissionsort identisch mit dem der TA Lärm ist[217] und weil die Verordnung ebenfalls keinerlei passive Schallschutzmaßnahmen vorsieht.

Bei einer Vielzahl von Immissionskonflikten im Innenbereich wird folglich durch die Verwendung von passiven Schallschutzmaßnahmen keine rechtliche Konfliktlösung erreicht werden können. Es muss vielmehr durch aktiven Schallschutz eine Lösung herbeigeführt werden. Eine Folge dessen ist ein Verlust an Flexibilität und Gestaltungsmöglichkeiten.[218] Da insbesondere im Bestand oftmals kein weitergehender aktiver Schallschutz mehr möglich bzw. zumutbar ist, werden somit auch die Entwicklungsmöglichkeiten in diesen Gebieten (deutlich) eingeschränkt; ggf. sogar die Entwicklung im Außenbereich (wenn auch ungewollt) vorangetrieben. Der Lärmschutz stellt demnach in diesem Zusammenhang ein erhebliches Hemmnis für die Innenentwicklung dar.[219]

Anders als beim Gewerbe- und Sportlärm sind beim Verkehrslärm gem. § 42 BImSchG passive Schallschutzmaßnahmen – wenn auch als letztes Mittel nach Trassierung und aktivem Schallschutz – grundsätzlich zulässig.[220]

Im Übrigen, beispielsweise bei Freizeitlärm, wird sich die Zulässigkeit von passiven Lärmschutzmaßnahmen nach den Umständen des Einzelfalls richten.

---

216 Vgl. *BVerwG*, Urt. v. 29.11.2012 – 4 C 8/11 –, BauR 2013, S. 563 (564) = ZfBR 2013, S. 261 (263). A. A.: *VGH Mannheim*, Beschl. v. 11.10.2006 – 5 S 1904/06 –, NVwZ-RR 2007, S. 168 (168).
217 Siehe § 2 Abs. 2 18. BImSchV in Verbindung mit Nr. 1.2 lit. a des Anhangs der 18. BImSchV.
218 Vgl. *Kümmel*, Passiver Schallschutz ist nicht genug!, in: NZBau 2013, S. 220.
219 So auch: vgl. *Reidt*, a. a. O. (Fußn. 137), S. 166 (169).
220 Vgl. *Storost*, Lärmschutz in der Verkehrswegeplanung, in: DVBl. 2013, S. 281 (285); vgl. *Rappen/Küas*, a. a. O. (Fußn. 214), S. 874 (876).

II. Zulässigkeit in einem im Zusammenhang bebauten Ortsteil

Die städtebaurechtliche Zulässigkeit von Vorhaben innerhalb der im Zusammenhang bebauten Ortsteile richtet sich in erster Linie nach § 34 BauGB. Diese planersetzende Vorschrift ist für die Genehmigungspraxis von großer Bedeutung, da im Regelfall nur ein untergeordneter Teil des Gemeindegebiets mit (qualifizierten) Bebauungsplänen überplant ist[221] und demnach häufig § 34 BauGB als zulässigkeitsbestimmende Norm (ergänzend) heranzuziehen ist.

Im Wesentlichen ist ein Vorhaben als zulässig zu bewerten, wenn es sich in die Eigenart der näheren Umgebung einfügt und die Erschließung gesichert ist (§ 34 Abs. 1 BauGB). Sofern ein einfacher Bebauungsplan vorliegt, richtet sich die Zulässigkeit gem. § 30 Abs. 3 BauGB nach der Widerspruchsfreiheit des Vorhabens in Bezug auf die Bebauungsplanfestsetzungen und im Übrigen nach § 34 BauGB.

Nachfolgend werden der Begriff „Eigenart der näheren Umgebung" sowie das Hauptzulässigkeitskriterium, das Erfordernis des Einfügens, näher erläutert. Im Gegensatz dazu wird auf die allgemeine Anwendungsvoraussetzung des § 34 BauGB, das Vorhandensein eines im Zusammenhang bebauten Ortsteils[222], nicht weiter eingegangen. Abschließend wird der Vollständigkeit halber kurz die Sonderregelung in § 34 Abs. 3a BauGB vorgestellt.

II.1. Eigenart der näheren Umgebung

Der Maßstab für das Einfügungsgebot ist die Eigenart der näheren Umgebung (§ 34 Abs. 1 Satz 1 BauGB). In einem ersten Schritt ist das Beurteilungsgebiet, d. h. die **nähere Umgebung**, räumlich abzugrenzen. Dies muss stets nach den Umständen des Einzelfalls erfolgen; davon losgelöste, allgemeingültige Angaben

---

221 In einigen Gemeinden sind nur rund 10 bis 20 % des Gemeindegebiets mit (qualifizierten) Bebauungsplänen überplant. Vgl. *Schmidt-Eichstaedt*, a. a. O. (Fußn. 73), S. 307 f.

222 Hierzu: vgl. *Söfker*, a. a. O. (Fußn. 116), § 34 Rn. 14 ff.; vgl. *Mitschang/Reidt*, in: *Battis/Krautzberger/Löhr*, BauGB – Kommentar, 12. Aufl., München 2014, § 34 Rn. 2 ff.; vgl. *Hofherr*, in: *Schlichter/Stich/Driehaus/Paetow* (Hrsg.), Berliner Kommentar zum Baugesetzbuch, 3. Aufl., Köln 2002, Loseblattsammlung, Stand: November 2012, § 34 Rn. 2 ff. vgl. *Dürr*, in: *Brügelmann* (Hrsg.), BauGB – Kommentar, Loseblattsammlung, Stand: Juni 2013, Stuttgart, § 34 Rn. 6 ff.

in Metern sind hingegen nicht möglich.[223] Dabei ist zu beachten, dass für jedes der in § 34 Abs. 1 Satz 1 BauGB benannten Kriterien (Art und Maß der baulichen Nutzung, Bauweise sowie überbaubare Grundstücksfläche) die nähere Umgebung gesondert zu bestimmen ist[224], da die Reichweite der verschiedenen Eigenschaften durchaus unterschiedlich ausfallen kann und somit auch ein angepasster Maßstab herangezogen werden muss.

Im Allgemeinen findet die nähere Umgebung letztlich dort ihre Grenze, wo der im Zusammenhang bebaute Ortsteil sein Ende findet bzw. der Außenbereich beginnt.[225] Im Gegensatz dazu sind künstliche oder natürliche Trennlinien wie Straßen, Schienenwege, Gewässerläufe, Geländekanten etc. unbedeutend bei der Bestimmung der näheren Umgebung[226] – soweit sie nicht gleichzeitig die Grenze zum Außenbereich darstellen.

Es gilt zu beachten, dass sowohl das Vorhaben – einschließlich seiner Auswirkungen – als auch die Umgebung selbst, sofern sie den bodenrechtlichen Charakter des Vorhabengrundstücks prägt, bei der Abgrenzung berücksichtigt werden müssen.[227] Es existiert folglich eine wechselseitige Prägung vom betreffenden Baugrundstück und seiner Umgebung.[228] Dabei sind insbesondere Immissionen, z. B. in Form von Lärm, die – je nach Stärke und Intensität – maßgeblich die Abgrenzung beeinflussen können, zu berücksichtigen. Demzufolge wird die nähere Umgebung bei einem emittierenden Gewerbebetrieb im Regelfall einen größeren Umfang einnehmen als z. B. bei einem Einfamilienhaus.

Im zweiten Schritt ist die **Eigenart** der näheren Umgebung zu bestimmen. Dabei ist ausschließlich auf die faktisch vorhandene Bebauung abzustellen. Das *BVerwG* hat diesbezüglich erklärt:

---

223 *Berkemann* nennt als Orientierung einen Umkreis von 150 bis 200 m um das Vorhaben. Vgl. *Berkemann*, Planen und Bauen in Gemengelagen, Essen 2012, S. 242.
224 Vgl. *Bracher*, in: *Gelzer/Bracher/Reidt*, Bauplanungsrecht, 7. Aufl., Köln 2004, S. 686 f.; vgl. *VGH Mannheim*, Urt. v. 23.09.1993 – 8 S 1281/93 –, Juris, Ls. 1; vgl. *OVG Münster*, Urt. v. 17.01.2008 – 10 A 2795/05 –, Juris, Rn. 42.
225 Vgl. *BVerwG*, Urt. v. 10.12.1982 – 4 C 28/81 –, NJW 1983, S. 2460 (2461) = NVwZ 1983, S. 610.
226 Vgl. *BVerwG*, Beschl. v. 28.08.2003 – 4 B 74/03 –, Juris, Rn. 2. Darüber hinaus zählen angrenzende Verkehrsflächen grundsätzlich nicht zur näheren Umgebung. Vgl. *BVerwG*, Beschl. v. 11.02.2000 – 4 B 1/00 –, BRS 63, S. 490 (492 f.).
227 So bereits (in Bezug auf § 34 Abs. 1 BBauG 1976): vgl. *BVerwG*, Urt. v. 26.05.1978 – IV C 9.77 –, BauR 1978, S. 276 (279) = NJW 1978, S. 2564 (2565). Zuletzt: vgl. *BVerwG*, Urt. v. 20.12.2012 – 4 C 11/11 –, KommJur 2013, S. 150 (153) = ZUR 2013, S. 278 (283).
228 Vgl. *Finkelnburg/Ortloff/Kment*, a. a. O. (Fußn. 6), S. 363.

„Zu berücksichtigen sind nur äußerlich erkennbare Umstände, d. h. mit dem Auge wahrnehmbare Gegebenheiten der vorhandenen Bebauung [...]."[229]

Außer Betracht bleibt hingegen eine künftige, real noch nicht existente Bebauung[230], auch wenn sie in einem Bebauungsplan festgesetzt oder bereits genehmigt ist. Im Gegensatz dazu kann eine abgerissene Bebauung durchaus noch eine gewisse Zeit lang zu berücksichtigen sein, sofern sich ihre Wiederbebauung aufdrängt.[231]

Nach der Feststellung der Gesamtheit der tatsächlich vorhandenen Bebauung muss diese auf das Wesentliche zurückgeführt werden, d. h., es ist im Weiteren nur der Teil der Bebauung zu berücksichtigen, der eine prägende Wirkung auf die Eigenart der näheren Umgebung aufweist.[232] Dabei sind solchen Bauten unbeachtlich, die wegen ihres quantitativen Erscheinungsbildes – dazu zählen Merkmale wie Ausdehnung, Höhe, Zahl oder Nutzungsmaß – nicht die Kraft haben, die nähere Umgebung zu prägen.[233] Außerdem haben beispielsweise Verkehrsflächen[234] sowie (befestigte) Stell- oder Tennisplätze[235] ebenfalls keine maßstabsbildende Wirkung und bleiben demnach außer Betracht.

Bei der Beurteilung der Eigenart finden sog. Fremdkörper oder Unikate ebenfalls keine Berücksichtigung. Es handelt sich dabei um:

„singuläre Anlagen, die in einem auffälligen Kontrast zu der sie umgebenden im wesentlichen homogenen Bebauung stehen, [...] soweit sie nicht ausnahmsweise ihre Umgebung beherrschen oder mit ihr eine Einheit bilden."[236]

---

229 *BVerwG*, Beschl. v. 18.06.1997 – 4 B 238/96 –, BauR 1997, S. 807 (808) = NVwZ-RR 1998, S. 157 (157 f.) bezugnehmend auf *BVerwG*, Urt. v. 12.12.1990 – 4 C 40/87 –, BauR 1991, S. 308–311 = NVwZ 1991, S. 879–881.
230 So bereits *BVerwG*, Urt. v. 29.11.1974 – IV C 10.73 –, BauR 1975, S. 106 (106) = DVBl. 1974, S. 509 (509).
231 Vgl. *BVerwG*, Urt. v. 12.09.1980 – IV C 75.77 –, BauR 1981, S. 55 (55 f.) = BRS 36, S. 122 (123); vgl. *OVG Magdeburg*, Beschl. v. 12.01.2010 – 2 L 54/09 –, NVwZ-RR 2010, S. 465 (466).
232 Vgl. *BVerwG*, Beschl. v. 16.06.2009 – 4 B 50/08 –, BauR 2009, S. 1564 (1565) = ZfBR 2009, S. 693 (694).
233 Vgl. *Schmidt-Eichstaedt*, a. a. O. (Fußn. 73), S. 314; vgl. *Finkelnburg/Ortloff/Kment*, a. a. O. (Fußn. 6), S. 364.
234 Vgl. *BVerwG*, Beschl. v. 11.02.2000 – 4 B 1/00 –, BRS 63, S. 490 (493 f.).
235 Vgl. *BVerwG*, Beschl. v. 08.11.1999 – 4 B 85/99 –, BauR 2000, S. 1171 (1172) = ZfBR 2000, S. 426 (427). Gleiches wird wohl auch für Bolz- sowie Fußballplätze u. ä. gelten.
236 *BVerwG*, Urt. v. 15.02.1990 – 4 C 23/86 –, BauR 1990, S. 328 (328) = NVwZ 1990, S. 755 (755).

Abschließend ist zu prüfen, ob die ermittelte Eigenart der näheren Umgebung einem der Baugebiete der BauNVO gleicht. Sollte dies der Fall sein, bemisst sich die Zulässigkeit in Bezug auf die Art der baulichen Nutzung einzig danach, ob das Vorhaben nach den Vorschriften der BauNVO im jeweiligen Baugebiet allgemein oder ggf. ausnahmsweise zulässig wäre (§ 34 Abs. 2 BauGB). In diesem Zusammenhang ist auch die Gebietsverträglichkeit des Vorhabens zu prüfen, d. h., es darf die Zweckbestimmung des faktischen Baugebiets nicht gefährden.[237] Insofern gilt dasselbe wie bei einem planerisch festgesetzten Baugebiet.

Die Anwendung der Baugebietsvorschriften der BauNVO bei faktischen Baugebieten bezieht sich jedoch ausschließlich auf die Art der baulichen Nutzung[238]; die übrigen Kriterien sind auf Grundlage der Eigenart der Umgebung zu bewerten und nicht nach den Vorschriften der BauNVO.

II.2. Erfordernis der Einfügens

Ein Vorhaben ist im unbeplanten Innenbereich zulässig, wenn es sich in den Rahmen, der durch die Eigenart der näheren Umgebung definiert wird, einfügt. Nachfolgend wird zunächst die Art der baulichen Nutzung als Zulässigkeitskriterium vertiefend betrachtet, bevor auf Korrektive eingegangen wird, die den Rahmen des Zulässigen sowohl einengen als auch erweitern können.

II.2.1. Zulässigkeitskriterien

Beim Erfordernis des Einfügens sind in erster Linie nur die in § 34 Abs. 1 Satz 1 BauGB aufgeführten Zulässigkeitskriterien zu prüfen. Dazu zählen:

- die Art der baulichen Nutzung;
- das Maß der baulichen Nutzung, allerdings vorrangig in Form von absoluten Größen, die nach außen wahrnehmbar in Erscheinung treten wie Grundfläche, Geschosszahl und Höhe[239];

---

237 Vgl. *Decker*, Der spezielle Gebietserhaltungsanspruch, in: JA 2007, S. 55 (58); siehe Punkt D.I.1.
238 Vgl. *Mitschang/Reidt*, a. a. O. (Fußn. 220), § 34 Rn. 59.
239 Dies geschieht vor allem aus Gründen „einer praktischen, handhabbaren Rechtsanwendung". Vgl. *Söfker*, a. a. O. (Fußn. 116), § 34 Rn. 40.

- die Bauweise (offene oder geschlossene)[240] sowie
- die Grundstücksfläche, die überbaut werden soll – dies umfasst sowohl die tatsächliche Größe der Grundfläche als auch die räumliche Lage des Vorhabens[241].

Die letzten drei Kriterien werden im Rahmen dieses Werkes nicht weiter vertieft, da für sie mit Blick auf den Lärmschutz regelmäßig keine vordergründige Relevanz besteht.

Hinsichtlich der Art der baulichen Nutzung ist bereits bei der Bestimmung der Eigenart der näheren Umgebung in der Regel auf die typisierten Nutzungsarten der einzelnen Baugebiete der BauNVO – in Form einer Auslegungshilfe[242] – zurückzugreifen.[243] Eine weitergehende Differenzierung der vorhandenen Nutzungen erfolgt hingegen nicht, sodass z. B. innerhalb der Nutzungsart „Wohngebäude" oder „Anlagen für sportliche Zwecke" keine weitere Unterscheidung stattfindet. Sofern allerdings die BauNVO selbst Differenzierungen vorsieht, wie z. B. bei Gewerbebetrieben in nicht störende, nicht wesentlich störende, nicht erheblich belästigende und übrige, ist dies auch im Rahmen von § 34 Abs. 1 BauGB möglich.[244]

Dasselbe Vorgehen ist auch bei der Bewertung, ob sich das Vorhaben in den vorhandenen Rahmen einfügt, anzuwenden: Befindet sich in der näheren Umgebung bereits ein Vorhaben, welches derselben Nutzungsart zuzuordnen ist wie das zu beurteilende, so wird dieses meist dem Erfordernis des Einfügens gerecht werden.[245] Befindet sich bislang hingegen kein Vorhaben der in Frage stehenden Nutzungsart in der näheren Umgebung, so überschreitet das neue Vorhaben den

---

240 Sofern in der näheren Umgebung sowohl in offener als auch geschlossener Bauweise gebaut wurde, sind regelmäßig beide Bauweisen zulässig. Die Vorgaben des Bauordnungsrechts sind darüber hinaus zu beachten. Vgl. *BVerwG*, Beschl. v. 11.03.1994 – 4 B 53/94 –, BauR 1994, S. 494 (494) = NVwZ 1994, S. 1008 (1008).
241 Vgl. *Finkelnburg/Ortloff/Kment*, a. a. O. (Fußn. 6), S. 366.
242 Vgl. *BVerwG*, Urt. v. 23.03.1994 – 4 C 18/92 –, BauR 1994, S. 481 (481) = NVwZ 1994, S. 1006 (1006).
243 Noch in Bezug auf § 34 Abs. 1 BBauG: vgl. *BVerwG*, Urt. v. 03.04.1987 – 4 C 41/84 –, BauR 1987, S. 538 (540) = NVwZ 1987, S. 884 (885). In Bezug auf § 34 Abs. 1 BauGB: vgl. *BVerwG*, Urt. v. 15.12.1994 – 4 C 13/93 –, BauR 1995, S. 361 (363) = NVwZ 1995, S. 698 (699).
244 Vgl. *Söfker*, a. a. O. (Fußn. 116), § 34 Rn. 39.
245 Einschließlich Beispielen: vgl. *Bracher*, a. a. O. (Fußn. 224), S. 692.

Rahmen[246], was jedoch nicht zwangsläufig zur Unzulässigkeit führen muss.[247] Vielmehr erfordert die erläuterte typisierende Betrachtungsweise – aufgrund der zuweilen fehlenden Genauigkeit und der nur begrenzten Berücksichtigung der konkreten Umstände[248] – die Anwendung von zwei Korrektiven: Zum einen das Gebot der Rücksichtnahme, welches auf den ermittelten Rahmen begrenzend wirkt, und zum anderen das Verbot bodenrechtliche Spannungen hervorzurufen, welches den Rahmen wiederum erweitern kann.

II.2.2. Gebot der Rücksichtnahme

Ein Vorhaben, welches sich nach den vier, in § 34 Abs. 1 Satz 1 BauGB normierten Zulässigkeitskriterien in die Eigenart der näheren Umgebung einfügt, kann gleichwohl gegen das Einfügungsgebot verstoßen und somit unzulässig sein, wenn es die gebotene Rücksicht auf seine benachbarten Nutzungen vermissen lässt.[249]

Dieses Korrektiv ist insbesondere deshalb erforderlich, da das Einfügungsgebot grundsätzlich nicht nur auf die direkte Nachbarschaft, sondern auf die nähere Umgebung in Gänze zurückgreift. Befindet sich in der unmittelbaren Nähe allerdings eine Nutzung mit einer höheren Schutzwürdigkeit oder einem höheren Störgrad (im Vergleich zur übrigen Umgebung), so ist die Zulässigkeit des Vorhabens davon abhängig zu machen, ob es auf diese konkrete Nutzung ausreichend Rücksicht nimmt.[250]

In räumlicher Hinsicht erstreckt sich das Rücksichtnahmegebot auf die nähere Umgebung im Sinne von § 34 Abs. 1 BauGB.[251] Allerdings sind bei der Zulassung nach § 34 BauGB auch emittierende oder schutzwürdige Vorhaben im angrenzenden Außenbereich, d. h. außerhalb der näheren Umgebung, zu berücksichtigen, wobei dies nicht in erster Linie auf Grundlage des Einfügungs- bzw. Rücksichtnahmegebots erfolgt, sondern eher als Ausdruck der Wahrung gesunder Wohn- und Arbeitsverhältnisse[252].

---

246 So in Bezug auf eine Vergnügungsstätte: vgl. *BVerwG*, Urt. v. 15.12.1994 – 4 C 13/93 –, BauR 1995, S. 361 (364) = NVwZ 1995, S. 698 (699).
247 So z. B. in Bezug auf die Errichtung einer Windenergieanlage in einem Gebiet, in dem bislang eine solche Anlage noch nicht existiert: vgl. *BVerwG*, Urt. v. 18.02.1983 – 4 C 18/81, NVwZ 1983, S. 739 = VR 1984, S. 28.
248 So auch: vgl. *Hofherr*, a. a. O. (Fußn. 222), § 34 Rn. 39.
249 Vgl. *BVerwG*, Urt. v. 04.07.1980 – IV C 101.77 –, BauR 1980, S. 446 (447) = NJW 1981, S. 139 (139). Zuletzt: vgl. *BVerwG*, Urt. v. 20.12.2012 – 4 C 11/11 –, KommJur 2013, S. 150 (153 f.) = ZUR 2013, S. 278 (283).
250 Vgl. *Mitschang/Reidt*, a. a. O. (Fußn. 220), § 34 Rn. 32.
251 Vgl. *Söfker*, a. a. O. (Fußn. 116), § 34 Rn. 49.
252 Noch in Bezug auf § 34 Abs. 1 BBauG: *BVerwG*, Urt. v. 10.12.1982 – 4 C 28/81 –, NJW 1983, S. 2460 (2461) = NVwZ 1983, S. 610.

Das Gebot der Rücksichtnahme im Anwendungsbereich von § 34 BauGB beschränkt sich auf die in § 34 Abs. 1 Satz 1 BauGB normierten Kriterien.[253] Dabei sind insbesondere Lärmemissionen, z. B. in Form von Betriebslärm oder hervorgerufen durch den Zu- und Abgangsverkehr, den das Vorhaben verursacht, zu berücksichtigen.[254] Umgekehrt sind jedoch auch Lärmimmissionen, denen sich ein Vorhaben aussetzt, von Relevanz.

Wie viel Rücksicht ein Vorhaben gegenüber einem anderen nehmen muss, bemisst sich nach dem berechtigten Schutzinteresse des Nachbarn, welches maßgeblich von der konkreten Situation vor Ort abhängt. Es wird allerdings – ebenso wie bei § 15 Abs. 1 BauNVO – auf die Zumutbarkeit der Belästigungen und Störungen abgestellt, für deren Bestimmung grundsätzlich auf die einschlägigen Regelwerke, insbesondere auf die TA Lärm und die 18. BImSchV, zurückzugreifen ist.[255] Zum einen sind dabei jedoch eventuelle Vorbelastungen zu beachten: Sie verringern die Schutzwürdigkeit desjenigen, der Rücksichtnahme verlangt, sodass er mehr Immissionen als sonst in einem vergleichbaren Gebiet hinnehmen muss.[256] Sofern das hinzukommende Vorhaben, nicht zu einer stärkeren Belastung führt, ist es grundsätzlich als unbedenklich zu bewerten.[257] Zum anderen handelt es sich im Anwendungsbereich von § 34 BauGB häufig um Gemengelagen[258]: In diesen Fällen sind Mittelwerte der verschiedenen Schallwerte der unterschiedlichen Gebiete – als Ausdruck der gegenseitigen Rücksichtnahme – zu bilden, deren Ausgestaltung vom konkreten Einzelfall abhängt[259].

---

253 Vgl. *BVerwG*, Urt. v. 23.05.1986 – 4 C 34/85 –, BauR 1986, S. 542 (542) = NVwZ 1987, S. 128 (128).
254 Vgl. *Söfker*, a. a. O. (Fußn. 116), § 34 Rn. 49; vgl. *Dürr*, a. a. O. (Fußn. 222), § 34 Rn. 45.
255 Vgl. *Hofherr*, a. a. O. (Fußn. 222), § 34 Rn. 45.
256 Vgl. *BVerwG*, Urt. v. 14.01.1993 – 4 C 19/90 –, BauR 1993, S. 445 (446) = NVwZ 1993, S. 1184 (1185); vgl. *VGH Kassel*, Beschl. v. 28.01.2000 – 4 TG 3662/99 –, NVwZ-RR 2000, S. 570 (570); vgl. *OVG Münster*, Urt. v. 15.05.2013 – 2 A 3010/11 –, Juris, Rn. 80.
257 Vgl. *BVerwG*, Urt. v. 22.06.1990 – 4 C 6/87 –, BauR 1990, S. 689 (693) = NVwZ 1991, S. 64 (66).
258 Zur Problematik von Gemengelagen: siehe Punkt E.III.1.
259 Gem. der sog. „Mittelwertrechtsprechung" des BVerwG: vgl. u. a. *BVerwG*, Urt. v. 12.12.1975 – IV C 71.73 –, BauR 1976, S. 100 (102) = VerwRspr. 1976, S. 857 (861 f.); vgl. *BVerwG*, Urt. v. 07.02.1986 – 4 C 49/82 –, BauR 1986, S. 414 (416) = NVwZ 1986, S. 642 (643); vgl. *BVerwG*, Beschl. v. 06.11.2008 – 4 B 58/08 –, Juris, Rn. 8.

Seit der Entscheidung des *BVerwG* vom 29.11.2012[260] ist klargestellt, dass Abweichungen von den lärmtechnischen Regelwerken, insbesondere von der TA Lärm, nur im Rahmen der darin geregelten Ausnahmen möglich sind. Darüber hinaus gilt auch im unbeplanten Innenbereich, dass nur mittels „architektonischer Selbsthilfe" und aktiver Schallschutzmaßnahmen die Einhaltung der Lärmgrenzwerte zulässig bzw. berücksichtigungsfähig ist. Diesbezüglich – und im Übrigen – kann auf die Ausführungen zur Anwendung des Rücksichtnahmegebots im Geltungsbereich eines Bebauungsplans verwiesen werden (siehe Punkt D.I.2).

II.2.3. Verbot der Begründung oder Erhöhung von bodenrechtlichen Spannungen

Ein Vorhaben, welches den Rahmen überschreitet, der sich aus der Eigenart der näheren Umgebung ergibt, kann sich ggf. dennoch in seine Umgebung einfügen.[261] Das Ziel des Einfügungsgebotes ist gewissermaßen weniger die „Einheitlichkeit" eines Gebiets als vielmehr dessen „Harmonie".[262] Dies gilt jedoch nur, wenn durch das neue Vorhaben weder bodenrechtliche Spannungen (erstmalig) begründet noch bereits existente Spannungen erhöht werden.[263] Dabei kann es bereits für die Unzulässigkeit genügen, dass das Vorhaben eine „Vorbildwirkung" für künftige Bauvorhaben hinsichtlich solch nachteiliger Auswirkungen hat. Beide Einschätzungen können allerdings nur unter Berücksichtigung des Einzelfalls erfolgen.[264]

Ebenso wie beim Rücksichtnahmegebot sind auch bei der Beurteilung, ob ein Vorhaben bodenrechtliche Spannung auslösen oder erhöhen kann, objektive, bodenrechtlich-städtebauliche Kriterien als Maßstab zu wählen.[265] Die zu erwartenden Lärmemissionen des geplanten Vorhabens können dabei ein entscheidender Aspekt sein. Umgekehrt kann jedoch auch relevant sein, welchen Immissionen

---

260 *BVerwG*, Urt. v. 29.11.2012 – 4 C 8/11 –, BauR 2013, S. 563–566 = ZfBR 2013, S. 261–265.
261 Vgl. *Mitschang/Reidt*, a. a. O. (Fußn. 220), § 34 Rn. 30.
262 Vgl. *BVerwG*, Urt. v. 26.05.1978 – IV C 9.77 –, BauR 1978, S. 276 (282) = NJW 1978, S. 2564 (2566).
263 Vgl. *BVerwG*, Urt. v. 27.08.1998 – 4 C 5/98 –, BauR 1999, S. 152 (156) = NVwZ 1999, S. 523 (525).
264 Vgl. *BVerwG*, Urt. v. 26.05.1978 – IV C 9.77 –, BauR 1978, S. 276 (276) = NJW 1978, S. 2564 (2564); vgl. *BVerwG*, Beschl. v. 04.10.1995 – 4 B 68/95 –, NVwZ-RR 1996, S. 375 = UPR 1996, S. 120.
265 Vgl. *VGH Mannheim*, Urt. v. 11.05.1990 – 3 S 3375/89 –, Juris, Rn. 29.

ein Vorhaben voraussichtlich ausgesetzt sein wird.[266] Insofern wird deutlich, dass eine klare Trennung zwischen dem Verbot einerseits und dem Gebot der Rücksichtname andererseits oftmals nicht möglich, jedoch auch nicht zwingend erforderlich ist. In beiden Fällen bilden lärmtechnische Regelwerke den Maßstab für die Bewertung.

Schlussfolgernd ist in Bezug auf den Lärmschutz festzuhalten, dass ein Vorhaben, welches zwar den durch die nähere Umgebung definierten Rahmen überschreitet, im Regelfall als zulässig zu bewerten ist, wenn es keine Verschlechterung gegenüber der aktuellen Lärmsituation verursacht. Im Umkehrschluss ist ein Vorhaben ggf. unzulässig, sobald es höhere Lärmimmissionen zur Folge hat, da es dann Spannungen mit den Bestandsvorhaben in seiner Umgebung hervorrufen kann[267].

II.2.4. Weitere Zulässigkeitsvoraussetzungen

Neben den in § 34 Abs. 1 Satz 1 BauGB genannten Kriterien gelten weitere Voraussetzungen für die Zulässigkeit eines Vorhabens, z. B. die Wahrung der Anforderungen an gesunde Wohn- und Arbeitsverhältnisse, keine Beeinträchtigungen des Ortsbildes, eine gesicherte Erschließung, Ausschluss schädlicher Auswirkungen auf zentrale Versorgungsbereiche etc. An dieser Stelle soll jedoch nur die erstgenannte, dieser weiteren Zulässigkeitsvoraussetzungen kurz erläutert werden.

Nach § 34 Abs. 1 Satz 2, 1. Hs. BauGB müssen die Anforderungen an gesunde Wohn- und Arbeitsverhältnisse gewahrt bleiben. Es handelt sich dabei – neben dem Gebot des Einfügens – zwar um ein selbstständiges Zulässigkeitskriterium, allerdings kommt diesem regelmäßig nur eine beschränkte Bedeutung zu, da insbesondere immissionsschutzrechtliche Belange bereits im Rücksichtnahmegebot Berücksichtigung finden.[268] Vor allem beim Lärmschutz wird dies in aller Regel der Fall sein, da die Rücksichtnahme gegenüber dem Nachbarn bereits die Entstehung ungesunder Wohn- und Arbeitsverhältnisse verhindert. Dies wird in Bezug auf Geräuschimmissionen umso deutlicher, da § 34 Abs. 2 Satz 2, 1. Hs. BauGB nur ein Mindestmaß an Schutz beispielsweise hinsichtlich der Wohnruhe, des Erholungsbedürfnisses und des ungestörten Schlafes darstellt. Dieser Mindestschutz

---

266 Vgl. *VGH Mannheim*, Urt. v. 11.05.1990 – 3 S 3375/89 –, Juris, Rn. 29. Vgl. *BVerwG*, Urt. v. 16.03.1984 – 4 C 50/80 –, BauR 1984, S. 612 (613) = NVwZ 1984, S. 511 (512); vgl. *OVG Bautzen*, Beschl. v. 25.01.2011 – 4 A 589/09 –, Juris, Rn. 2.
267 So in Bezug auf höheren Verkehrslärm durch Kundenverkehr: vgl. *BVerwG*, Urt. v. 22.05.1987 – 4 C 6/85 und 4 C 7/85 –, BauR 1987, S. 531 (531) = NVwZ 1987, S. 1078 (1078).
268 Vgl. *Söfker*, a. a. O. (Fußn. 116), § 34 Rn. 66.

ist nach Ansicht des *BVerwG* bereits gegeben, wenn die Lärmimmissionen unterhalb der Grenzwerte der 16. BImSchV liegen[269] und somit die Schwelle zur Gesundheitsgefährdung nicht überschritten wird. Im Gegensatz dazu wird beim Rücksichtnahmegebot meist bereits bei geringeren Schallwerten ein Verstoß zu verzeichnen sein und somit ein höheres Schutzmaß zugrunde liegen.[270]

II.3. Sonderregelungen nach § 34 Abs. 3a BauGB

Seit 2004 existiert eine Sonderregelung, welche die Weiterentwicklung von zulässigerweise errichteten Gewerbe- und Handwerksbetrieben sowie baulichen Anlagen zur Wohnnutzung vereinfachen soll: Bei Erweiterung, Änderung, Nutzungsänderung oder Erneuerung der benannten Anlagen *kann* unter bestimmten Voraussetzungen gem. § 34 Abs. 3a BauGB vom Erfordernis des Einfügens in die nähere Umgebung nach § 34 Abs. 1 Satz 1 BauGB abgewichen werden. Die Entscheidung über eine solche Abweichung liegt im Ermessen der Genehmigungsbehörde[271].

Zwar soll die Regelung vor allem dazu dienen, „baurechtlich vertretbare Problemlösungen in Gemengelagen und vergleichbaren Konflikten zu erleichtern"[272], jedoch wird ihre Anwendbarkeit durch die gesetzlichen Grenzen nach § 34 Abs. 3a Satz 1 Nrn. 1 bis 3 BauGB stark eingeschränkt. In Bezug auf den Lärmschutz dürfte insbesondere die in Nr. 3 aufgeführte Vereinbarkeit mit öffentlichen Belangen unter Würdigung nachbarlicher Interessen von Bedeutung sein. Damit wird im Wesentlichen auf das Rücksichtnahmegebot verwiesen[273], weshalb an dieser Stelle auch keine vertiefende Auseinandersetzung mit der Sonderregelung erfolgt. Die Anzahl der Vorhaben, bei denen aufgrund von zu hohen Lärmemissionen oder -immissionen ein Verstoß gegen das Erfordernis des Einfügens bzw. das Rücksichtnahmegebot vorliegt, bei denen jedoch trotzdem die Möglichkeit der Zulässigkeit im Rahmen einer Abweichung – auf Basis von § 34 Abs. 3a BauGB – besteht, dürfte nach Ansicht des Autors äußerst gering sein. Denn insbesondere die Entstehung neuer Gemengelagen soll nicht ermöglicht werden, da diese oftmals lärmrelevante Konflikte verursachen. Im

---

269 Vgl. *BVerwG*, Urt. v. 12.12.1990 – 4 C 40/87 –, BauR 1991, S. 308 (311) = NVwZ 1991, S. 879 (881).
270 So auch: vgl. *Söfker*, a. a. O. (Fußn. 116), § 34 Rn. 67.
271 Vgl. *Hofherr*, a. a. O. (Fußn. 222), § 34 Rn. 72h.
272 *Mitschang/Reidt*, a. a. O. (Fußn. 220), § 34 Rn. 74.
273 Vgl. *Söfker*, a. a. O. (Fußn. 116), § 34 Rn. 88d. Ausführlich: siehe Punkt D.II.2.2.

Einzelfall kann jedoch durch Nebenbestimmungen in der Baugenehmigung eine Zulassung erreicht werden[274].

III. Zwischenfazit

Im Rahmen der Vorhabenzulassung kommen verschiedene Korrektive zur Anwendung, um die Entstehung städtebaulicher Missstände zu verhindern. Hervorzuheben ist in diesem Zusammenhang das Rücksichtnahmegebot, welches in § 15 Abs. 1 BauNVO sowie § 34 Abs. 1 BauGB normiert ist.

Hohe Lärmimmissionen können maßgeblich zur Entstehung städtebaulicher Missstände beitragen, weshalb sie im Rahmen der Vorhabenzulassung Berücksichtigung finden müssen und auf ein verträgliches Maß zu reduzieren sind. Insbesondere bei Maßnahmen der Innenentwicklung ist dies von Relevanz, da im innerstädtischen Bereich – aufgrund der räumlichen Nähe von störenden und zu schützenden Nutzungen – das Konfliktpotenzial oftmals besonders hoch ist.

Insofern ist der Lärmschutz bei der Vorhabenzulassung als absolut notwendiges Korrektiv anzusehen, da ansonsten Zustände geschaffen würden, die mit den heutigen Anforderungen des Umweltschutzes – insbesondere in Bezug auf den Schutz der Bevölkerung vor schädlichen Umwelteinwirkungen – nicht mehr vereinbar wären. Eine derartige Entwicklung würde auch der Forderung nach einer *qualifizierten* Innenentwicklung zuwiderlaufen.

Gleichwohl steht in vielen Fällen, wenn es sich beispielsweise um Gewerbe- oder Sportanlagenlärm handelt, aus rechtlicher Sicht nur ein begrenztes Instrumentarium zur Lösung der Konflikte auf Ebene der Vorhabenzulassung zur Verfügung. Passiver Lärmschutz beschränkt sich in diesen Fallkonstellationen auf die Anpassung des Gebäude- und Wohnungsgrundrisses einschließlich der Anordnung der zu öffnenden Fenster (architektonische Selbsthilfe). Ein akzeptabler Schallschutz ist damit jedoch oftmals nicht möglich, sodass es entweder zu einer Verdrängung der emittierenden oder der schützenswerten Nutzung kommt. Im Ergebnis wird dies häufig zu einer Verlagerung der Nutzungen in die Siedlungsrand- oder Außenbereiche führen.

Mit Blick auf das städtebauliche Ziel der Innenentwicklung ist solch eine Entwicklung mindestens hemmend, wenn nicht sogar kontraproduktiv, da die bauliche Fortentwicklung des Siedlungsbestandes eingeschränkt bzw. in Teilen verhindert

---

274 Vgl. *Söfker*, Abweichen vom Einfügungsgebot – Systematik und Regelungsergänzung in § 34 Abs. 3a BauGB, in: *Mitschang* (Hrsg.), Stärkung der Innenentwicklung – BauGB-Novelle 2012/13, Berliner Schriften zur Stadt- und Regionalplanung – Band 20, Frankfurt/Main 2013, S. 115 (123).

wird. Gleichzeitig wird die Neuinanspruchnahme von Flächen im Außenbereich (indirekt) vorangetrieben.

Dabei gilt es grundsätzlich zu beachten, dass technisch bereits aktuell in vielen Fällen passive Schallschutzmaßnahmen möglich sind, die auch in unmittelbarer Nähe von störenden Nutzungen einen annehmbaren Wohnkomfort in den (besonders schutzwürdigen) Aufenthaltsräumen erreichen. Die rechtlichen Bestimmungen, in erster Linie die Regelungen der TA Lärm sowie deren Auslegung durch die Rechtsprechung, verhindern dies bislang jedoch, indem sie nur die wenigen, genannten Maßnahmen berücksichtigen.

In Teilen kann die hemmende Wirkung des Lärmschutzes in Bezug auf die Innenentwicklung durch das Instrumentarium der Bauleitplanung beseitigt bzw. reduziert werden: Einerseits ist die Auswahl an zu berücksichtigenden Schallschutzmaßnahmen im Rahmen der Planung größer als in der Vorhabenzulassung. Andererseits kann häufig bereits durch die bewusst geplante Zuordnung von einander störenden Nutzungen eine Lösung des Immissionskonflikts herbeigeführt werden. Im Folgenden werden diese Fragen hinsichtlich des planerischen Umgangs mit den Belangen des Lärmschutzes näher untersucht.

Im Übrigen kann nach Ansicht des Autors nur eine Änderung der lärmtechnischen Regelwerke, insbesondere der TA Lärm und der 18. BImSchV, dergestalt, dass der maßgebende Immissionsort nicht mehr vor den zu öffnenden Fenstern, sondern innerhalb der Räume definiert wird, sodass auch passive Schallschutzmaßnahmen berücksichtigungsfähig sind, zur Lösung der Problematik beitragen. Dabei muss jedoch beachtet werden, dass die geltenden Regelungen teilweise, wenn auch indirekt, nicht nur die Aufenthaltsräume, sondern auch Außenwohnbereiche wie z. B. Balkone und Gärten vor Lärm schützen. Würde zukünftig nur noch auf den Innenraumpegel abgestellt werden, ginge dieser Schutz verloren. Vorstellbar wäre allerdings eine Sonderregelung, dass – sofern Außenwohnbereiche existent sind – wie bislang der Außenlärmpegel entscheidend ist. Entsprechende Außenwohnbereiche sind in innerstädtischen Lagen im Vergleich zu suburbanen Siedlungen tendenziell ohnehin seltener vorzufinden und wenn vorhanden, dann meist durch ihre rückwärtige Lage auf dem Grundstück bereits durch die sie umgrenzende Bebauung geschützt. Demzufolge könnte eine Anpassung der lärmtechnischen Regelwerke zu einer Flexibilisierung in der Vorhabenzulassung führen, ohne das berechtigte Schutzinteresse der Betroffenen zu gefährden.

Im Schrifttum sind entsprechende Vorschläge oder Ansätze bislang nicht zu finden. Dies kann wohl u. a. darauf zurückgeführt werden, dass bereits die erste Änderung der TA Lärm erst nach etwa 30 Jahren (im Jahr 1998) erfolgte und insofern eine erneute Fortschreibung nach rund 15 Jahren als unwahrscheinlich zu beurteilen ist.

E. Die Berücksichtigung von Belangen des Lärmschutzes in der Bauleitplanung

Die Bauleitplanung ist als Ausdruck der kommunalen Selbstverwaltung das zentrale Gestaltungselement der Städte und Gemeinden in Bezug auf ihre städtebauliche Ordnung und Entwicklung.[275] Dabei müssen verschiedenste Belange berücksichtigt und gegeneinander abgewogen werden. Bei der Innenentwicklung umfasst dies insbesondere auch Fragen des Lärmschutzes und die mit dem Lärm verbundenen negativen Auswirkungen.

In diesem Kapitel werden zunächst die allgemeinen Planungsgrundsätzen und -leitlinien, die die Verhinderung bzw. Minimierung der Lärmbelastung als eine Aufgabe der Bauleitplanung normieren, vorgestellt. Im Anschluss daran werden die verschiedenen lärmtechnischen Regelwerke und ihre Bedeutung für die Bauleitplanung im Einzelnen analysiert. Sie sind insbesondere für die Beurteilung von Schallemissionen und -immissionen sowie den darauf aufbauenden Umgang mit Lärm in der Bauleitplanung unabdingbar.

Bevor abschließend der planerische Umgang mit Lärm, vor allem das zur Verfügung stehende Instrumentarium des Städtebaurechts im Rahmen der Bauleitplanung ausführlich erörtert wird, erfolgt eine überblicksartige Darstellung potenzieller Lärmkonflikte im überwiegend bebauten Bereich.

I. Lärmminderung als Aufgabe der Bauleitplanung

Die allgemeine Aufgabe von Bauleitplänen ist es, die bauliche und sonstige Nutzung der Grundstücke in der Gemeinde vorzubereiten und zu leiten (§ 1 Abs. 1 BauGB). Dies hat nach Maßgabe des BauGB zu erfolgen. Es sind insbesondere die Planungsgrundsätze und -leitlinien in § 1 Abs. 5 und 6 BauGB zu berücksichtigen. Die darin enthaltenen Aussagen zur Lärmminderung werden nachfolgend erläutert.

---

275 Mit Bezügen zum Verfassungsrecht: vgl. *Just*, in: *Hoppe/Bönker/Grotefels* (Hrsg.), Öffentliches Baurecht, 4. Aufl., München 2010, S. 21.

I.1. Planungsgrundsätze gem. § 1 Abs. 5 BauGB

§ 1 Abs. 5 BauGB normiert die übergeordneten Planungsgrundsätze bzw. -ziele, die in jeder Bauleitplanung Berücksichtigung finden müssen. Zu diesen Grundsätzen zählt insbesondere die Gewährleistung einer nachhaltigen städtebaulichen Entwicklung (§ 1 Abs. 5 Satz 1 BauGB). Der Begriff der Nachhaltigkeit verlangt in diesem Zusammenhang[276] einen Ausgleich zwischen sozialen, wirtschaftlichen und umweltschützenden Anforderungen. Folglich darf die Bauleitplanung nicht nur einseitig einzelnen Belangen Rechnung tragen, sondern muss vielmehr insbesondere die drei genannten Bereiche in Einklang miteinander bringen.[277] Es ist selbstredend, dass dabei einzelne Belange stärker und andere schwächer zu gewichten sind: Eine Planung, die allen Belangen in gleichem Maße gerecht wird, existiert nicht.

Das Ziel der nachhaltigen Entwicklung wird durch zwei weitere Aspekte ergänzt bzw. konkretisiert: zum einen die Verantwortung gegenüber künftigen Generationen und zum anderen eine dem Wohl der Allgemeinheit dienende sozialgerechte Bodennutzung. Der erstgenannte Aspekt unterstreicht dabei noch einmal deutlich die langfristige Ausrichtung einer ausgewogenen, nachhaltigen städtebaulichen Entwicklung.

Des Weiteren enthält § 1 Abs. 5 Satz 2 BauGB die Maßgabe, dass Bauleitpläne u. a. dazu beitragen sollen, eine menschenwürdige Umwelt zu sichern.[278] Damit wird erneut die Bedeutung von Umweltschutzaspekten in der Bauleitplanung betont, ohne diesen jedoch einen Vorrang gegenüber anderen Belangen einzuräumen. Die Aufzählung verschiedenster Belange in § 1 Abs. 5 und 6 BauGB stellt vielmehr klar, dass prinzipiell eine Gleichgewichtigkeit zwischen den einzelnen Belangen herrscht.[279] Eine Gewichtung zugunsten bzw. zulasten von einzelnen Belangen erfolgt erst im Rahmen der konkreten Abwägungen.

---

276 Zur Bedeutung des Begriffs „Nachhaltigkeit" in anderen Bereichen des Städtebaurechts: vgl. *Gaentzsch*, in: *Schlichter/Stich/Driehaus/Paetow* (Hrsg.), Berliner Kommentar zum Baugesetzbuch, 3. Aufl., Köln 2002, Loseblattsammlung, Stand: November 2012, § 1 Rn. 51.
277 Vgl. *Söfker*, a. a. O. (Fußn. 116), § 1 Rn. 103.
278 Ferner sollen sie dazu beitragen, die natürlichen Lebensgrundlagen zu schützen und zu entwickeln sowie den Klimaschutz und die Klimaanpassung, insbesondere auch in der Stadtentwicklung, zu fördern, sowie die städtebauliche Gestalt und das Orts- und Landschaftsbild baukulturell zu erhalten und zu entwickeln (§ 1 Abs. 5 Satz 2 BauGB).
279 Vgl. z. B. *BVerwG*, Beschl. v. 15.10.2002 – 4 BN 51/02 –, BauR 2004, S. 641 (641) = JuS 2003, S. 506.

Gleichzeitig bringt der Grundsatz aus § 1 Abs. 5 Satz 2 BauGB zum Ausdruck, dass der Umweltschutz eine eigenständige Aufgabe der Bauleitplanung ist.[280] Folglich kann beispielsweise ein Bebauungsplan, der ausschließlich umweltschützende Ziele verfolgt, durchaus dem Grundsatz der Erforderlichkeit gem. § 1 Abs. 3 Satz 1 BauGB genügen. Dabei ist die Planung selbstverständlich nicht nur auf die Reduzierung bestehender negativer Umwelteinwirkungen auszurichten. Vielmehr muss sie vor allem auch dem Vorsorgeprinzip Rechnung tragen, d. h. potenzielle Umweltgefahren wie Lärm bereits frühzeitig zu berücksichtigen und nach Möglichkeit zu vermeiden.[281]

Wie bereits erläutert, haben Lärm und dessen Folgen maßgeblichen Einfluss auf die Stadtentwicklung. Vor dem Hintergrund des Ziels einer nachhaltigen Stadtentwicklung muss Lärm im Rahmen der Bauleitplanung zwingend Berücksichtigung finden und ferner mit den übrigen Anforderungen und Belangen in Einklang gebracht werden.[282]

I.2. Planungsleitlinien gem. § 1 Abs. 6 BauGB

Die Planungsleitlinien in § 1 Abs. 6 BauGB konkretisieren die oben genannten Planungsgrundsätze weiter. Mit Blick auf die Lärmminderung sind verschiedene Leitlinien relevant.

I.2.1. Allgemeine Anforderungen an gesunde Wohn- und Arbeitsverhältnisse

Die allgemeinen Anforderungen an gesunde Wohn- und Arbeitsverhältnisse sowie die Sicherheit der Wohn- und Arbeitsbevölkerung sind bei der Aufstellung von Bauleitplänen zu berücksichtigen. Diese Planungsleitlinie in § 1 Abs. 6 Nr. 1 BauGB konkretisiert zum einen die Forderung, eine menschenwürdige Umwelt zu sichern; zum anderen soll sie die Entstehung von städtebaulichen Missständen verhindern.[283]

---

280 Vgl. *Schink*, Umweltschutz durch Bauplanungsrecht, in: *Hansmann/Sellner* (Hrsg.), Grundzüge des Umweltrechts, 4. Aufl., Berlin 2012, S. 363 (404).
281 Vgl. *Gaentzsch*, a. a. O. (Fußn. 276), § 1 Rn. 53. Zum Vorsorgeprinzip: vgl. *Erbguth/ Schlacke*, a. a. O. (Fußn. 88), S. 57 f.
282 Vgl. *Mitschang*, Lärmschutzprobleme und ihre Auswirkungen auf die Stadtentwicklung, in: *Mitschang* (Hrsg.), Aktuelle Fach- und Rechtsfragen des Lärmschutzes, Berliner Schriften zur Stadt- und Regionalplanung – Band 9, Frankfurt/Main 2010, S. 9 (18).
283 Vgl. *Battis*, a. a. O. (Fußn. 82), § 1 Rn. 54.

Im Sanierungsrecht finden sich Kriterien, die bei der Beurteilung der Anforderungen an gesunde Wohn- und Arbeitsverhältnisse maßgeblich sein können. § 136 Abs. 3 Nr. 1 BauGB nennt diesbezüglich (nicht abschließend):

a) die Belichtung, Besonnung und Belüftung der Wohnungen und Arbeitsstätten;
b) die bauliche Beschaffenheit von Gebäuden, Wohnungen und Arbeitsstätten;
c) die Zugänglichkeit der Grundstücke;
d) die Auswirkungen einer vorhandenen Mischung von Wohn- und Arbeitsstätten;
e) die Nutzung von bebauten und unbebauten Flächen nach Art, Maß und Zustand;
f) die Einwirkungen, die von Grundstücken, Betrieben, Einrichtungen oder Verkehrsanlagen ausgehen, insbesondere durch Lärm, Verunreinigungen und Erschütterungen sowie
g) die vorhandene Erschließung.

Unter Buchstabe f wird Lärm explizit als maßgebendes Kriterium für die Anforderungen an gesunde Wohn- und Arbeitsverhältnisse benannt. Darüber hinaus wird jedoch auch zum Teil in den anderen Punkten indirekt auf Lärm abgestellt, z. B. bei der Belüftung von Wohnungen und Arbeitsstätten (lit. a) oder in Bezug auf die Auswirkungen einer vorhandenen Nutzungsmischung (lit. d). Bei beiden Aspekten kommt dem Lärm und seinen Folgen eine erhebliche Relevanz zu, indem beispielshalber das Belüften von Räumen aufgrund zu hoher Lärmbelastung nicht mehr möglich ist, ohne sich einer solcher Belastung auch in den Innenräumen auszusetzen.

I.2.2. Belange des Umweltschutzes

Die zu berücksichtigenden Belange des Umweltschutzes, einschließlich des Naturschutzes und der Landschaftspflege, sind in § 1 Abs. 6 Nr. 7 lit. a bis i BauGB benannt. Im Hinblick auf Lärmschutz sind vor allem folgende Belange von Relevanz:

– umweltbezogene Auswirkungen auf den Menschen und seine Gesundheit sowie die Bevölkerung insgesamt (lit. c),
– die Vermeidung von Emissionen (lit. e),
– die Darstellungen von Plänen des Immissionsschutzrechts (lit. g),
– die Wechselwirkungen zwischen den einzelnen Belangen des Umweltschutzes (lit. i).

Lärm in allen seinen Erscheinungsformen, z. B. als Verkehrslärm, Fluglärm, Gewerbelärm, Lärm von Sportanlagen etc., gehört als schädliche Umwelteinwirkung im Sinne von § 1 Abs. 1 BImSchG zwingend zu den **umweltbezogenen Auswirkungen**, die unter Buchstabe c zu subsumieren sind.[284] Dabei ist insbesondere der negative Einfluss auf die menschliche Gesundheit zu berücksichtigen.

Des Weiteren sollen Bauleitpläne dazu beitragen **Emissionen** zu **vermeiden** (lit. e). Die Art der Emissionen wird dabei nicht weiter spezifiziert, jedoch kann auf die Legaldefinition in § 3 Abs. 3 BImSchG verwiesen werden. Dementsprechend umfasst der Begriff der Emissionen von einem Ort ausgehende Luftverunreinigungen, Geräusche, Erschütterungen, Licht, Wärme, Strahlen und ähnliche Erscheinungen.

Ferner sollen solche Emissionen generell vermieden werden; die Schallwerte von lärmtechnischen Regelwerken sind dabei grundsätzlich unbedeutend. Somit ist das Schutzniveau im Bauplanungsrecht prinzipiell höher als im Immissionsschutzrecht. Im Letztgenannten wird vor allem auf schädliche Umwelteinwirkungen im Sinne von § 3 Abs. 1 BImSchG abgestellt, wonach diese Umwelteinwirkungen geeignet sein müssen, um Gefahren, erhebliche Nachteile oder erhebliche Belästigungen herbeizuführen.[285] Im Städtebaurecht sind hingegen auch Emissionen unterhalb der Erheblichkeitsschwelle bedeutsam.[286] Ein solches Vorgehen trägt insbesondere dem Vorsorgegrundsatz Rechnung, da bereits frühzeitig der Entstehung von Emissionen begegnet werden soll.

Indem § 1 Abs. 6 Nr. 7e BauGB die Vermeidung von Emissionen (und nicht Immissionen) verlangt, zielt die Planungsleitlinie ausschließlich auf den Verursacher ab und entspricht damit dem Verursacherprinzip im Umweltrecht. Es besagt, dass derjenige, der für Umweltbeeinträchtigungen verantwortlich ist, für deren Beseitigung, Verminderungen oder Ausgleich herangezogen werden soll[287].

Zu den **Plänen des Immissionsschutzrechts**, welche gem. § 1 Abs. 6 Nr. 7g BauGB zu berücksichtigen sind, zählen sowohl Luftreinhaltepläne nach § 47 BImSchG als auch Lärmminderungspläne nach den §§ 47a bis 47f BImSchG. Bei der Lärmminderungsplanung ist zwischen Lärmkarten nach § 47c BImSchG und Lärmaktionsplan nach § 47d BImSchG zu unterscheiden, wobei in beiden Fällen

---

284 Vgl. *Söfker*, a. a. O. (Fußn. 116), § 1 Rn. 147 ff.
285 Zur Erheblichkeitsschwelle im Sinne von § 3 Abs. 1 BImSchG: vgl. *Kutscheidt*, a. a. O. (Fußn. 91), § 3 BImSchG Rn. 14 ff.
286 Vgl. *Mitschang*, a. a. O. (Fußn. 102), S. 538 (543 f.).
287 Vgl. *Rehbinder*, Ziele, Grundsätze, Strategien und Instrumente, in: *Hansmann/Sellner* (Hrsg.), Grundzüge des Umweltrechts, 4. Aufl., Berlin 2012, S. 135 (196 f.).

Umgebungslärm thematisiert wird (§ 47a Satz 1 BImSchG).[288] Inwieweit solche Planwerke planungsrelevante Inhalte enthalten und Anwendung in der Bauleitplanung finden, wird an gesonderter Stelle erläutert (siehe Punkt E.II.7).

Abschließend sei auf die **Wechselwirkungen** zwischen den einzelnen Umweltschutzbelangen gem. § 1 Abs. 6 Nr. 7 lit. a, c und d BauGB hingewiesen. Eine entsprechende Berücksichtigung ist erforderlich, da zwischen den Schutzgütern einerseits und den Umweltschutzbelangen andererseits verschiedene wechselseitige Abhängigkeiten bestehen sowie kumulative Wirkungen zwischen den beiden Komplexen existieren können, die nur durch eine umfassende Betrachtung erfasst werden können.[289] Als Beispiel seien die Vergrämung von bestimmten Tierarten durch Immissionen und die damit einhergehende Veränderung des örtlichen Artenspektrums genannt, was wiederum weitere Folgen auslösen kann.

In der Regel finden die aufgeführten Belange des Umweltschutzes im Rahmen der Umweltprüfung Berücksichtigung. Es wird diesbezüglich auf die Ausführungen zu Punkt E.IV.1 verwiesen.

I.2.3. Informelle gemeindliche Konzepte

Die Ergebnisse eines von der Gemeinde beschlossenen städtebaulichen Entwicklungskonzepts oder einer von ihr beschlossenen sonstigen städtebaulichen Planung sind nach § 1 Abs. 6 Nr. 11 BauGB bei der Aufstellung von Bauleitplänen zu berücksichtigen. Solche informellen Planwerke dienen insbesondere der Vorbereitung von formellen Planverfahren und haben bereits seit geraumer Zeit große praktische Bedeutung.[290]

Häufig verfolgen die entsprechenden städtebaulichen Konzepte einen integrativen Ansatz, indem verschiedenste planungsrelevante Belange Berücksichtigung finden. Dazu zählen in aller Regel auch Aspekte des Umweltschutzes – insbesondere Fragen des Lärmschutzes. Sofern solche Konzepte Ziele oder Maßnahmen enthalten, die das Thema Lärm betreffen, sind die betreffenden Inhalte in der Bauleitplanung zu berücksichtigen.[291]

---

288 Ausführlich: vgl. *Scheidler*, Bindung der Gemeinden an Pläne des Wasser-, Abfall- und Immissionsschutzrechts im Rahmen der Bauleitplanung?, in: KommJur 2012, S. 241 (245 f.).
289 Vgl. *Gaentzsch*, a. a. O. (Fußn. 276), § 1 Rn. 67i.
290 Ausführlich: vgl. *Pahl-Weber*, Informelle Planung in der Stadt- und Regionalplanung, in: *Henckel/Kuczkowski/Lau* et al. (Hrsg.), Planen – Bauen – Umwelt, Wiesbaden 2010, S. 227 (229 ff.).
291 Vgl. *Mitschang*, a. a. O. (Fußn. 102), S. 538 (547).

II. Regelwerke zum Lärmschutz und ihre Bedeutung für die Bauleitplanung

Der Lärmschutz wird in erster Linie durch Gesetze, Verordnungen und sonstige Regelwerke des Immissionsschutzrechts – als ein Bestandteil des besonderen Umweltrechts – normiert.[292] Das öffentliche Baurecht beinhaltet hingegen kaum spezifische Normen zum Lärmschutz. Vor diesem Hintergrund ist bei lärmschutzrechtlichen Planungsfragen auf verschiedenste lärmtechnische Regelwerke zurückzugreifen. Zu nennen sind in diesem Zusammenhang vor allem das Bundes-Immissionsschutzgesetz (BImSchG), die 16. und 18. Bundes-Immissionsschutzverordnung (BImSchV), die Technische Anleitung zum Schutz gegen Lärm (TA Lärm) und die DIN 18005 „Schallschutz im Städtebau", wobei die vier letztgenannten jeweils als Konkretisierung bzw. Ergänzung des BImSchG fungieren. Darüber hinaus existieren Richtlinien bzw. Verwaltungsvorschriften der Länder zum Freizeitlärm sowie kommunale Lärmaktionspläne.

Im Rahmen der Bauleitplanung sind vor allem die genannten Normen – in Abhängigkeit von der jeweiligen Planungssituation – zu berücksichtigen.[293] Allerdings bestehen zum Teil signifikante Unterschiede zwischen den einzelnen Regelwerken, z. B. hinsichtlich ihres Rechtscharakters, ihrer Verbindlichkeit gegenüber der Bauleitplanung, ihrem Anwendungsbereich sowie den konkreten Schallwerten; Tabelle 2 veranschaulicht dies überblicksartig.

Die sechs genannten Regelwerke werden nachfolgend hinsichtlich ihrer planungsrelevanten Inhalte und ihres Anwendungsbereichs näher erläutert, wobei zunächst eine kurze Analyse des BImSchG als übergeordnetem Gesetzeswerk erfolgt.

Hinsichtlich der in den Regelwerken normierten Schallwerte gilt es prinzipiell zu beachten, dass mit Blick auf die subjektive Wahrnehmung von Lärm grundsätzlich zwischen der messbaren Belastung und der subjektiv wahrnehmbaren Belästigung zu unterscheiden ist. Die (reinen) Schalldruckpegel in den lärmtechnischen Regelwerken beziehen sich nur auf die messbare Belastung. Es wird jedoch versucht diese messbaren Werte möglichst nah an die tatsächliche Belastung heranzuführen – etwa durch zusätzliche Bewertungsaspekte (z. B. in Form des noch geltenden Schienenbonus' bei der 18. BImSchV oder eines Zuschlags für die Ton- und Informationshaltigkeit bei der TA Lärm).

---

292 Überblick über die Rechtsgrundlagen: *Erbguth/Schlacke*, a. a. O. (Fußn. 88), S. 179 ff.
293 Es existieren noch weitere Regelungen, etwa in Form von DIN- oder VDI-Normen, die jedoch vorrangig technische Fragen wie Berechnungsverfahren u. ä. definieren.

Die verschiedenen Ermittlungsverfahren werden in diesem Werk nicht thematisiert.[294]

Tabelle 2: Überblick über planungsrelevante Regelwerke zum Lärmschutz

Regelwerke zum Lärmschutz (Rechtscharakter)	Verbindlichkeit in der Bauleitplanung	Anwendungsbereich	Gliederungspunkt
16. BImSchV (Rechtsverordnung des Bundes)	bindende Grenzwerte	Errichtung oder wesentliche Änderung von Straßen und Schienenwegen	E.II.2
18. BImSchV (Rechtsverordnung des Bundes)	weitgehend bindende Richtwerte	Errichtung und Betrieb von Sportanlagen	E.II.3
TA Lärm (normkonkretisierende Verwaltungsvorschrift)	Richtwerte	Zulassung von Anlagen nach §§ 5 und 22 BImSchG	E.II.4
DIN 18005 (Empfehlung)	Orientierungswerte	städtebauliche Planungen	E.II.5
Freizeitlärm-Richtlinien der Länder ([Muster-] Verwaltungsvorschrift, je nach Bundesland)	Orientierungswerte	Freizeitlärm	E.II.6
Lärmaktionspläne der Gemeinden (einzelfallabhängig)	einzelfallabhängig	Umgebungslärm	E.II.7

II.1. Bundes-Immissionsschutzgesetz

Das BImSchG wurde 1974 mit dem Ziel eingeführt, ein „möglichst umfassendes, bundeseinheitliches Regelwerk für den Kernbereich des Umweltschutzes"[295]

---

294 Vgl. dazu z. B. *Hälsig*, Gesetzliche Bestimmungen für die Messung von Emissionen und Immissionen, in: *Thomé-Kozmiensky/Dombert/Versteyl* et al. (Hrsg.), Immissionsschutz – Band 2, Neuruppin 2011, S. 421 (422 ff.). Zu Verkehrsgeräuschen im Besonderen: vgl. *Kloepfer/Griefahn/Kaniowski* et al., a. a. O. (Fußn. 93), S. 241 ff.
295 BT-Drs. 7/179 vom 14.02.1973, S. 27.

zu schaffen. Seitdem wurde es vielfach novelliert, wodurch die zentrale Bedeutung des BImSchG im Bereich des Immissionsschutzes nur unterstrichen wurde.[296]

Das allgemeine Ziel des BImSchG ist es, Menschen, Tiere und Pflanzen, den Boden, das Wasser, die Atmosphäre sowie Kultur- und sonstige Sachgüter vor schädlichen Umwelteinwirkungen zu schützen und deren Entstehen vorzubeugen (§ 1 Abs. 1 BImSchG). Wie bereits erläutert, zählt auch Lärm zu diesen Einwirkungen.[297]

II.1.1. Planungsrelevante Inhalte

Für die Stadt- und Raumplanung sind in Bezug auf den Lärmschutz insbesondere die §§ 41, 42 und 50 BImSchG von Bedeutung, wobei die beiden erstgenannten Vorschriften Spezialregelungen zum Verkehrslärm sind und deshalb in Verknüpfung mit der Verkehrslärmschutzverordnung erläutert werden (siehe Punkt E.II.2).

Das Trennungsgebot gem. § 50 BImSchG ist für den planerischen Immissionsschutz im Allgemeinen und für den Lärmschutz im Besonderen von zentraler Bedeutung.[298] Es stellt einen elementaren Grundsatz städtebaulicher Planung dar.[299]

§ 50 Satz 1 BImSchG
Bei raumbedeutsamen Planungen und Maßnahmen sind die für eine bestimmte Nutzung vorgesehenen Flächen einander so zuzuordnen, dass schädliche Umwelteinwirkungen und von schweren Unfällen im Sinne des Artikels 3 Nr. 5 der Richtlinie 96/82/EG[300] in Betriebsbereichen hervorgerufene Auswirkungen auf die ausschließlich oder überwiegend dem Wohnen dienenden Gebiete sowie auf sonstige schutzbedürftige Gebiete, insbesondere öffentlich genutzte Gebiete, wichtige Verkehrswege, Freizeitgebiete und unter dem Gesichtspunkt des Naturschutzes besonders wertvolle

---

296 Vgl. *Schmidt/Kahl*, Umweltrecht, 8. Aufl., München 2010, S. 147. Zu den Vorläufern des BImSchG und seiner Entstehung: vgl. *Feldhaus*, Zur Geschichte des Umweltrechts in Deutschland, in: *Dolde* (Hrsg.), Umweltrecht im Wandel, Berlin 2001, S. 15 (17 ff.).
297 Vgl. *Jarass*, a. a. O. (Fußn. 96), § 3 Rn. 5.
298 Vgl. *Sanden*, Umweltschutz im Planungsrecht, in: *Koch* (Hrsg.), Umweltrecht, 3. Aufl., München 2010, S. 675 (692).
299 Vgl. *BVerwG*, Urteil v. 05.07.1974 – IV C 50.72 –, BauR 1974, S. 311 (320); vgl. *Schink*, Immissionsschutz in der Bauleitplanung, in: UPR 2011, S. 41 (43).
300 Sog. Soveso-II-Richtlinie.

oder besonders empfindliche Gebiete und öffentlich genutzte Gebäude, so weit wie möglich vermieden werden.

Durch die räumliche Zuordnung von emittierenden Nutzungen einerseits und schützenswerten Nutzungen andererseits sollen schädliche Umwelteinwirkungen vermieden werden. Häufig wird dies über hinreichende Abstände erreicht[301], was allerdings oftmals eine erhöhte Flächeninanspruchnahme zur Folge hat[302] und damit der Innenentwicklung prinzipiell widerspricht.

Das Trennungsgebot ist somit Ausdruck des immissionsschutzrechtlichen Vorsorgeprinzips, wonach Umweltgefahren und Umweltschäden so weit wie möglich zu vermeiden sind.[303] Gleichzeitig konkretisiert es aus immissionsschutzrechtlicher Sicht auch das Gebot der planerischen Konfliktbewältigung. Dieses verlangt, dass alle der Planung zuzurechnenden Konflikte nach Möglichkeit bereits durch die Planung einer Lösung zugeführt werden sollen.[304] Darüber hinaus bestehen auch Verknüpfungen zu verschiedenen anderen bauplanungsrechtlichen Bestimmungen: So spiegelt beispielsweise die Gruppierung einander verträglicher Nutzungen in Form von Baugebieten in der BauNVO den Grundgedanken des Trennungsgebots wieder und gewährleistet somit prinzipiell ein Mindestmaß an Immissionsschutz.[305] Des Weiteren ergänzt § 50 BImSchG mehrere Planungsleitlinien des § 1 Abs. 6 BauGB, insbesondere die Berücksichtigung der allgemeinen Anforderungen an gesunde Wohn- und Arbeitsverhältnisse (Nr. 1), der umweltbezogenen Auswirkungen auf den Menschen und seine Gesundheit (Nr. 7c) sowie der Vermeidung von Emissionen (Nr. 7e).[306]

Im Rahmen der planerischen Abwägung nach § 1 Abs. 7 BauGB ist dem Trennungsgebot Rechnung zu tragen. Dabei kommt ihm die Bedeutung einer

---

301 Vgl. *Finkelnburg/Ortloff/Kment*, a. a. O. (Fußn. 6), S. 52 f.
302 Vgl. *Hendler*, Die Gewährleistung des Immissionsschutzes im Spannungsfeld von Planungsrecht und Fachrecht, in: *Faßbender/Köck* (Hrsg.), Aktuelle Entwicklungen im Immissionsschutzrecht, Leipziger Schriften zum Umwelt- und Planungsrecht – Band 22, Baden-Baden 2013, S. 15 (16).
303 Vgl. *Erbguth/Schlacke*, a. a. O. (Fußn. 88), S. 57.
304 Vgl. *BVerwG*, Urt. v. 05.07.1974 – IV C 50.72 –, BauR 1974, S. 311 (311). Ausführlich: vgl. *Stüer*, a. a. O. (Fußn. 6), S. 527 ff.
305 Vgl. *Fickert/Fieseler/Determann/Stühler*, a. a. O. (Fußn. 115), § 1 Rn. 41.3; vgl. *Söfker*, a. a. O. (Fußn. 116), § 1 Rn. 226.
306 Vgl. *Battis*, a. a. O. (Fußn. 82), § 1 Rn. 66. Ebenfalls ergänzend im Hinblick auf § 2 Abs. 1 Nr. 6 Satz 5 ROG; vgl. *Hansmann/Röckinghausen*, in: *Landmann/Rohmer* (Hrsg.), Umweltrecht, Loseblattsammlung, Stand: Februar 2013, München, § 50 BImSchG Rn. 16.

Abwägungsdirektive zu[307], d. h., das Gebot muss berücksichtigt werden, kann aber in der Abwägung überwunden bzw. gegenüber anderen Belangen zurückgestellt werden, da es keine strikte Geltung beansprucht.[308] Dies verdeutlicht bereits der Wortlaut der Vorschrift („so weit wie möglich").

Ein konkurrierender Belang, der beispielsweise eine Überwindung des Trennungsgebots rechtfertigen kann, ist der sparsame und schonende Umgang mit Grund und Boden gem. § 1a Abs. 2 Satz 1 BauGB (Bodenschutzklausel), dem bei der Ausweisung von neuen Baugebieten besonderes Gewicht zukommt.[309] Dabei ist allerdings auch zu beachten, dass insbesondere bei Neuplanungen dem Trennungsgebot ebenfalls besondere Bedeutung beizumessen ist[310].

Ferner kann die Zurückstellung des Trennungsgebots bei der Überplanung von Gemengelagen gerechtfertigt sein[311], z. B. „wenn das Nebeneinander von Gewerbe und Wohnen bereits seit längerer Zeit und offenbar ohne größere Probleme bestanden hat"[312]. Allerdings dürfen auch in solchen Fällen keine ungesunden Wohn- und Arbeitsverhältnisse entstehen, sondern müssen – bei verringerten räumlichen Trennungsabständen – mit Hilfe geeigneter baulicher und/oder technischer Vorkehrungen zum Immissionsschutz gewährleistet werden.[313]

Es sei darauf hingewiesen, dass das Trennungsgebot auch die räumliche Trennung von gefährlichen Anlagen und schutzbedürftigen Gebieten umfasst, um schützenswerte Nutzungen vor schweren Unfällen zu schützen. Im Trennungsgebot ist damit grundsätzlich auch ein Teil der Anforderungen der Richtlinie 96/82/EG (sog. Soveso-II-Richtlinie) – insbesondere hinsichtlich des Abstands zu schützenswerten Nutzungen – in verallgemeinerter

---

307 Vgl. *BVerwG*, Urt. v. 28.01.1999 – 4 CN 5/98 –, BauR 1999, S. 867 (869) = NVwZ 1999, S. 1222 (1223); vgl. *BVerwG*, Urt. v. 22.03.2007 – 4 CN 2/06 –, BauR 2007, S. 1365 (1366) = NVwZ 2007, S. 831 (831); vgl. *BVerwG*, Urt. v. 19.04.2012 – 4 CN 3/11 –, BauR 2012, S. 1351 (1356) = ZfBR 2012, S. 566 (570).
308 Vgl. *Kuschnerus*, a. a. O. (Fußn. 126), S. 268.
309 Vgl. *BVerwG*, Urt. v. 22.03.2007 – 4 CN 2/06 –, BauR 2007, S. 1365 (1366) = NVwZ 2007, S. 831 (831).
310 Vgl. *OVG Lüneburg*, Urt. v. 25.06.2001 – 1 K 1850/00 –, BauR 2001, S. 1862 (1863).
311 Vgl. *Kuschnerus*, a. a. O. (Fußn. 126), S. 269.
312 *BVerwG*, Beschl. v. 13.05.2004 – 4 BN 15/04 –, Juris, Rn. 4; ebenso: *OVG Koblenz*, Urt. v. 15.01.2007 – 8 C 11341/06 –, BauR 2007, S. 596 sowie *VGH Kassel*, Urt. v. 28.02.2013 – 3 C 297/12.N –, ZfBR 2013, S. 586 (588).
313 Z. B. mittels Bebauungsplanfestsetzungen gem. § 9 Abs. 1 Nr. 24 BauGB. Vgl. *BVerwG*, Urt. v. 22.03.2007 – 4 CN 2/06 –, BauR 2007, S. 1365 (1366) = NVwZ 2007, S. 831 (831). Ausführlich: siehe Punkt E.IV.3.4.

Weise enthalten.[314] Eine weitergehende Betrachtung ist im Rahmen dieses Werkes nicht notwendig.

II.1.2. Anwendungsbereich

Das Trennungsgebot nach § 50 BImSchG muss als Abwägungsdirektive bei allen raumbedeutsamen Planungen berücksichtigt werden.[315] Auf kommunaler Ebene umfasst dies insbesondere Entwicklungs-, Flächennutzungs- und Bebauungspläne.[316] Es ist allerdings selbstredend, dass dies nur solche Pläne umfasst, die tatsächlich immissionsschutzrechtliche Belange tangieren: Dies ist meist dann der Fall, wenn die Planung eine räumliche Zuordnung verschiedener Nutzungen regelt.[317] Es existieren allerdings auch Planungen, bei denen keine immissionsschutzrechtlichen Belange betroffen sind: Vorstellbar ist dies z. B. bei einem Bebauungsplan, der lediglich Ausgleichsmaßnahmen nach § 1a Abs. 3 BauGB festsetzt.[318] Das Trennungsgebot müsste in einem solchen Fall zwar prinzipiell Berücksichtigung finden, aufgrund der fehlenden immissionsschutzrechtlichen Relevanz der Planung hätte seine Anwendung jedoch keine Auswirkungen. Gleichwohl werden in aller Regel – vor allem bei Planungen im innerstädtischen Bereich – entsprechende Belange berührt sein, sodass das Trennungsgebot im Rahmen der Abwägung zu berücksichtigen ist.

Das oben Dargelegte lässt sich analog auch auf Planänderungen übertragen: In einem Änderungsverfahren sind nur solche schutzwürdigen Belange in die Abwägung einzustellen, die gerade durch die konkrete Planänderung berührt werden. Die Belange der Ursprungsplanung sind hingegen grundsätzlich nicht mehr abzuwägen. Folglich besteht bei einer Planänderung „keine Verpflichtung, eine etwa bereits vorhandene kritische Immissionslage bei Gelegenheit einer Bebauungsplanänderung zu sanieren"[319] (unter der Voraussetzung, dass

---

314 Ausführlich: vgl. *Kuschnerus*, Die planerische Steuerung von Industrievorhaben (Teil 2), in: BauR 2011, S. 761 (761 f.).
315 Vgl. z. B. *BVerwG*, Urt. v. 22.03.2007 – 4 CN 2/06 –, BauR 2007, S. 1365 (1366) = NVwZ 2007, S. 831 (831) sowie *BVerwG*, Urt. v. 19.04.2012 – 4 CN 3/11 –, BauR 2012, S. 1351 (1356) = ZfBR 2012, S. 566 (570).
316 Vgl. *Jarass*, a. a. O. (Fußn. 96), § 50 Rn. 5.
317 Vgl. *Kuschnerus*, a. a. O. (Fußn. 126), S. 266.
318 Zu Ausgleichs-Bebauungsplänen: vgl. *Schmidt-Eichstaedt*, a. a. O. (Fußn. 73), S. 228.
319 *VGH Mannheim*, Urt. v. 20.03.2013 – 5 S 1126/11 –, VBlBW 2013, S. 347 (347).

immissionsschutzrechtliche Belange von der Änderung nicht betroffen sind).[320] In einem solchen Fall würde die Anwendung von § 50 Satz 1 BImSchG ebenfalls keine Auswirkungen mit sich bringen.

II.2. Verkehrslärmschutzverordnung

Verkehr in seinen verschiedenen Formen (Pkw, Lkw, Eisenbahn etc.) gilt als dominierende Lärmquelle in Deutschland.[321] Vor diesem Hintergrund hat die *Bundesregierung* 1990 auf Grundlage von § 43 Abs. 1 Nr. 1 BImSchG die Verkehrslärmschutzverordnung (16. BImSchV) erlassen, um einheitliche Immissionsgrenzwerte für den Bau und die wesentliche Änderung von Straßen und Schienenwegen zu schaffen.[322] Die Einhaltung dieser Werte ist zwingend[323].

II.2.1. Planungsrelevante Inhalte

Die 16. BImSchV normiert in § 2 Abs. 1 Immissionsgrenzwerte, die die Grenze zur schädlichen Umwelteinwirkung darstellen und konkretisiert damit § 41 Abs. 1 BImSchG. Beim Bau und bei wesentlichen baulichen Änderungen von Verkehrswegen ist sicherzustellen, dass der Beurteilungspegel dieser Werte durch Verkehrsgeräusche nicht überschritten wird. Dabei erfolgt sowohl eine Unterscheidung in Tages- und Nachtwerte als auch in verschiedene Schutzkategorien (siehe Tabelle 3).

Tabelle 3: Immissionsgrenzwerte der 16. BImSchV

Schutzkategorie	**Tag** in dB(A)	**Nacht** in dB(A)
Krankenhäuser, Schulen, Kurheime und Altenheime	57	47
Reine und allgemeine Wohngebiete und Kleinsiedlungsgebiete	59	49
Kerngebiete, Dorfgebiete und Mischgebiete	64	54
Gewerbegebiete	69	59
Tag: 6.00 bis 22.00 Uhr, Nacht: 22.00 bis 6.00 Uhr		

---

320 Vgl. ebenda; vgl. *BVerwG*, Beschl. v. 06.03.2013 – 4 BN 39/12 –, BauR 2013, S. 1072 (1072) = UPR 2013, S. 277 (277).
321 Vgl. *Deutsche Gesellschaft für Akustik* (Hrsg.), Straßenverkehrslärm, Berlin 2010, S. 4.
322 Vgl. BR-Drs. 661/89 vom 27.11.1989, S. 1.
323 Vgl. *Storost*, a. a. O. (Fußn. 220), S. 281 (283).

Im Vergleich zu den Grenz- bzw. Orientierungswerten der anderen lärmtechnischen Regelwerke sind die Werte der 16. BImSchV deutlich höher, d. h., das Schutzniveau ist entsprechend niedriger. Dies wird insbesondere darauf zurückgeführt, dass einerseits Verkehrslärm (angeblich) als weniger belastend wahrgenommen wird.[324] Andererseits sollten den Träger der Straßenbaulast und den Bahnunternehmen keine zu hohen Kosten durch schallschutztechnische Maßnahmen entstehen.[325] Gleichwohl findet auch hier ein Umdenken statt: So wird beispielshalber der sog. Schienenbonus, der bei Schienenverkehrslärm einen Abschlag von 5 dB(A) vorsieht und damit die vermeintlich geringere belastende Wahrnehmung abbilden soll, ab 2015 bzw. 2019 abgeschafft[326].

Die Grundlage für die Bewertung der Verkehrsgeräusche ist der sog. Beurteilungspegel gem. § 3 16. BImSchV. Dieser ist nach den Vorgaben der Anlagen 1 (für Straßen) bzw. 2 (für Schienenwege) der 16. BImSchV zu berechnen. Dabei wird in erster Linie auf die durchschnittliche tägliche Verkehrsstärke (DTV in Kfz/24 Stunden) sowie deren Zusammensetzung aus Pkw und Lkw zurückgegriffen. Darüber hinaus werden Korrekturwerte, wie z. B. die zulässige Höchstgeschwindigkeit und Höhenunterschiede zwischen dem Emissions- und Immissionsort[327], angewandt, um den konkreten Einzelfall möglichst präzise abzubilden. Messungen, die insbesondere bei bereits vorhandenen Verkehrswegen oftmals prinzipiell möglich wären[328], sind hingegen unzulässig bzw. nicht als Maßstab heranzuziehen[329].

Eine Überschreitung der Immissionsgrenzwerte der 16. BImSchV ist prinzipiell unzulässig. § 41 Abs. 1 BImSchG normiert dies als striktes Gebot, indem sicherzustellen ist, dass durch keines der oben genannten Vorhaben schädliche Umwelteinwirkungen durch Verkehrsgeräusche hervorgerufen werden können. Sollte die Lärmprognose im Ergebnis eine Überschreitung der Grenzwerte vorhersagen, ist durch Maßnahmen des aktiven Schallschutzes die Einhaltung der Werte zu gewährleisten. Dies umfasst beispielshalber die Verwendung eines lärmarmen Fahrbahnbelags sowie die Anordnung von Lärmschutzeinrichtungen entlang

---

324 Vgl. BT-Drs. 17/10771 vom 25.09.2012, S. 1.
325 Vgl. *Kuschnerus*, a. a. O. (Fußn. 126), S. 239.
326 Siehe § 43 Abs. 1 Satz 2 BImSchG.
327 Vgl. *Kuschnerus*, a. a. O. (Fußn. 126), S. 242.
328 Zu solchen Fällen: vgl. *Jarass*, a. a. O. (Fußn. 96), § 41 Rn. 34.
329 Vgl. *BVerwG*, Urt. v. 31.08.1995 – 7 A 19/94 –, BVerwGE 99, S. 166 (172) = NVwZ 1996, S. 394 (396).

des Verkehrsweges wie z. B. Schallschutzwälle oder -wände und Einhausungen (Tunnelung).[330]

Von diesem Grundsatz kann abgewichen werden, wenn die aktiven Schallschutzmaßnahmen außer Verhältnis zum angestrebten Schutzzweck stehen würden (§ 41 Abs. 2 BImSchG). Bei dieser Verhältnismäßigkeitsprüfung sind als Ausgangspunkt zunächst die Kosten für all jene aktiven Schallschutzmaßnahmen heranzuziehen, die für einen vollumfänglichen Schutz erforderlich wären.[331] Davon sind schrittweise – ggf. auch mehrfach – Abschläge vorzunehmen, „um so die mit gerade noch verhältnismäßigem Aufwand zu leistende maximale Verbesserung der Lärmsituation zu ermitteln."[332] Ob und inwieweit andere Belange, wie z. B. das Stadt- oder Landschaftsbild, ebenfalls zu berücksichtigen sind, ist umstritten.[333] In einem zweiten Schritt ist der Nutzen der Maßnahmen mit den Kosten ins Verhältnis zu setzen. „Bei welcher Relation zwischen Kosten und Nutzen die Unverhältnismäßigkeit des Aufwandes für aktiven Lärmschutz anzunehmen ist, bestimmt sich nach den Umständen des Einzelfalls."[334]

II.2.2. Anwendungsbereich

Der Anwendungsbereich der Verkehrslärmschutzverordnung beschränkt sich – wie der Titel bereits verdeutlicht – auf Verkehrslärm. Die in der Verordnung enthaltenen Immissionsgrenzwerte gelten für den Bau oder die wesentliche Änderung von öffentlichen Straßen sowie von Schienenwegen der Eisen- und Straßenbahnen (§ 1 Abs. 1 16. BImSchV). Während die erste Fallkonstellation – der Bau von öffentlichen Straßen oder Schienenwegen – keiner weiteren Erläuterung bedarf, ist die wesentliche Änderung etwas diffiziler: Eine Änderung ist zum einen wesentlich, wenn eine Straße

---

330 Vgl. *Schink*, Straßenverkehrslärm in der Bauleitplanung, in: NVwZ 2003, S. 1041 (1045).
331 Vgl. *BVerwG*, Urt. v. 03.03.2004 – 9 A 15/03 –, NVwZ 2004, S. 986 (986) = UPR 2004, S. 275 (276).
332 *Paetow*, Lärmschutz in der aktuellen höchstrichterlichen Rechtsprechung, in: NVwZ 2010, S. 1184 (1189).
333 Offen lassend: vgl. *BVerwG*, Urt. v. 28.01.1999 – 4 CN 5/98 –, BauR 1999, S. 867 (870) = NVwZ 1999, S. 1222 (1225). Zustimmend: vgl. *BVerwG*, Urt. v. 15.12.2011 – 7 A 11/10 –, NVwZ 2012, S. 1120 (1121) = UPR 2012, S. 301 (302); vgl. *Jarass*, a. a. O. (Fußn. 96), § 41 Rn. 53. Ablehnend: vgl. *Schink*, a. a. O. (Fußn. 330), S. 1041 (1046).
334 *BVerwG*, Urt. v. 13.05.2009 – 9 A 72/07 –, BauR 2010, S. 202 (202 f.) = NVwZ 2009, S. 1498 (1503).

um einen oder mehrere durchgehende Fahrstreifen für den Kraftfahrzeugverkehr oder ein Schienenweg um ein oder mehrere durchgehende Gleise baulich erweitert wird (§ 1 Abs. 2 Nr. 1 16. BImSchV). Zum anderen kann auch die Erhöhung des Beurteilungspegels des von dem zu ändernden Verkehrsweg ausgehenden Verkehrslärms um mindestens 3 dB(A) oder auf mindestens 70 dB(A) am Tage oder mindestens 60 dB(A) in der Nacht – verursacht durch einen erheblichen baulichen Eingriff – Ausdruck einer wesentlichen Änderung sein (§ 1 Abs. 2 Nr. 2 16. BImSchV).

Nicht anwendbar sind die Immissionsgrenzwerte dagegen im Hinblick auf bereits bestehende Verkehrswege, bei denen beispielsweise ein gewachsenes Verkehrsaufkommen zu einer erhöhten Verkehrslärmbelastung führt.[335]

Allerdings kann der 16. BImSchV außerhalb des aufgezeigten Anwendungsbereichs Bedeutung zukommen: So verweist beispielsweise die TA Lärm in Nr. 7.4 Abs. 2 hinsichtlich der Beurteilung von Verkehrsgeräuschen auf dem Betriebsgrundstück und durch Zu- und Abgangsverkehr auf die Grenzwerte der 16. BImSchV. In solchen Fällen stellen die Werte in § 2 Abs. 1 16. BImSchV zumindest Orientierungswerte dar, deren Überschreitung – unter Berücksichtigung des Einzelfalls – zulässig sein kann.[336]

II.3. Sportanlagenlärmschutzverordnung

Auf Grundlage von § 23 Abs. 1 BImSchG hat die *Bundesregierung* am 18.07.1991 die Sportanlagenlärmschutzverordnung (18. BImSchV) erlassen, die für die Errichtung, die Beschaffenheit und den Betrieb von Sportanlagen – soweit sie zum Zwecke der Sportausübung betrieben werden und einer Genehmigung nach § 4 BImSchG nicht bedürfen – anzuwenden ist (§ 1 Abs. 1 18. BImSchV).

Die Verordnung wurde bislang lediglich im Jahr 2006 aufgrund der Fußballweltmeisterschaft in Deutschland im selben Jahr geändert: Seitdem kann für internationale oder nationale Sportveranstaltungen von herausragender Bedeutung im öffentlichen Interesse u. a. eine Überschreitung der in § 5 Abs. 5 normierten Höchstwerte zugelassen werden (§ 6 Satz 1 18. BImSchV).[337]

---

335 Vgl. *Schulze-Fielitz*, Verkehrslärmschutz und Bauleitplanung, in: UPR 2008, S. 401 (402).
336 Vgl. *Jarass*, a. a. O. (Fußn. 96), § 43 Rn. 9.
337 Vgl. *Stühler*, Zur Änderung der Sportanlagenlärmschutzverordnung, in: BauR 2006, S. 1671 (1671 f.).

II.3.1. Planungsrelevante Inhalte

Die Sportanlagenlärmschutzverordnung normiert in § 2 Abs. 1 Immissionsrichtwerte, welche die Zumutbarkeits- bzw. Erheblichkeitsschwelle im Sinne des § 3 Abs. 1 BImSchG in Bezug auf Sportanlagenlärm konkretisieren (siehe Tabelle 4).[338] Die in § 2 Abs. 1 18. BImSchV benannten Baugebiete bzw. Anlagen ergeben sich aus den Festsetzungen in Bebauungsplänen (§ 2 Abs. 6 Satz 1 18. BImSchV). Sofern kein rechtsverbindlicher Bebauungsplan mit entsprechenden Baugebietsfestsetzungen existiert oder falls die faktischen Gegebenheiten stark von der Planung abweichen, erfolgt die Zuordnung nach der konkreten Schutzbedürftigkeit[339].

Sportanlagen sind grundsätzlich so zu errichten und zu betreiben, dass die Immissionsrichtwerte – unter Berücksichtigung der Regelungen in § 2 Abs. 3 und 4 18. BImSchV – nicht überschritten werden.

Tabelle 4: Immissionsrichtwerte der 18. BImSchV

Schutzkategorie	Tags außerhalb der Ruhezeiten in dB(A)	Tags innerhalb der Ruhezeiten in dB(A)	nachts in dB(A)
Gewerbegebiete	65	60	50
Kerngebiete, Dorfgebiete und Mischgebiete	60	55	45
Allgemeine Wohngebiete und Kleinsiedlungsgebiete	55	50	40
Reine Wohngebiete	50	45	35
Kurgebiete, Krankenhäuser und Pflegeanstalten	45	45	35

Tags:	an Werktagen 6.00 bis 22.00 Uhr, an Sonn- und Feiertagen 7.00 bis 22.00 Uhr
Nachts:	an Werktagen 0.00 bis 6.00 Uhr und 22.00 bis 24.00 Uhr, an Sonn- und Feiertagen 0.00 bis 7.00 Uhr und 22.00 bis 24.00 Uhr
Ruhezeit:	an Werktagen 6.00 bis 8.00 Uhr und 20.00 bis 22.00 Uhr, an Sonn- und Feiertagen 7.00 bis 9.00 Uhr, 13.00 bis 15.00 Uhr und 20.00 bis 22.00 Uhr

---

338 Vgl. *BVerwG*, Beschl. v. 08.11.1994 – 7 B 73/94 –, NJW 1995, S. 3201 = NVwZ 1995, S. 993 (993).

339 Vgl. *Deutsch*, Lärmprobleme bei der Modernisierung von Sportanlagen, in: BauR 2009, S. 1840 (1841). Bei Nutzungen im Außenbereich entspricht dies den Schutzmaßstäben von Kern-, Dorf- und Mischgebieten. Vgl. *OVG Münster*, Beschl. v. 27.02.2009 – 7 B 1647/08 –, ZfBR 2009, S. 377 (378).

Im Rahmen der Bauleitplanung sind die Richtwerte der 18. BImSchV grundsätzlich in der Abwägung zu berücksichtigen. Ausgangspunkt dafür ist die Ermittlung der (voraussichtlichen) Lärmimmissionen. In diesem Zusammenhang muss mindestens eine Abschätzung der Immissionen erfolgen.[340] Sollte die Sportanlage bereits in Betrieb sein, ist auf konkrete Messungen abzustellen (Nr. 1.3.1. Satz 4 des Anhangs der 18. BImSchV)[341].

Die Immissionsrichtwerte der 18. BImSchV haben gegenüber der Bauleitplanung jedoch nur mittelbare Bedeutung[342], was sich bereits aus § 2 Abs. 1 18. BImSchV ergibt, wonach nur bei der Errichtung und dem Betrieb von Sportanlagen die Richtwerte einzuhalten sind; die Planung wird hingegen nicht benannt. Daraus darf jedoch nicht geschlussfolgert werden, dass die Überschreitung der Immissionsrichtwerte in der Bauleitplanung generell möglich ist: Sofern die Sportanlage selbst Gegenstand der Planung ist, muss gewährleistet sein, dass die immissionsschutzrechtlichen Anforderungen, wie sie in der 18. BImSchV normiert sind, bei der Errichtung und dem Betrieb der Anlage eingehalten werden *können*.[343] Dabei ist mit zu berücksichtigen, dass ggf. auch noch im Rahmen des konkreten Genehmigungsverfahrens – z. B. mit Hilfe von Nebenbestimmungen in der Genehmigung – die Einhaltung der Immissionsrichtwerte erreicht werden kann.[344] Wenn dies allerdings nicht der Fall sein sollte, wäre der Bauleitplan nicht vollziehbar, damit nicht erforderlich im Sinne von § 1 Abs. 3 Satz 1 BauGB und folglich rechtswidrig. Ob der Bauleitplan dabei auf die erstmalige Errichtungen einer Sportanlage oder die Änderung bzw. Erweiterung einer bestehenden Anlage abzielt, ist unbedeutend, da die 18. BImSchV keine Sonderregelung zu bestehenden Gemengelagen enthält.[345]

Für die spiegelbildliche Situation, d. h. die Festsetzung eines Baugebiets in räumlicher Nähe zu einer Sportanlage, gelten die oben stehenden Ausführungen analog.[346]

---

340 Vgl. *Kuschnerus*, a. a. O. (Fußn. 126), S. 254.
341 Ob Berechnungen ggf. besser geeignet sind, weil sie repräsentativer sein können, da sie nicht nur Augenblicksereignisse berücksichtigen, ließ das *OVG Berlin-Brandenburg* offen. Vgl. *OVG Berlin-Brandenburg*, Urt. v. 15.03.2012 – 2 A 20.09 –, Juris, Rn. 64.
342 Vgl. *BVerwG*, Urt. v. 12.08.1999 – 4 CN 4/98 –, BauR 2000, S. 229 (230) = ZfBR 2000, S. 125 (125 f.).
343 Vgl. *BVerwG*, Beschl. v. 26.05.2004 – 4 BN 24/04 –, BRS 67, S. 136 (137) = ZfBR 2004, S. 566.
344 Vgl. *BVerwG*, Urt. v. 12.08.1999 – 4 CN 4/98 –, BauR 2000, S. 229 (230) = ZfBR 2000, S. 125 (125).
345 Vgl. *Deutsch*, a. a. O. (Fußn. 339), S. 1840 (1843).
346 Vgl. *BVerwG*, Beschl. v. 26.05.2004 – 4 BN 24/04 –, BRS 67, S. 136 (137) = ZfBR 2004, S. 566.

Auch in diesem Fall muss nicht bereits durch den Bebauungsplan abschließend geregelt werden, dass die Immissionsrichtwerte eingehalten werden. Vor dem Grundsatz der planerischen Zurückhaltung kann stattdessen ebenfalls ein Verweis auf das Baugenehmigungsverfahren erfolgen. Es muss jedoch ebenfalls hinreichend sichergestellt sein, dass die Einhaltung der Richtwerte im Genehmigungsverfahren noch möglich ist.

In beiden Fallkonstellationen sind zwei weitere Aspekte zu beachten: Zum einen die Sonderregelung der 18. BImSchV in den §§ 2, 5 und 6, die das Überschreiten der normierten Immissionsrichtwerte beispielsweise durch einzelne kurzzeitige Geräuschspitzen (§ 2 Abs. 4) oder im Rahmen bestimmter Sportveranstaltungen (§ 6) (ausnahmsweise) zulassen. Soweit die Richtwertüberschreitung innerhalb dieser zulässigen Möglichkeiten liegt, entspricht die betreffende Sportanlage grundsätzlich den Anforderungen der 18. BImSchV.

Zum anderen ist stets der konkrete Einzelfall zu würdigen. Wird beispielshalber in einem Bebauungsplan eine Sportanlage festgesetzt, die nach der Planungsintention regelmäßig für zahlreiche Sportveranstaltungen genutzt werden soll, dann kann in der Planung nicht darauf verwiesen werden, dass durch umfangreiche Nutzungsbeschränkungen (als Nebenbestimmungen in der Anlagengenehmigung) die Einhaltung der Immissionsrichtwerte sichergestellt werden kann. Die Sportanlage würde in Bezug auf die genehmigten Nutzungsmöglichkeiten nicht mehr der Planungsintention entsprechen. Da sich dies bereits in der Planung aufdrängt, verfehlt der Bebauungsplan seinen gestaltenden Auftrag, wenn er diesen (offensichtlichen) Konflikt nicht bereits selbst löst.[347]

Abschließend sei darauf hingewiesen, dass – ebenso wie bei der TA Lärm[348] – bestimmte passive Schallschutzmaßnahmen zur Gewährleistung der Immissionsrichtwerte der 18. BImSchV nicht zulässig bzw. nicht berücksichtigungsfähig sind[349], weil die Verordnung selbst derartige Maßnahmen nicht vorsieht bzw. weil der maßgebliche Immissionsort gem. Nr. 1.2 lit. a des Anhangs der 18. BImSchV bei bebauten Flächen 0,5 m außerhalb, etwa vor der Mitte des geöffneten, vom Geräusch am stärksten betroffenen Fensters liegt. Somit hätten

---

347 Zu diesem Beispiel: vgl. *Reidt*, a. a. O. (Fußn. 163), S. 275.
348 Allerdings findet die TA Lärm bei der Zulassung von Vorhaben nur im Rahmen des Rücksichtnahmegebots Anwendung; die 18. BImSchV hingegen in jedem Fall. Siehe Punkt D.I.2.3.b).
349 Vgl. *Kuschnerus*, a. a. O. (Fußn. 126), S. 255. Vgl. auch in Bezug auf die TA Lärm: *BVerwG*, Urt. v. 29.11.2012 – 4 C 8/11 –, BauR 2013, S. 563 (566) = ZfBR 2013, S. 261 (264).

Schallschutzfenster (als eine Möglichkeit des passiven Schallschutzes) keine Reduzierung der heranzuziehenden Schallimmissionen zur Folge. Folglich ist das Instrumentarium zum Umgang mit Sportanlagenlärm im Wesentlichen auf aktive Lärmschutzmaßnahmen beschränkt, wenn einmal von architektonischer Selbsthilfe und nicht zu öffnenden Fenstern abgesehen wird. Dies gilt auch für die Bebauungsplanung. Denn – wiederum anders als bei der TA Lärm – ist die 18. BImSchV aufgrund ihres Rechtsnormcharakter als Bundesverordnung in jedem Fall auch im Genehmigungsverfahren heranzuziehen (die TA Lärm hingegen nur in bestimmten Fällen). Insoweit bestehen nur geringe Gestaltungsspielräume beim Umgang mit Lärm von Sportanlagen.

II.3.2. Anwendungsbereich

Die 18. BImSchV definiert ihren Anwendungsbereich in § 1 Abs. 1, indem auf die Errichtung und den Betrieb von Sportanlagen abgestellt wird, die einerseits zum Zwecke der Sportausübung betrieben werden und andererseits nicht genehmigungspflichtig nach § 4 BImSchG sind.

Die erste Anwendungsvoraussetzung bezieht sich auf den Hauptzweck der Anlage: Sie muss der Durchführung von Wettkampfsport und/oder der körperlichen Ertüchtigung ihrer Benutzer dienen. Davon wird grundsätzlich sowohl kindliches Spielen als auch berufsmäßig betriebener Leistungssport erfasst. Allerdings liegt nach Ansicht des *BVerwG* der 18. BImSchV ein Leitbild zugrunde, wonach eine Sportanlage dem Vereinssport, Schulsport oder vergleichbar organisiertem Freizeitsport dient. Dies schließt kleinräumige Anlagen[350], die insbesondere der körperlich-spielerischen Betätigung von Kindern dienen wie z. B. Bolz- oder Skateplätze, aus.[351] Seit 2011 stellt § 22 Abs. 1a BImSchG diesbezüglich klar, dass Geräuscheinwirkungen, die von Kindertageseinrichtungen, Kinderspielplätzen und ähnlichen Einrichtungen wie beispielsweise Ballspielplätzen durch Kinder hervorgerufen werden, im Regelfall keine

---

350 Der *VGH München* sah einen Hartplatz von 12 m Länge und 18 m Breite u. a. aufgrund seines Zuschnitts nicht als Sportanlage im Sinne der 18. BImSchV an. Vgl. *VGH München*, Urt. v. 14.07.2004 – 25 B 97.2307 –, Juris, Rn. 40.
351 Vgl. *BVerwG*, Beschl. v. 11.02.2003 – 7 B 88/02 –, BauR 2004, S. 471 (471 f.) = NVwZ 2003, S. 751 (751). In Bezug auf einen Bolzplatz: vgl. *OVG Berlin-Brandenburg*, Beschl. v. 18.04.2011 – 11 S 78.10 –, NVwZ-RR 2011, S. 644 (644). In Bezug auf einen Skateplatz: vgl. *VGH München*, Beschl. v. 16.08.2007 – 15 ZB 07.370 –, Juris, Rn. 5. A. A. in Bezug auf Bolzplätze: vgl. *Stüer/Middelbeck*, Sportlärm bei Planung und Vorhabenzulassung, in: BauR 2003, S. 38 (41).

schädliche Umwelteinwirkung darstellen. Bei der Beurteilung der Geräuscheinwirkungen dürfen Immissionsgrenz- und -richtwerte nicht herangezogen werden.[352] Im Gegensatz dazu werden Schwimm- und Freibäder von der 18. BImSchV erfasst[353].

Die zweite Voraussetzung schließt solche Anlagen vom Anwendungsbereich aus, die einer Genehmigungspflicht nach § 4 BImSchG unterliegen. Dazu zählen beispielsweise solche zur Übung oder Ausübung des Motorsports an fünf Tagen oder mehr pro Jahr oder Schießplätze (ausgenommen solche für Kleinkaliberwaffen). In beiden Fällen besteht gem. Anhang 1 der 4. BImSchV[354] eine Pflicht zur Genehmigung nach § 4 BImSchG.

Des Weiteren gilt es zu beachten, dass nur die bestimmungsgemäße Nutzung im Rahmen der Anwendung der 18. BImSchV zu berücksichtigen ist. Erfolgt hingegen eine „Zweckentfremdung", z. B. indem Events oder Konzerte in Sportstadien stattfinden, ist die 18. BImSchV für diese Situationen nicht anzuwenden.[355]

Neben den Sportflächen selbst zählen auch Gebäude und bauliche Anlagen im engen räumlichen Umfeld, insbesondere wenn sie sich auf demselben Gelände befinden, zur Sportanlage. Dabei muss allerdings ein betrieblicher Zusammenhang zwischen der Sportfläche und den Gebäuden bestehen. In Frage kommen z. B. Umkleideräume, Gaststätten und Parkplätze.[356]

II.4. Technische Anleitung zum Schutz gegen Lärm

Die Technische Anleitung zum Schutz gegen Lärm (TA Lärm) in ihrer derzeit geltenden Fassung stammt aus dem Jahr 1998.[357] Sie konkretisiert als Verwaltungsvorschrift das BImSchG in Bezug auf Gewerbelärm, indem sie mit Hilfe von Grenzwerten die Erheblichkeitsschwelle im Sinne von § 3 Abs. 1 BImSchG definiert.[358]

---

352 Ausführlich: vgl. *Scheidler*, Der neue § 22 Abs. 1a BImSchG und sein Zusammenspiel mit dem Bauplanungsrecht, in: ZfBR 2011, S. 742 (744 ff.).
353 § 5 Abs. 2 18. BImSchV nimmt wörtlich Bezug auf Freibäder. Vgl. *Stüer/Middelbeck*, a. a. O. (Fußn. 351), S. 38 (41); vgl. *OVG Münster*, Urt. v. 19.04.2010 – 7 A 2362/07 –, Juris, Rn. 68 f.
354 Verordnung über genehmigungsbedürftige Anlagen vom 02.05.2013 (BGBl. I S. 973).
355 Vgl. *Stüer/Middelbeck*, a. a. O. (Fußn. 351), S. 38 (41).
356 Vgl. ebenda.
357 Technische Anleitung zum Schutz gegen Lärm (TA Lärm) vom 26.08.1998 (GMBl Nr. 26/1998 S. 503).
358 Vgl. *Erbguth/Schlacke*, a. a. O. (Fußn. 88), S. 191 f.

II.4.1. Planungsrelevante Inhalte

Die TA Lärm enthält Immissionsrichtwerte, die gem. § 48 Abs. 1 Nr. 1 BImSchG nicht überschritten werden dürfen (siehe Tabelle 5). Als normkonkretisierende Verwaltungsvorschrift ist die TA Lärm von Verwaltungen und Gerichten faktisch wie eine Rechtsnorm anzuwenden.[359] Allerdings gilt diese strikte Bindung nur bei der Zulassung von genehmigungsbedürftigen und nicht genehmigungsbedürftigen Vorhaben und demnach *nicht* im Bauleitplanverfahren.[360] Im Rahmen dessen ist gleichwohl die Einhaltung der Richtwerte beim späteren Genehmigungsverfahren sicherzustellen. In diesem Zusammenhang ist es nicht zwingend erforderlich, bereits auf Ebene der Bauleitplanung alle Aspekte abschließend zu regeln. Vielmehr kann im Rahmen eines zulässigen Konflikttransfers auf das nachfolgende Genehmigungsverfahren verwiesen werden[361].

Tabelle 5: Immissionsrichtwerte der TA Lärm

Schutzkategorie	Tags in dB(A)	Nachts in dB(A)
Industriegebiete	70	70
Gewerbegebiete	65	50
Kerngebiete, Dorfgebiete und Mischgebiete	60	45
Allgemeine Wohngebiete und Kleinsiedlungsgebiete	55	40
Reine Wohngebiete	50	35
Kurgebiete, Krankenhäuser und Pflegeanstalten	45	35
Tags: 6.00 bis 22.00 Uhr, nachts: 22.00 bis 6.00 Uhr		

Die Frage, inwieweit Lärmschutzmaßnahmen zur Konfliktlösung im Anwendungsbereich der TA Lärm herangezogen werden können, ist in Abhängigkeit vom Einzelfall zu beantworten. Dabei sind allerdings grundsätzlich drei Fallkonstellationen vorstellbar:

1. Ein Vorhaben soll innerhalb eines im Zusammenhang bebauten Ortsteils errichtet werden. Die Zulässigkeit richtet sich demzufolge nach § 34 BauGB. In

---

359 Vgl. *Kuschnerus*, a. a. O. (Fußn. 126), S. 249.
360 Vgl. *Chotjewitz*, Die neue TA Lärm – eine Antwort auf die offenen Fragen beim Lärmschutz?, in: LKV 1999, S. 47 (47 f.).
361 Vgl. *Stüer*, a. a. O. (Fußn. 6), S. 479.

diesem Fall ist die TA Lärm unmittelbar verbindlich und findet insbesondere im Rücksichtnahmegebot ihre Anwendung. Die strikte Bindungswirkung verbietet passive Lärmschutzmaßnahmen, die über die architektonische Selbsthilfe hinausgehen (z. B. Schallschutzfenster), da die TA Lärm nur aktiven Lärmschutz vorsieht[362]; dieser ist selbstredend zulässig.

2. Im Geltungsbereich eines Bebauungsplans soll ein Vorhaben realisiert werden. Die Zulässigkeit richtet sich folglich nach § 30 BauGB, ggf. ergänzend nach §§ 34 oder 35 BauGB. Entscheidend ist, dass der Bebauungsplan den Lärmkonflikt selbst nicht löst. Bei dieser Fallkonstellation findet die TA Lärm ebenfalls unmittelbar Anwendung, insbesondere im Rücksichtnahmegebot gem. § 15 Abs. 1 BauNVO. Hinsichtlich passiver Lärmschutzmaßnahmen gilt hier dasselbe wie in Fall 1: Sie sind nicht berücksichtigungsfähig; aktive Maßnahmen hingegen schon.

3. Es existiert ein Bebauungsplan, der den Lärmkonflikt mit Hilfe seiner Festsetzungen selbst löst.[363] Die Zulässigkeitsnormen sind identisch mit Fall 2. Der entscheidende Unterschied ist jedoch, dass das Rücksichtnahmegebot in diesem Fall keine Anwendung mehr findet, weil es bereits in der planerischen Abwägung „aufgezehrt" wurde.[364] Insofern kann auch im Genehmigungsverfahren nicht mehr die TA Lärm für die Beurteilung der Lärmimmissionen herangezogen werden. Da die TA Lärm in der Bauleitplanung nur mittelbar Anwendung findet und folglich auch Abweichungen möglich sind, können im Bebauungsplan – nach Ansicht des Autors – sowohl aktive als auch passive Lärmschutzmaßnahmen – insbesondere auf Grundlage von § 9 Abs. 1 Nr. 24 BauGB – festgesetzt werden. Dies können auch Maßnahmen sein, die von der TA Lärm nicht berücksichtigt werden und somit über die architektonische Selbsthilfe hinausgehen.[365]

Mit Blick auf Fall 3 existieren im Schrifttum jedoch auch gegenteilige Meinungen: So führen sowohl *Dolde*[366] als auch *Oerder* und *Beutling*[367] an, dass die TA

---

362 Vgl. *BVerwG*, Urt. v. 29.11.2012 – 4 C 8/11 –, BauR 2013, S. 563 (564) = ZfBR 2013, S. 261 (263).
363 Wann dies der Fall ist, kann abstrakt nicht bestimmt werden.
364 Vgl. u. a. *BVerwG*, Beschl. v. 27.12.1984 – 4 B 278/84 –, NVwZ 1985, S. 652 (652 f.) = UPR 1985, S. 137; vgl. *OVG Berlin-Brandenburg*, Urt. v. 07.06.2012 – 2 B 18.11 –, Juris, Rn. 54. Hinweisend auf mögliche Ausnahmen: vgl. *BVerwG*, Beschl. v. 11.07.1983 – 4 B 123/83 –, Juris, Rn. 15.
365 So auch: vgl. *Reidt*, a. a. O. (Fußn. 137), S. 166 (169 f.); vgl. *Kümmel*, a. a. O. (Fußn. 218), S. 220; vgl. *Fricke*, a. a. O. (Fußn. 138), S. 627 (630).
366 Vgl. *Dolde*, a. a. O. (Fußn. 183), S. 372 (375).
367 Vgl. *Oerder/Beutling*, a. a. O. (Fußn. 210), S. 1196 (1206).

Lärm in der Bauleitplanung ebenso (streng) anzuwenden sei wie im Genehmigungsverfahren, woraus zu schließen sei, dass passive Schallschutzmaßnahmen bei Lärmkonflikten zwischen Gewerbe- und Wohnnutzung im Bebauungsplan nur insoweit festgesetzt werden könnten bzw. zu einer Konfliktlösung beitragen würden, als es die TA Lärm selbst vorsehe. Demzufolge wären – nach Ansicht der drei genannten Autoren – nur Maßnahmen der architektonischen Selbsthilfe zulässig.

Die Rechtsprechung hat sich bislang – nach Einschätzung des Autors – noch nicht für oder gegen eine der beiden Auffassungen entschieden. Zwar hat der *VGH Mannheim*[368] erklärt, dass passive Schallschutzmaßnahmen als Festsetzungen im Bebauungsplan den Lärmkonflikt zwischen Gewerbe und Wohnen lösen können, jedoch wurde in der Entscheidung nur auf solche Maßnahmen abgestellt, welche bekanntermaßen ohnehin nach der TA Lärm zulässig sind, z. B. nicht zu öffnende Fenster und Grundrissgestaltungen. Das *BVerwG*[369] hat diese Einschätzung bestätigt. Keine der beiden Entscheidungen hat allerdings andere Maßnahmen des passiven Lärmschutzes, wie z. B. Schallschutzfenster, für unzulässig bzw. explizit zulässig erklärt. Die Frage ist somit bislang unbeantwortet.[370] Nach Ansicht des Autors spricht die folgende Aussage des *BVerwG* jedoch eher für den umfassenden Einsatz von passiven Schallschutzmaßnahmen jedweder Art im Anwendungsbereich der TA Lärm:

> *„Der Rechtssatz, dass es nach den Umständen des Einzelfalls abwägungsfehlerfrei sein kann, eine Minderung der Immissionen an Wohngebäuden u. a. durch passiven Schallschutz an den Wohn- und Schlafräumen zu erreichen, ist aber verallgemeinerungsfähig."*[371]

Für eine derartige Einschätzung spricht wohl auch ein Urteil des *VGH Mannheim*[372] von 2010, wonach die Festsetzung von Lärmpegelbereichen nach DIN

---

368 Vgl. *VGH Mannheim*, Urt. v. 19.10.2011 – 3 S 942/10 –, Juris, Rn. 36.
369 Vgl. *BVerwG*, Beschl. v. 07.06.2012 – 4 BN 6/12 –, BauR 2012, S. 1611 = ZfBR 2012, S. 578 (578).
370 So auch im Ergebnis: vgl. *Fricke*, a. a. O. (Fußn. 138), S. 627 (631).
371 *BVerwG*, Beschl. v. 07.06.2012 – 4 BN 6/12 –, BauR 2012, S. 1611 = ZfBR 2012, S. 578 (578) mit Bezug auf *BVerwG*, Urt. v. 22.03.2007 – 4 CN 2/06 –, BauR 2007, S. 1365 (1366) = NVwZ 2007, S. 831 (832). Dort wurden schallschützende Außenbauteile als zulässige passive Schallschutzmaßnahmen bei Verkehrslärm anerkannt. Zum Tatbestand im Einzelnen: vgl. *OVG Münster*, Urt. v. 16.12.2005 – 7 D 48/04.NE –, Juris, Rn. 1 ff.
372 Vgl. *VGH Mannheim*, Urt. v. 19.10.2010 – 3 S 1666/08 –, Juris, Rn. 31 f.

4109[373] einschließlich der damit verbundenen passiven Schallschutzmaßnahmen (wie schallgedämmte Außenbauteile) eine Konfliktlösung im Anwendungsbereich der TA Lärm darstellen kann.

II.4.2. Anwendungsbereich

Nach Nr. 1 Abs. 1 TA Lärm erstreckt sich der Anwendungsbereich des Regelwerks auf all jene Anlagen, die als genehmigungsbedürftige oder nicht genehmigungsbedürftige Anlagen den Anforderungen der §§ 4 ff. BImSchG unterliegen. Allerdings sind verschiedene Anlagentypen ausgenommen, weil für sie oftmals Sonderregelungen gelten. *Nicht* zum Anwendungsbereich gehören gem. Nr. 1 Abs. 2 TA Lärm:

a) Sportanlagen, die der 18. BImSchV unterliegen,
b) sonstige nicht genehmigungsbedürftige Freizeitanlagen sowie Freiluftgaststätten,
c) nicht genehmigungsbedürftige landwirtschaftliche Anlagen,
d) Schießplätze, auf denen mit Waffen ab Kaliber 20 mm geschossen wird,
e) Tagebaue und die zum Betrieb eines Tagebaus erforderlichen Anlagen,
f) Baustellen,
g) Seehafenumschlagsanlagen,
h) Anlagen für soziale Zwecke.

Grundsätzlich gilt die TA Lärm direkt nur für die Errichtung und den Betrieb von Anlagen im Sinne von Nr. 1 Abs. 1 TA Lärm. Das *BVerwG* stellte jedoch fest, dass die Immissionsrichtwerte auch spiegelbildlich, d. h. in Bezug auf die schützenswerte Nutzungen, anzuwenden sind.[374] Entsprechend der oben stehenden Ausführungen wird dies allerdings wohl auch nur in Bezug auf das Genehmigungsverfahren gelten.

Demzufolge müssen die Richtwerte bei Bauleitplänen, die den oben genannten (direkten) Anwendungsbereich planen bzw. überplanen, berücksichtigt werden – ohne jedoch unmittelbar verbindlich zu sein. In spiegelbildlichen Fällen kann im Rahmen der Bauleitplanung – nach Ansicht des Autors – allerdings (auch) auf die DIN 18005 zurückgegriffen werden.

---

373 DIN 4109 – Schallschutz im Hochbau, hrsg. vom Deutschen Institut für Normung, Berlin 1989.
374 Vgl. *BVerwG*, Urt. v. 29.11.2012 – 4 C 8/11 –, BauR 2013, S. 563 (564) = ZfBR 2013, S. 261 (263).

II.5. DIN 18005 „Schallschutz im Städtebau"

Die DIN 18005 wird häufig als wichtigstes lärmtechnisches Regelwerk für die Bauleitplanung bezeichnet.[375] Dies ist vor allem darauf zurückzuführen, dass sie sich als einziges dieser Regelwerke direkt an die Planung wendet.[376] Ein weiterer Unterschied im Vergleich zu den übrigen Normen besteht im Rechtscharakter der DIN 18005: Während die meisten anderen Werke Rechtsverordnungen oder Verwaltungsvorschriften sind, hat die DIN 18005 keinen Rechtsnormcharakter, sondern lediglich den Charakter einer Empfehlung, was ihre praktische Bedeutung für die Bauleitplanung jedoch nicht schmälert. Der fehlende Rechtsnormcharakter hat jedoch insbesondere Auswirkungen auf die Verbindlichkeit: Eine Überschreitung der Orientierungswerte der DIN 18005 kann mittels städtebaulicher Gründe gerechtfertigt werden.

II.5.1. Planungsrelevante Inhalte

Im Beiblatt 1 der DIN 18005 sind Orientierungswerte benannt, die im Rahmen der Bauleitplanung zu berücksichtigen sind und deren Einhaltung oder Unterschreitung wünschenswert ist (Nr. 1.1). Falls zwei Nachtwerte angegeben sind, bezieht sich der niedrigere Wert auf Industrie-, Gewerbe- und Freizeitlärm sowie auf Geräusche von vergleichbaren öffentlichen Betrieben (siehe Tabelle 6).

Tabelle 6:   Orientierungswerte der DIN 18005

Schutzkategorie	Tags in dB	Nachts in dB
Reine Wohngebiete, Wochenendhausgebiete und Ferienhausgebiete	50	40 bzw. 35
Allgemeine Wohngebiete, Kleinsiedlungsgebiete und Campingplatzgebiete	55	45 bzw. 40
Friedhöfe, Kleingartenanlagen und Parkanlagen	55	55
Besondere Wohngebiete	60	45 bzw. 40
Dorfgebiete und Mischgebiete	60	50 bzw. 45
Kerngebiete und Gewerbegebiete	65	55 bzw. 50
Sonstige Sondergebiete, soweit sie schutzbedürftig sind, je nach Nutzungsart	45 bis 65	35 bis 65
Industriegebiete	–	–
Tags: 6.00 bis 22.00 Uhr, nachts: 22.00 bis 6.00 Uhr		

---

375 So z. B. *Kuschnerus*, a. a. O. (Fußn. 126), S. 228.
376 Vgl. *Mitschang*, a. a. O. (Fußn. 282), S. 9 (30).

Im Vergleich zu den übrigen lärmschutztechnischen Regelwerken sind die Orientierungswerte der DIN 18005 relativ gering, d. h., ihr Schutzniveau ist dementsprechend höher. In vielen Planungssituationen kann dieses vergleichsweise hohe Niveau jedoch nicht erreicht bzw. eingehalten werden. Im Besonderen gilt dies für bereits bebaute Flächen, erst recht jedoch bei Gemengelagen mit entsprechender Vorbelastung.[377] Da es sich jedoch lediglich um Orientierungswerte handelt, ist ihre Überschreitung bei sachgerechter Abwägung durchaus möglich.[378] So kann eine Überschreitung von 5 dB(A) nach Rechtsprechung des *BVerwG* zulässig sein.[379] Selbst Schallwerte von 10 dB(A) über den Orientierungswerten sind nicht prinzipiell als abwägungsfehlerhaft zu beurteilen.[380] Eine umfassende Bewertung der Abweichungsmöglichkeiten kann gleichwohl nur anhand des konkreten Einzelfalls erfolgen.

Grundsätzlich gilt: Je umfangreicher die Abweichung ist, desto gewichtiger müssen die rechtfertigenden städtebauliche Gründe dafür sein. In diesem Zusammenhang ist vor allem auf die Bodenschutzklausel in § 1a Abs. 2 Satz 1 BauGB hinzuweisen, wonach mit Grund und Boden sparsam und schonend umgegangen werden soll. Dafür sind insbesondere die Wiedernutzbarmachung von Flächen, die Nachverdichtung sowie andere Maßnahmen zur Innenentwicklung zu nutzen. Die planerische Zielstellung, die Innenentwicklung zu stärken und zu fördern, kann ein gewichtiger städtebaulicher Belang sein, der die Überschreitung der Orientierungswerte rechtfertigt[381].

Ihre Grenzen findet die Möglichkeit zur Abweichung jedoch spätestens dann, wenn voraussichtlich die Schwelle zur Gesundheitsgefahr überschritten wird bzw. städtebauliche Missstände geschaffen werden. Dies wird wohl bei einer Lärmbelastung von mehr als 70 dB(A) am Tage bzw. 60 dB(A) in der Nacht gegeben sein[382].

Im Gegensatz zur TA Lärm und 18. BImSchV kann die Einhaltung der Orientierungswerte der DIN 18005 bzw. die Reduzierung einer Überschreitung der Werte sowohl mit Maßnahmen des aktiven als auch des passiven Lärmschutzes erreicht

---

377 Vgl. u. a. auch *Reidt*, a. a. O. (Fußn. 163), S. 273.
378 Vgl. *Schink*, a. a. O. (Fußn. 299), S. 41 (45 f.).
379 Vgl. *BVerwG*, Beschl. v. 18.12.1990 – 4 N 6/88 –, BRS 50, S. 71 (77) = NVwZ 1991, S. 881 (883).
380 Vgl. *Söfker*, Anforderungen an die Überplanung von Gemengelagen, in: *Mitschang* (Hrsg.), Aktuelle Fach- und Rechtsfragen des Lärmschutzes, Berliner Schriften zur Stadt- und Regionalplanung – Band 9, Frankfurt/Main 2010, S. 85 (89).
381 Vgl. *BVerwG*, Urt. v. 22.03.2007 – 4 CN 2/06 –, BauR 2007, S. 1365 (1366) = NVwZ 2007, S. 831 (831).
382 Vgl. *BVerwG*, Urt. v. 09.11.2006 – 4 A 2001/06 –, NVwZ 2007, S. 445 (458).

werden.[383] Dies umfasst auch die Möglichkeit, die verschiedenartigen Lärmschutzmaßnahmen zu kombinieren.[384] Gleichwohl erfordert die voraussichtliche Überschreitung der Orientierungswerte nicht zwangsläufig die Festlegung von Schallschutzmaßnahmen; es gilt vielmehr: Je umfangreicher die Werte überschritten werden, desto stärker hat die Gemeinde die Möglichkeiten zum Lärmschutz auszuschöpfen.[385] Bei geringfügigen Überschreitungen kann der Plangeber demzufolge ggf. auf Schallschutzmaßnahmen verzichten.

II.5.2. Anwendungsbereich

Die DIN 18005 ist grundsätzlich bei jedem Bebauungsplan, der die Art der baulichen Nutzung abstrakt (in Form von Baugebieten) oder konkret (durch bestimmte Nutzungstypen) festsetzt, als Orientierungshilfe heranzuziehen. Dies gilt insbesondere, wenn Nutzungen mit unterschiedlichen Schutzansprüchen aufeinander treffen; bei Maßnahmen der Innenentwicklung wird dies in aller Regel der Fall sein.

Allgemeine Ausnahmen vom Anwendungsbereich der DIN 18005 gibt es grundsätzlich nicht, was jedoch mit Blick auf die vergleichsweise geringe Verbindlichkeit nur folgerichtig ist. Allerdings muss in jeder konkreten Planungssituation zunächst geprüft werden, ob ggf. eines der Regelwerke mit Rechtsnormcharakter, d. h. 16. und 18. BImSchV sowie TA Lärm, einen sachgerechteren Umgang mit Lärm darstellt.

II.6. Freizeitlärm-Richtlinie

Im Jahre 1982 wurden erstmals vom damaligen Länderausschuss für Immissionsschutz (LAI)[386] Hinweise zur Ermittlung und Bewertung von Freizeitlärm herausgegeben. Fünf Jahre später wurden diese grundlegend überarbeitet und schließlich 1995 durch die „Musterverwaltungsvorschrift zur Ermittlung, Beurteilung und Verminderung von Geräuschimmissionen" einschließlich ihres Anhangs B, der LAI-Freizeitlärm-Richtlinie (Freizeitlärm-RL)[387], ersetzt.[388] Eine Novellierung erfolgte seitdem nicht mehr.

---

383 Vgl. *Kuschnerus*, a. a. O. (Fußn. 126), S. 229 f.; vgl. *Schröer*, Die unmögliche Komplettabschirmung, in: NZBau 2010, S. 490 (491).
384 Vgl. *BVerwG*, Urt. v. 22.03.2007 – 4 CN 2/06 –, BauR 2007, S. 1365 (1366 f.) = NVwZ 2007, S. 831 (832).
385 Vgl. *Stapelfeldt*, Lärmschutz in der Bauleitplanung, in: KommJur 2012, S. 415 (417).
386 Aktuelle Bezeichnung: Bund/Länder-Ausschuss für Immissionsschutz (LAI).
387 Wortlaut der Richtlinie: vgl. Neue LAI-Freizeitlärm-Richtlinie, in: NVwZ 1997, S. 469–471.
388 Vgl. *Schrödter/Kuras*, Aktuelle Entwicklungen beim Freizeitlärmschutz, in: NdsVBl. 2009, S. 329 (329).

Einige Bundesländer haben die Richtlinie – zum Teil modifiziert – in Form von Erlassen als Verwaltungsvorschrift umgesetzt.[389]

II.6.1. Planungsrelevante Inhalte

Die in der Freizeitlärm-RL enthaltenen Immissionsrichtwerte markieren die Schwelle, oberhalb derer in der Regel mit erheblichen Belästigungen zu rechnen ist (Nr. 4 Freizeitlärm-RL, siehe Tabelle 7). Neben den aufgeführten Außenlärmpegeln benennt die Freizeitlärm-RL auch maximale Immissionswerte für Wohnräume: Nach Nr. 4.2 betragen diese 35 dB(A) tags und 25 dB(A) nachts.

Tabelle 7: Immissionsrichtwerte der Freizeitlärm-RL

Schutzkategorie	tags an Werktagen außerhalb der Ruhezeit in dB(A)	tags an Werktagen innerhalb der Ruhezeit sowie an Sonn- und Feiertagen in dB(A)	nachts in dB(A)
Industriegebiete	70	70	70
Gewerbegebiete	65	60	50
Kerngebiete, Dorfgebiete und Mischgebiete	60	55	45
Allgemeine Wohngebiete und Kleinsiedlungsgebiete	55	50	40
Reine Wohngebiete	50	45	35
Kurgebiete, Krankenhäuser und Pflegeanstalten	45	45	35
Tags an Werktagen außerhalb der Ruhezeit: 8.00 bis 20.00 Uhr			
Tags an Werktagen innerhalb der Ruhezeit: 6.00 bis 8.00 Uhr und 20.00 bis 22.00 Uhr			
Nachts: 22.00 bis 6.00 Uhr			

---

389 Dazu zählen Berlin (ABl. 1996, S. 2803), Brandenburg (ABl. 1996, S. 878), Mecklenburg-Vorpommern (ABl. 1998, S. 960), Niedersachsen (Nds. MBl. 1996, S. 1652), Nordrhein-Westfalen (MBl. NRW 2004, S. 176), Rheinland-Pfalz (MBl. Rhl.-Pf. 1997, S. 213) sowie Schleswig-Holstein (ABl. 1998, S. 572). Vgl. *Länderarbeitsgruppe Umweltbezogener Gesundheitsschutz* (Hrsg.), Leitfaden Wohnumfeld- und Freizeitlärm, S. 84 f., online: http://www.verbraucherschutz.bremen.de/sixcms/media.php/13/E_26_TOP_12.4_Anlage_Leitfaden%20Freizeitl%E4rm.pdf, Zugriff am 26.10.2013.

In der Bauleitplanung sind die Immissionsrichtwerte der Freizeitlärm-RL lediglich als Orientierungs- bzw. Entscheidungshilfe heranzuziehen[390], da das Regelwerk über keinen Rechtsnormcharakter verfügt. Folglich besteht gegenüber den Werten keine strikte Bindung, sodass nicht eine schematische, sondern vielmehr eine dem Einzelfall gerecht werdende Anwendung erforderlich ist[391], weshalb geringfügige Überschreitungen durchaus abwägungsfehlerfrei möglich sind.[392] Dies gilt auch in jenen Bundesländern, welche die Freizeitlärm-RL als Erlass umgesetzt haben[393].

Aufgrund der ebenfalls fehlenden Rechtsverbindlichkeit der Freizeitlärm-RL im Genehmigungsverfahren ist auch durch die Planung nicht zwingend zu gewährleisten, dass im Rahmen der Genehmigung die Immissionsrichtwerte voraussichtlich eingehalten werden. Ungeachtet dieser Tatsache enthält die Richtlinie verschiedene Sonderregelungen, die ein Abweichen von den Werten in unterschiedlichen Situationen bzw. bei bestimmten Ereignissen generell erlauben[394].

Für die Einhaltung der Richtwerte sieht die Freizeitlärm-RL selbst lediglich aktive Schallschutzmaßnahmen vor (Nr. 5). Nach Ansicht des Autors können jedoch auch passive Maßnahmen zur Bewältigung eines Lärmkonflikts herangezogen werden, denn die einzelfallbezogene Betrachtung verlangt ohnehin, dass alle relevanten Umstände in den Blick genommen werden und nicht lediglich abstrakt, schematisch auf die Einhaltung der Immissionsrichtwerte abgestellt werden darf. Insofern können bei der Würdigung der Gesamtsituation auch passive Lärmschutzmaßnahmen zur Konfliktlösung beitragen.

II.6.2. Anwendungsbereich

Der Anwendungsbereich der Freizeitlärm-RL beschränkt sich auf Einrichtungen im Sinne von § 3 Abs. 5 Nr. 1 oder 3 BImSchG. Dies umfasst nach Nr. 1 Abs. 2 der Richtlinie u. a.:

---

390 Vgl. *Reidt*, a. a. O. (Fußn. 163), S. 276; vgl. VGH Kassel, Urt. v. 25.02.2005 – 2 UE 2890/04 –, NVwZ-RR 2006, S. 531 (532).
391 Vgl. *OVG Lüneburg*, Urt. v. 17.11.2005 – 1 KN 127/04 –, BRS 69, S. 117 (123).
392 Vgl. *Ketteler*, Die Beurteilung von Geräuschimmissionen bei Freizeitanlagen, in: DVBl. 2008, S. 220 (224).
393 Vgl. *Schrödter/Kuras*, a. a. O. (Fußn. 388), S. 329 (334).
394 Ausführlich dazu: vgl. ebenda, S. 329 (332 ff.); vgl. *Ketteler*, a. a. O. (Fußn. 392), S. 220 (225 ff.).

– Grundstücke, auf denen in Zelten oder im Freien Diskothekenveranstaltungen, Lifemusik-Darbietungen, Rockmusikdarbietungen, Platzkonzerte, regelmäßige Feuerwerke, Volksfeste o. ä. stattfinden;
– Spielhallen;
– Rummelplätze;
– Freilichtbühnen;
– Autokinos;
– Freizeitparks;
– Vergnügungsparks;
– Abenteuer-Spielplätze sowie
– Sonderflächen für Freizeitaktivitäten, z. B. Grillplätze.

Ausdrücklich nicht im Anwendungsbereich der Freizeitlärm-RL liegen Sportanlagen; für sie gelten die Richtwerte der 18. BImSchV. Eine Ausnahme können allerdings z. B. Musikkonzerte in Sportstadien darstellen, da für derartige Fremdnutzungen in Sportanlagen die 18. BImSchV wiederum nicht einschlägig ist[395].

Durch menschliches Verhalten hervorgerufene, dem Anlagenbetrieb nicht zurechenbare Geräuschereignisse wie Freizeitbetätigungen im Wohnbereich und in der freien Natur unterliegen ebenfalls nicht dem Anwendungsbereich der Richtlinie (Nr. 1 Abs. 4 Satz 1 Freizeitlärm-RL).

II.7. Lärmaktionspläne

Die Gemeinden hatten bis spätestens zum 18.07.2013[396] Lärmaktionspläne für sämtliche Ballungsräume sowie für sämtliche Hauptverkehrsstraßen und Haupteisenbahnstrecken aufzustellen (§ 47d Abs. 1 Satz 2 BImSchG).[397] Diese Pläne basieren auf Lärmkarten, welche einen weiträumigen Überblick über die bestehenden Lärmbelastungen durch die Hauptlärmquellen des Umgebungslärms geben.[398] Grundsätzlich lassen sich die beiden Instrumente unter dem Begriff

---

395 Vgl. *Stüer/Middelbeck*, a. a. O. (Fußn. 351), S. 38 (41).
396 Zu den Fristen: siehe §§ 47c und 47d BImSchG.
397 Nach Landesrecht kann die Zuständigkeit auch auf andere Behörden übertragen werden (§ 47e Abs. 1 BImSchG). Vgl. *Cancik*, Stand und Entwicklung der Lärmminderungsplanung in Deutschland, in: GewArch 2012, S. 210 (212).
398 Ausführlich: vgl. *Mitschang*, Die Umgebungslärmrichtlinie und ihre Auswirkungen auf die Regional- und Bauleitplanung, in: ZfBR 2006, S. 430 (432 ff.).

„Lärmminderungsplanung" subsumieren, welche sich wiederum auf die europäische Umgebungslärmrichtlinie[399] zurückführen lässt. Deren Zielsetzungen ist es, die Belastungen der Bevölkerung durch Umgebungslärm zu erfassen und zu reduzieren, um insbesondere gesundheitliche Risiken zu beseitigen oder zu vermeiden[400].

II.7.1. Planungsrelevante Inhalte

Im Gegensatz zu den übrigen vorgestellten Regelwerken enthalten Lärmaktionspläne keine Grenz-, Richt- oder Orientierungswerte. Stattdessen formulieren sie Maßnahmen, die von bloßen „Erklärungen zur (beabsichtigten) Stärkung des ÖPNV"[401] bis hin zu (konkreten) Planungen wie der Einführung von verkehrsberuhigten Zonen, der Einrichtung von Parkraumbewirtschaftungszonen oder der Begrenzung der Höchstgeschwindigkeiten reichen können.[402]

Bislang ist noch strittig, ob den Lärmaktionsplänen Rechtsnormcharakter zukommt und – wenn ja – in welcher Art.[403] Insofern kann auch die Frage hinsichtlich der Verbindlichkeit der Inhalte eines Lärmaktionsplans gegenüber der Bauleitplanung nicht abschließend beantwortet werden. Sicher scheint jedoch zu sein, dass – sofern die Pläne planungsrechtliche Festlegungen vorsehen – diese gem. § 1 Abs. 6 Nr. 7g BauGB in der Bauleitplanung zu berücksichtigen und ihre Inhalte in die Abwägung einzustellen sind.[404] Eine solche Pflicht zur Berücksichtigung ergibt sich bereits aus § 47 Abs. 6 Satz 2 BImSchG, welcher auch im Bereich der Lärmaktionsplanung Anwendung findet (§ 47d Abs. 6 BImSchG). Im Rahmen der Abwägung ist es allerdings auch zulässig, die Belange des Lärmaktionsplans

---

399 Richtlinie 2002/49/EG des Europäischen Parlaments und des Rates vom 25.06.2002 über die Bewertung und Bekämpfung von Umgebungslärm (Umgebungslärmrichtlinie – Umgebungslärm-RL), ABl. EG vom 18.07.2002, S. 12.
400 Vgl. *Scheidler*, Pläne des Immissionsschutzrechts als Abwägungsbelang für die Bauleitplanung, in: BauR 2012, S. 439 (443).
401 Vgl. *Cancik*, a. a. O. (Fußn. 397), S. 210 (216).
402 Vgl. *Erbguth/Schlacke*, a. a. O. (Fußn. 88), S. 199.
403 Zur Diskussion: vgl. *Cancik*, a. a. O. (Fußn. 397), S. 210 (222).
404 Vgl. *Mitschang*, a. a. O. (Fußn. 398), S. 430 (439 f.); vgl. *Engel*, Aktuelle Fragen des Lärmschutzes – Lärmaktionsplanung, in: NVwZ 2010, S. 1191 (1197); vgl. *Kupfer*, Lärmaktionsplanung – Effektives Instrument zum Schutz der Bevölkerung vor Umgebungslärm?, in: NVwZ 2012, S. 784 (786).

zugunsten anderer Belange zurückzustellen. Dabei gilt: Je sorgfältiger und ausgewogener der Lärmaktionsplan ist, desto gewichtigerer Gründe bedarf es für dessen Zurückstellung[405].

II.7.2. Anwendungsbereich

Die Lärmaktionsplanung bezieht sich auf Umgebungslärm, d. h. auf unerwünschte oder gesundheitsschädliche Geräusche im Freien, die durch Aktivitäten von Menschen verursacht werden, einschließlich des Lärms, der von Verkehrsmitteln, dem Straßen-, Eisenbahn- und Flugverkehr sowie von Bereichen für industrielle Tätigkeiten gem. Anhang I der Richtlinie 96/61/EG ausgeht (Art. 3 lit. a der Umgebungslärm-RL). Die räumliche Anwendungsbereich von Lärmaktionsplänen ist jedoch begrenzt: Sie sollen nur für Ballungsräume[406], Hauptverkehrsstraßen[407], Haupteisenbahnstrecken[408] und Großflughäfen aufgestellt werden. In Abbildung 5 sind die davon betroffenen Gemeinden kartiert, wobei unterschieden wird zwischen Gemeinden, die bis zum Juli 2012 bereits Lärmaktionspläne aufgestellt und diese an das *UBA* gemeldet hatten, und solchen, die bis zum Juli 2012 noch keine Pläne aufgestellt bzw. diese noch nicht gemeldet hatten.

Bei grundsätzlich allen Bauleitplänen in den betroffenen Städten und Gemeinden sind die Aussagen und Inhalte der Lärmaktionspläne als Orientierungshilfe zu berücksichtigen, insbesondere wenn der Bauleitplan Umgebungslärm emittierende oder schützenswerte Nutzungen zum Gegenstand hat oder wenn sich der Geltungsbereich in der Nähe solcher Nutzungen befindet.

---

405 Vgl. *Scheidler*, Pläne des Umweltschutzes und Erhaltung der bestmöglichen Luftqualität als Abwägungsbelang in der Bauleitplanung, in: UPR 2012, S. 241 (245).
406 Ein Ballungsraum ist ein Gebiet mit einer Einwohnerzahl von über 100.000 und einer Bevölkerungsdichte von mehr als 1.000 Einwohnern pro m^2 (§ 47b Nr. 2 BImSchG).
407 Eine Hauptverkehrsstraße ist eine Bundesfernstraße, Landesstraße oder auch sonstige grenzüberschreitende Straße, jeweils mit einem Verkehrsaufkommen von über drei Millionen Kraftfahrzeugen pro Jahr (§ 47b Nr. 3 BImSchG).
408 Eine Haupteisenbahnstrecke ist ein Schienenweg von Eisenbahnen nach dem Allgemeinen Eisenbahngesetz mit einem Verkehrsaufkommen von über 30.000 Zügen pro Jahr (§ 47b Nr. 4 BImSchG).

Abbildung 5: Lärmkartierte Gemeinden mit Meldungen zur Lärmaktionsplanung (Stand: Juli 2012)

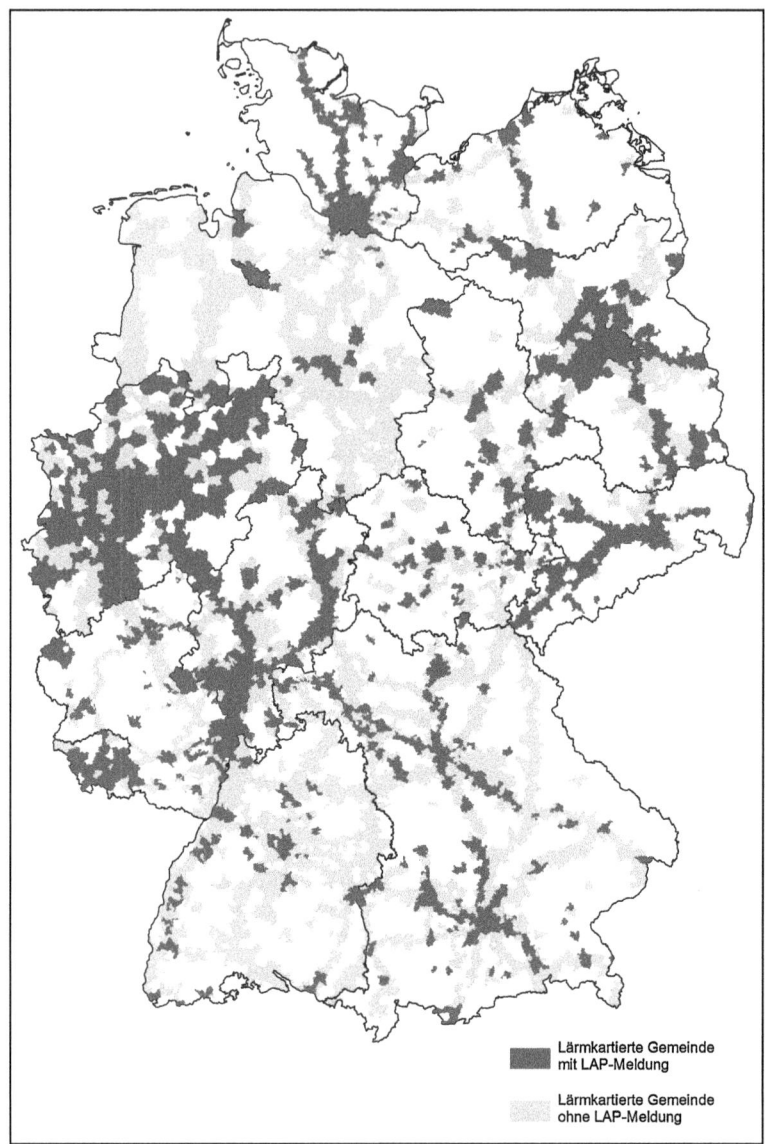

Quelle: Hintzsche, Lärmsituation in Deutschland unter Berücksichtigung der EU-Rahmenbedingungen zum Lärmschutz, in: IzR 2013, S. 211 (216)

III. Potenzielle Konfliktsituation in überwiegend bebauten Bereichen

Bei der Auseinandersetzung mit städtebaulichen Entwicklungen bzw. Planungen im überwiegend bebauten Bereich lassen sich bestimmte Situationen erkennen, die regelmäßig als konfliktträchtig in Bezug auf Lärm einzustufen sind. Nachfolgend werden diese Situationen kurz umrissen, um die potenziellen Lärmprobleme bei der Innenentwicklung zu verdeutlichen.

III.1. Überplanung von Gemengelagen

Trotz des viele Jahre verfolgten städtebaulichen Leitbildes der räumlichen Nutzungstrennung sind in innerstädtischen Bereichen heute noch häufig Gemengelagen vorhanden; teilweise auch erst in den letzten Jahren und Jahrzehnten gewachsen.[409] Es handelt sich dabei um Gebiete, in denen unterschiedliche Nutzungen, wie z. B. Wohnen einerseits und Gewerbe andererseits, teilweise in unmittelbarer Nachbarschaft aufeinandertreffen.[410] Bei genauerer Betrachtung ist zwischen Groß- und Kleingemengelagen zu unterscheiden[411]: Bei Erstgenannten besteht ein Konflikt zwischen zwei Gebieten mit unterschiedlicher Schutzwürdigkeit, beispielsweise zwischen einem Wohn- und einem Gewerbe- oder Industriegebiet.[412] Dabei ist der Lärmkonflikt regelmäßig dort am größten, wo die verschiedenen Gebietstypen direkt aneinander grenzen bzw. wo der Abstand zwischen ihnen am geringsten ist. Im Gegensatz dazu handelt es sich bei Kleingemengelagen um das Nebeneinander von einzelnen, einander störenden Nutzungen (etwa ein Wohngebäude neben einem Handwerksbetrieb).

Prinzipiell müssen Nutzungen in Gemengelagen – vor dem Hintergrund der gegenseitigen Rücksichtnahme – größere Beeinträchtigungen und Einschränkungen als sonst üblich akzeptieren[413]: Die schutzwürdigen Nutzungen müssen insbesondere eine höhere Lärmbelastung dulden; die emittierenden Nutzungen

---

409 Vgl. *Schmidt-Eichstaedt*, a. a. O. (Fußn. 73), S. 312.
410 Vgl. *BVerwG*, Beschl. v. 28.09.1993 – 4 B 151/93 –, NVwZ-RR 1994, S. 139 (139).
411 Vgl. *Stüer*, a. a. O. (Fußn. 6), S. 263.
412 In diesem Sinne ist auch der Begriff der Gemengelage in Nr. 6.7 TA Lärm zu verstehen.
413 Vgl. *BVerwG*, Urt. v. 14.01.1993 – 4 C 19/90 –, BauR 1993, S. 445 (446) = NVwZ 1993, S. 1184 (1185); vgl. *VGH Kassel*, Beschl. v. 28.01.2000 – 4 TG 3662/99 –, NVwZ-RR 2000, S. 570 (570); vgl. *OVG Münster*, Urt. v. 15.05.2013 – 2 A 3010/11 –, Juris, Rn. 80.

müssen vor allem Einschränkungen in ihren Entwicklungsmöglichkeiten hinnehmen.[414]

Eine Überplanung von Gemengelagen kann insbesondere zur Beseitigung von vorhandenen oder zur Vorbeugung von entstehenden städtebaulichen Missständen erforderlich sein. Mit Hilfe der Bebauungsplanung ist festzusetzen, welche Entwicklungschancen die emittierenden Nutzungen zukünftig haben und inwieweit schutzwürdige Nutzungen in Zukunft zulässig sind.[415] Die Interessen von Bewohnern und Anlagenbetreibern sind dabei naturgemäß meist konträr und müssen im Rahmen der Planung zu einem (möglichst weitgehenden) Ausgleich gebracht werden. Bei unverträglichen Nutzungen wird jedoch ein weiteres Nebeneinander oftmals nicht möglich sein, sodass sich der Plangeber langfristig für eine der beiden Nutzungsarten entscheiden muss, um den Konflikt aufzulösen.[416] In derartig gelagerten Fallkonstellationen wird regelmäßig von bestandserhaltenden Festsetzungen auf Grundlage von § 1 Abs. 10 BauNVO („Fremdkörperfestsetzungen")[417] sowie von bedingten und befristeten Regelungen nach § 9 Abs. 2 BauGB („Baurecht auf Zeit") Gebrauch gemacht[418], um die emittierende Nutzungen zumindest im Bestand bzw. zeitlich befristet zu schützen und zu erhalten.

Lärm ist in diesem Zusammenhang häufig ein maßgeblicher Aspekt. Die Entwicklungsmöglichkeiten des Gebiets stehen im Regelfall in Abhängigkeit zur Höhe der Lärmemissionen und zur Schutzwürdigkeit der Wohnnutzung, d. h., je höher die Lärmemissionen und/oder je größer das Schutzinteresse der Bewohner, desto enger sind die Entwicklungsperspektiven und die planerischen Entscheidungsmöglichkeiten. Mit Blick auf das Leitbild der Innenentwicklung kann dies im Einzelfall durchaus problematisch sein, da ggf. wünschenswerte Entwicklungen aufgrund lärmschutzrechtlicher Vorgaben nicht realisiert werden können.

Grundsätzlich ist die Überplanung von Gemengelagen vor dem Hintergrund der Innenentwicklung sinnvoll, da innerstädtische Bereiche mittels Bebauungsplanung städtebaulich geordnet und langfristig entwickelt werden können. Entscheidend ist dabei jedoch die Frage, wie dies geschieht, vor allem wie das (gewünschte) Nebeneinander unterschiedlichster Nutzungen im Bebauungsplan geregelt wird. Deshalb wird im Weiteren untersucht, mit welchen Bebauungsplanfestsetzungen

---

414 Ausführlich: siehe Punkt D.I.2.
415 Vgl. auch *Spiegels*, Zum Lärmschutz bei der Überplanung einer Gemengelage – Abwägung und planerische Festsetzungsmöglichkeiten, in: BauR 2007, S. 315 (315 f.).
416 Vgl. *Kuschnerus*, a. a. O. (Fußn. 126), S. 29.
417 Vgl. *Fickert/Fieseler/Determann/Stühler*, a. a. O. (Fußn. 115), § 1 Rn. 136.
418 Siehe Punkt E.IV.3.5.

die Lärmkonflikte in Gemengelagen gelöst werden können und wie gleichzeitig der Gemeinde ein möglichst breiter Entwicklungsspielraum eröffnet werden kann. Im Hinblick auf den Trennungsgrundsatz nach § 50 BImSchG ist für Gemengelagen festzuhalten, dass eine Zurückstellung insbesondere in jenen Fällen gerechtfertigt sein kann, in denen die Nutzungsmischung bereits seit längerer Zeit ohne Konflikte besteht.[419] Zur Konkretisierung dessen ist auf die lärmtechnischen Regelwerke zurückzugreifen. Die Frage, welche dieser Normen bei der Überplanung von Gemengelagen einschlägig ist, kann nicht ohne weiteres beantwortet werden. Oftmals wird es sich um Gewerbelärm handeln, sodass die TA Lärm (nach hier vertretener Auffassung) mittelbar Anwendung findet. Allerdings können auch Konflikte mit Freizeit- oder Sportanlagen auftreten; die Freizeitlärm-RL bzw. die 18. BImSchV wären dementsprechend anzuwenden. Darüber hinaus können selbstverständlich auch die Werte der DIN 18005 herangezogen werden.[420]

III.2. Planung von nutzungsgemischten Strukturen

Eines der Hauptziele der Innenentwicklung ist die Zunahme bzw. Stärkung der Nutzungsmischung im Innenbereich, um insbesondere eine wortortnahe Versorgung mit Gütern und Dienstleistungen zu sichern bzw. zu ermöglichen.

Die Bauleitplanung kann grundsätzlich die Voraussetzungen dafür schaffen, indem sie z. B. gemischte Bauflächen ausweist oder Einrichtungen der sozialen Infrastruktur in Wohnortnähe plant. Solche nutzungsgemischten Strukturen können sowohl „neugeplant" werden (auf innerstädtischen Brach- oder Konversionsflächen) als auch in bereits bebauten Bereichen gesichert oder festgesetzt werden, sodass sich diese Gebiete langfristig in Richtung Nutzungsmischung entwickeln.

Bei nutzungsgemischten Strukturen sind die räumlichen Abstände zwischen emittierenden und empfindlichen Nutzungen vergleichsweise gering. Damit wird insbesondere der Anforderung aus § 1a Abs. 2 Satz 1 BauGB Rechnung getragen, wonach mit Grund und Boden sparsam und schonend umgegangen werden soll. Insofern trägt die Planung solcher Gebiete erheblich zur Innenentwicklung bei. Die Bodenschutzklausel kann nach Rechtsprechung des *BVerwG*[421] eine Zurückstellung

---

419 Vgl. *BVerwG*, Beschl. v. 13.05.2004 – 4 BN 15/04 –, Juris, Rn. 4; vgl. *VGH Kassel*, Urt. v. 28.02.2013 – 3 C 297/12.N –, ZfBR 2013, S. 586 (588).
420 Vgl. *Söfker*, a. a. O. (Fußn. 380), S. 85 (88 ff.).
421 Vgl. *BVerwG*, Urt. v. 22.03.2007 – 4 CN 2/06 –, BauR 2007, S. 1365 (1366) = NVwZ 2007, S. 831 (831).

des Trennungsgebots nach § 50 BImSchG im Rahmen der planerischen Abwägung rechtfertigen.

Es ist stets durch die Planung zu gewährleisten, dass keine städtebaulichen Missstände, z. B. in Form unverträglicher Gemengelagen, entstehen. Es muss vielmehr eine ausgewogene städtebauliche Entwicklung sichergestellt werden, die einerseits eine Nutzungsmischung ermöglicht, andererseits jedoch auch den allgemeinen Anforderungen an gesunde Wohn- und Arbeitsverhältnisse Rechnung trägt. Dabei sind vor allem die bereits vorhandenen und künftigen Lärmimmissionen zu berücksichtigen: Sie sollten nach Möglichkeit nicht die Schwelle überschreiten, ab der die Immissionen als schädliche Umwelteinwirkungen mit erheblichen Nachteilen oder Belästigungen im Sinne von § 3 Abs. 1 BImSchG zu bewerten wären. Zur Bestimmung dieser Schwelle sind bei Gewerbelärm die Immissionsrichtwerte der TA Lärm mittelbar anzuwenden. Im Übrigen findet die DIN 18005 Anwendung. Sofern eine Überschreitung prognostiziert wird, sind Lärmschutzmaßnahmen in der Planung zu berücksichtigen und – soweit erforderlich – festzusetzen.

III.3. Heranrückende schutzbedürftige Bebauung an ein emittierendes Vorhaben

Eine weitere potenzielle Konfliktsituation ist die planerische Ausweisung von Wohngebieten, Kurgebieten, Pflegeanstalten etc. in räumlicher Nähe zu emittierenden Anlagen. Durch die gewünschte Konzentration der baulichen Entwicklung auf die bereits bebauten Bereiche werden solche Fallkonstellationen in Zukunft häufiger auftreten.

Bei heranrückender schutzbedürftiger Bebauung muss die Planung vor allem dem Gebot der (gegenseitigen) Rücksichtnahme Rechnung tragen. So muss zum einen im Hinblick auf die schützenswerte Nutzung die vorhandene Vorbelastung berücksichtigt werden. Zum anderen ist in den Blick zu nehmen, dass das emittierende Vorhaben aufgrund der Schutzwürdigkeit der heranrückenden Bebauung zu (weiteren) aktiven Schallschutzmaßnahmen verpflichtet werden kann.[422] Insofern muss die Planung einen sachgerechten Ausgleich zwischen den widerstrebenden Interessen herbeiführen, wobei stets eine einzelfallgerechte Lösung notwendig ist.

Als relevante lärmtechnische Regelwerke sind – je nach konkreter Situation – die TA Lärm bei Gewerbelärm, die 18. BImSchV bei Sportanlagenlärm sowie

---

422 Vgl. *Bracher*, a. a. O. (Fußn. 224), S. 766.

die Freizeitlärm-RL bei Freizeitlärm mittelbar heranzuziehen. Dies gilt wohl nach Rechtsprechung des *BVerwG*, obwohl die Anwendungsbereiche der TA Lärm und 18. BImSchV nicht direkt berührt sind, aufgrund der spiegelbildlichen Anwendung beider Regelwerke.[423] Inwiefern eine solche Erweiterung der Anwendungsbereiche allerdings nicht nur für das Genehmigungsverfahren, sondern auch für die Bauleitplanung gilt, ist bislang strittig[424], sodass ggf. auch die Werte der DIN 18005 als Orientierung herangezogen werden können. Für alle nicht benannten Lärmarten gilt dies ohnehin.

III.4. Planung eines emittierenden Vorhabens

Den umgekehrten Fall zur heranrückenden Wohnbebauung stellt die Planung eines emittierenden Vorhabens in der Nähe von schützenswerten Nutzungen dar. Vor dem Hintergrund der Innenentwicklung werden auch solche potenziellen Konfliktlagen zukünftig zunehmen.

Die Anforderungen an die Bauleitplanung sind im Wesentlichen mit denen des vorherigen Falls vergleichbar, wobei hier selbstverständlich vor allem das emittierende Vorhaben und seine Auswirkungen auf die umliegende Bebauung im Vordergrund stehen müssen. Der Bauleitplan hat zu gewährleisten, dass nahegelegene Nutzungen keinen Lärmimmissionen ausgesetzt werden, die das Schutzinteresse der dortigen Nutzer verletzen und somit zu einer rücksichtslosen Planung führen würden.

Bei der Planung eines störenden Vorhabens sind – in Abhängigkeit von der Art des Vorhabens – folgende Regelwerke heranzuziehen: die TA Lärm, die 18. BImSchV oder die Freizeitlärm-RL. Dabei kommt den beiden Erstgenannten (nur) mittelbare Bedeutung zu. Es ist durch den Bauleitplan lediglich sicherzustellen, dass die Richtwerte der TA Lärm bzw. der 18. BImSchV beim Vollzug des Plans eingehalten werden können.[425] Der Freizeitlärm-RL kommt nur eine Orientierungsfunktion zu. Bei allen übrigen Vorhaben, die nicht von den drei genannten Regelwerken subsumiert werden, finden die Werte der DIN 18005 Berücksichtigung.

---

423 In Bezug auf die TA Lärm: vgl. *BVerwG*, Urt. v. 29.11.2012 – 4 C 8/11 –, BauR 2013, S. 563 (564) = ZfBR 2013, S. 261 (263). In Bezug auf die 18. BImSchV: vgl. *BVerwG*, Beschl. v. 26.05.2004 – 4 BN 24/04 –, BRS 67, S. 136 (137) = ZfBR 2004, S. 566.
424 Ausführlich: siehe Punkte D.I.2.2 und E.II.4.
425 Vgl. *Rojahn*, Lärmschutzbezogene Normen und Richtlinien in der Bauleitplanung, in: *Mitschang* (Hrsg.), Aktuelle Fach- und Rechtsfragen des Lärmschutzes, Berliner Schriften zur Stadt- und Regionalplanung – Band 9, Frankfurt/Main 2010, S. 63 (71).

III.5. Planung der Errichtung oder Erweiterung einer Straße

Abschließend sei auf den „klassischen" Fall der Planung eines Straßenneubaus oder einer -erweiterung hingewiesen, der beispielshalber für die Erschließung von bislang ungenutzten innerstädtischen Brachflächen auch in Zukunft Bedeutung im Innenbereich haben wird.

Ebenso wie bei der Planung eines störenden Vorhabens sind auch hier vor allem die voraussichtlichen Lärmemissionen zu berücksichtigen, wobei in diesem Fall der Verkehr die Lärmquelle darstellt. Es ist insbesondere sicherzustellen, dass die Immissionsgrenzwerte der Verkehrslärmschutzverordnung nicht überschritten bzw. ggf. erforderliche Lärmschutzmaßnahmen festgesetzt werden. Dabei sind in der Bauleitplanung nicht nur die Grenzwerte der 16. BImSchV bindend, sondern auch das Schutzmodell der §§ 41 und 42 BImSchG.[426] Im Übrigen kann auf die Ausführungen zur 16. BImSchV verwiesen werden (siehe Punkt E.II.2).

Wird hingegen eine schützenswerte Nutzung im Immissionsbereich einer vorhandenen Straße geplant, ist die 16. BImSchV nicht einschlägig. Stattdessen muss auf die Orientierungswerte der DIN 18005 zurückgegriffen werden.[427]

Die vorgebrachten Überlegungen lassen sich selbstverständlich auch auf Schienenwege übertragen.

IV. Planerischer Umgang mit Lärm

Nach den Ausführungen zur Lärmminderung als Aufgabe der Bauleitplanung, zu den zu berücksichtigenden lärmtechnischen Regelwerken sowie zu potenziellen Konfliktsituationen im Innenbereich bedarf es nun einer umfassenden und ausführlichen Analyse des bauleitplanerischen Instrumentariums zum Umgang mit Lärm.

Dafür wird zunächst überblicksartig dargestellt, inwiefern Lärm in der Umweltprüfung Berücksichtigung findet. Im Anschluss daran erfolgt eine detaillierte Betrachtung der vorbereitenden und verbindlichen Bauleitplanung, wobei der Schwerpunkt auf der Bebauungsplanung liegt, da die meisten Fragen des Lärmschutzes erst auf

---

426 Vgl. *Rojahn*, a. a. O. (Fußn. 425), S. 63 (69).
427 Vgl. *Reidt*, Verkehrslärm und Bauleitplanung, in: *Mitschang* (Hrsg.), Aktuelle Fach- und Rechtsfragen des Lärmschutzes, Berliner Schriften zur Stadt- und Regionalplanung – Band 9, Frankfurt/Main 2010, S. 171 (181); vgl. *Jaeger*, Neuplanung von Wohngebieten entlang von Verkehrswegen, in: BauR 2008, S. 313 (314 f.).

dieser Planungsebene gelöst werden können. Abschließend wird kurz auf die Bedeutung von städtebaulichen Verträgen im Bereich des Lärmschutzes eingegangen.

Es sei bereits an dieser Stelle darauf hingewiesen, dass jeder Bauleitplan einschließlich seiner Darstellungen oder Festsetzungen städtebaulich erforderlich im Sinne von § 1 Abs. 3 Satz 1 BauGB sein muss. Mit Bezug auf den Lärmschutz bedeutet dies, dass einerseits sowohl bei einer bereits vorhandenen als auch bei einer prognostizierten Überschreitung der normierten Schallwerte laut lärmtechnischer Regelwerke ein Bauleitplan erforderlich sein kann. Andererseits ist es aber auch möglich, dass unterhalb dieser Schwelle bereits eine städtebauliche Rechtfertigung vorliegt, da die Bauleitplanung insbesondere dem Vorsorgeprinzip Rechnung tragen soll.[428] Die Erforderlichkeit muss sich insbesondere aus Berechnungen und Prognosen einer Fachbehörde oder eines Gutachters ergeben.[429] Welche Planinhalte in der konkreten Planungssituation städtebaulich erforderlich sind, kann gleichwohl nur anhand des Einzelfalls bestimmt werden.

Ebenfalls von grundlegender Bedeutung ist die Abwägung gem. § 1 Abs. 7 BauGB. Demnach müssen alle öffentlichen und privaten Belange gerecht untereinander und gegeneinander abwogen werden. Dabei ist in Bezug auf den Lärmschutz prinzipiell anzunehmen: Je höher die (tatsächliche oder prognostizierte) Lärmbelastung, desto höher ist das Gewicht der lärmschutzrechtlichen Belange in der Abwägung. In der Folge bedeutet dies, dass deren Zurückstellung bei einer hohen Lärmbelastung durch entsprechend gewichtigere andere Belange gerechtfertigt sein muss. Die Stärkung der Innenentwicklung kann grundsätzlich ein derartiger Belang sein; § 1 Abs. 5 Satz 3 BauGB verdeutlicht dies. Aus rechtlicher Sicht ist (unabhängig vom Einzelfall) beiden Belangen grundsätzlich das gleiche Gewicht beizumessen. Welcher der beiden Belange im Konkreten höher zu gewichten ist, lässt sich allerdings – ebenso wie die Frage der Erforderlichkeit – nur anhand der Situation vor Ort bestimmen.

Abschließend sei darauf hingewiesen, dass auf Ausführungen zum vorhabenbezogenen Bebauungsplan gem. § 12 BauGB bewusst verzichtet wird. Zwar wird auch im Innenbereich diese besondere Art des Bebauungsplans angewandt, jedoch unterscheiden sich vor allem die Festsetzungsmöglichkeiten erheblich von denen eines „normalen" Bebauungsplans, da die Grenzen des Zulässigen deutlich weiter gefasst sind. Anhand eines Festsetzungsbeispiels aus der Praxis wird dies im Weiteren allerdings exemplarisch dargestellt (siehe Punkt F.III).

---

428 Vgl. z. B. *BVerwG*, Beschl. v. 16.12.1988 – 4 NB 1/88 –, NVwZ 1989, S. 664 (664) = UPR 1989, S. 270 (270); vgl. *BVerwG*, Urt. v. 14.04.1989 – 4 C 52/87 –, DVBl. 1989, S. 1050 (1050) = UPR 1989, S. 352 (353).
429 Vgl. *VGH München*, Urt. v. 19.10.2006 – 14 N 04.3287 –, BauR 2007, S. 999 (1000).

IV.1. Lärm in der Umweltprüfung

Bei der Aufstellung von Bauleitplänen ist gem. § 2 Abs. 4 Satz 1 BauGB für die Belange des Umweltschutzes nach § 1 Abs. 6 Nr. 7 und § 1a BauGB eine Umweltprüfung durchzuführen. Im Rahmen dieser Prüfung werden zunächst die voraussichtlichen erheblichen Umweltauswirkungen ermittelt sowie anschließend in einem Umweltbericht beschrieben und bewertet. Die wesentlichen Inhalte des Umweltberichts ergeben sich aus der Anlage 1 des BauGB.

Wie bereits erläutert, zählt Lärm zu den Belangen des Umweltschutzes; er wird insbesondere den umweltbezogenen Auswirkungen auf den Menschen und seine Gesundheit (§ 1 Abs. 6 Nr. 7c BauGB) zugeordnet.

Prinzipiell gilt die Pflicht zur Durchführung einer Umweltprüfung für alle Bauleitpläne, allerdings sind bestimmte Pläne davon ausgenommen: Dies betrifft einerseits Bebauungspläne, die im vereinfachten Verfahren nach § 13 BauGB aufgestellt werden, sowie Bebauungspläne der Innenentwicklung, die gem. § 13a BauGB im beschleunigten Verfahren aufgestellt werden. Die Befreiung von der Pflicht zur Durchführung der Umweltprüfung gilt entsprechend auch für die Änderung, Ergänzung und Aufhebung[430] von Bebauungsplänen.

Mit Blick auf die Innenentwicklung ist davon auszugehen, dass zahlreiche Bebauungspläne auf Grundlage der §§ 13 oder 13a BauGB aufgestellt, geändert oder ergänzt werden. Zwar ist in diesen Fällen die Durchführung einer Umweltprüfung nicht verpflichtend, allerdings müssen auch diese Bebauungspläne insbesondere gesunde Wohn- und Arbeitsverhältnisse sicherstellen sowie dem Grundsatz der planerischen Konfliktbewältigung gerecht werden, d. h., die Planung muss die vorhandenen und zu erwartenden Konflikte lösen.[431] Um dies zu erreichen, wird auch bei Bebauungsplänen im vereinfachten und beschleunigten Verfahren mindestens eine überschlägige Prognose der (voraussichtlichen) Lärmemissionen und -immissionen stattfinden müssen. Sofern sich im Rahmen dieser Prognose eine Überschreitung der einschlägigen Grenz-, Richt- oder Orientierungswerte abzeichnet, werden weiterführende Untersuchungen notwendig sein. Allerdings können im Einzelfall auch Lärmbelastungen unterhalb der Schwelle der Erheblichkeit, die

---

430 Der Verzicht zur Durchführung einer Umweltprüfung bei der Aufhebung eines Bauleitplans ist nur auf Grundlage von § 13 Abs. 3 Satz 1 in Verbindung mit § 1 Abs. 8 BauGB möglich. § 13a BauGB ist hingegen wohl nicht als Rechtsgrundlage heranzuziehen. Vgl. *Spannowsky*, in: *Schlichter/Stich/Driehaus/Paetow* (Hrsg.), Berliner Kommentar zum Baugesetzbuch, 3. Aufl., Köln 2002, Loseblattsammlung, Stand: November 2012, § 13a Rn. 42.
431 Vgl. *Finkelnburg/Ortloff/Kment*, a. a. O. (Fußn. 6), S. 57.

durch die Regelwerke konkretisiert wird, von Bedeutung sein.[432] Folglich können – zumindest aus materieller Sichtweise – die Anforderungen in solchen Fällen vergleichbar sein mit Bebauungsplänen, die der Pflicht zur Durchführung einer Umweltprüfung unterliegen.

Die Durchführung der Umweltprüfung erfolgt in drei Stufen: Ermittlung, Beschreibung und Bewertung. Im Folgenden werden diese Stufen – mit Augenmerk auf den Lärmschutz – erläutert.

IV.1.1. Ermittlung

In einem ersten Schritt werden zunächst die erforderlichen Umweltdaten gesammelt und zusammengestellt. Dabei hat zum einen eine Bestandsaufnahme der aktuellen Umweltsituation zu erfolgen. Zum anderen sind Prognosen aufzustellen, die darlegen, wie sich der Umweltzustand bei Durchführung der Planung und wie bei Nichtdurchführung der Planung (sog. Nullvariante) entwickeln würde. Bei der Prognose zur Durchführung der Planung sind auch die geplanten Maßnahmen zur Vermeidung, Verringerung und zum Ausgleich der nachteiligen Auswirkungen zu beachten. Ferner sind bei der Ermittlung des Status quo auch mögliche Planungsalternativen zu berücksichtigen.[433]

Im Hinblick auf bereits vorhandene oder durch die Umsetzung der Planung entstehende Lärmbelastungen sind demzufolge regelmäßig Prognosen im oben genannten Sinne zu erstellen, aus denen insbesondere die voraussichtliche zukünftige Geräuschbelastung des Plangebiets sowie seiner näheren Umgebung erkennbar wird.[434] Sofern bereits Vorbelastungen existent sind, kann auch die Notwendigkeit für Schallmessungen bestehen. Sollten aktuelle Fachplanungen wie z. B. Lärmkartierungen oder Schallgutachten bereits sachdienliche Informationen enthalten, kann grundsätzlich auf diese zurückgegriffen werden[435].

Im Regelfall muss den Lärmprognosen eine quellenbezogene Betrachtung zugrunde liegen, das bedeutet, die Berechnungen müssen die Geräuschimmissionen den unterschiedlichen Quellen (Verkehr, Gewerbe etc.) zuordnen.[436] Insbesondere bei Gemengelagen kann dies allerdings praktisch durchaus

---

432 Vgl. *Stapelfeldt*, a. a. O. (Fußn. 385), S. 415 (416 f.).
433 Siehe Nr. 2 der Anlage 1 des BauGB.
434 So auch: vgl. *Mitschang*, a. a. O. (Fußn. 102), S. 538 (547).
435 Vgl. *Schrödter*, Aktuelle Fragen zur städtebaulichen Umweltprüfung nach dem Europaanpassungsgesetz-Bau, in: LKV 2006, S. 251 (252).
436 Vgl. *Schröer*, Segmentierte Lärmbetrachtung – ein Auslaufmodell?, in: NZBau 2007, S. 568 (568).

schwierig sein.[437] Eine summative Betrachtung ist jedoch nur in Ausnahmefällen zulässig: Erst wenn die Lärmimmissionen in ihrer Summe die Schwelle der Gesundheitsgefährdung[438] nach Art. 2 Abs. 2 Satz 1 GG[439] erreichen oder eine schwere Eigentumsbeeinträchtigung vorliegt, darf nach der Rechtsprechung des *BVerwG* eine Gesamtlärmbetrachtung vorgenommen werden.[440]

Der Untersuchungsumfang der Umweltprüfung beschränkt sich in räumlicher Hinsicht auf den Geltungsbereich des Bauleitplans sowie auf die Gebiete in der Umgebung, die voraussichtlich erheblich beeinträchtigt werden.[441] Solche Beeinträchtigungen – über das Plangebiet hinaus – können insbesondere Lärmimmissionen sein, die z. B. von störenden Vorhaben innerhalb des Geltungsbereiches stammen und entsprechend Berücksichtigung finden müssen.[442] Eine weitere Einschränkung des Untersuchungsumfangs und Detaillierungsgrades wird durch § 2 Abs. 4 Satz 1 BauGB formuliert, wonach nur erhebliche Umweltauswirkungen zu berücksichtigen sind.[443] Bei Lärm bemisst sich die Erheblichkeitsschwelle nach den bereits bekannten lärmtechnischen Regelwerken.[444] Diese enthalten oftmals auch Ermittlungs- und Berechnungsverfahren, auf die bei der Erstellung von Prognosen zurückgegriffen werden sollte, um insbesondere der Anforderung nach Verwendung von allgemein anerkannten Prüfmethoden gerecht zu werden.

---

437 Anschaulich dazu: vgl. *Schmidt-Eichstaedt*, Darstellungen und Festsetzungen zum Lärmschutz in Bauleitplänen, in: *Mitschang* (Hrsg.), Aktuelle Fach- und Rechtsfragen des Lärmschutzes, Berliner Schriften zur Stadt- und Regionalplanung – Band 9, Frankfurt/Main 2010, S. 97 (104 f.).
438 Die verfassungsrechtliche Zumutbarkeitsschwelle wird vom *BVerwG* für Wohngebiete grundsätzlich erst bei einem äquivalenten Dauerschallpegel von 70 dB(A) tags bzw. 60 dB(A) nachts angenommen. Vgl. *BVerwG*, Urt. v. 07.03.2007 – 9 C 2/06 –, NuR 2007, S. 484 (487) = NVwZ 2007, S. 827 (830).
439 Grundgesetz für die Bundesrepublik Deutschland (GG) in der im BGBl. Teil III, Gliederungsnummer 100–1, veröffentlichten bereinigten Fassung, das zuletzt durch Art. 1 des Gesetzes vom 11.07.2012 (BGBl. I S. 1478) geändert worden ist.
440 Vgl. *BVerwG*, Urt. v. 21.03.1996 – 4 C 9/95 –, BVerwGE 101, S. 1 (9 f.) = NVwZ 1996, S. 1003 (1005).
441 Siehe Nr. 2 lit. a der Anlage 1 des BauGB.
442 Vgl. *Mitschang*, in: *Schlichter/Stich/Driehaus/Paetow* (Hrsg.), Berliner Kommentar zum BauGB, 3. Aufl., Köln 2002, Loseblattsammlung, Stand: November 2012, § 2 Rn. 357.
443 § 2 Abs. 4 Satz 3 BauGB normiert darüber hinaus, dass die Umweltprüfung auf dasjenige begrenzt wird, was „angemessenerweise verlangt werden kann".
444 Vgl. *Mitschang*, a. a. O. (Fußn. 442), § 2 Rn. 398.

Der konkrete Umfang und Detaillierungsgrad der Umweltprüfung richtet sich – trotz der formulierten Grundsätze – stets nach den Umständen des Einzelfalls. Die Gemeinde hat zur Bestimmung beider Aspekte bereits frühzeitig Abstimmungen mit anderen Behörden und Trägern öffentlicher Belange durchzuführen (sog. Scoping gem. § 2 Abs. 4 Satz 2 in Verbindung mit § 4 Abs. 1 Satz 1 BauGB).

IV.1.2. Beschreibung

In einer zweiten Stufe werden die zuvor ermittelten Umweltdaten schriftlich im Umweltbericht dokumentiert. Dabei sollen noch keine Wertäußerungen wie „schädlich", „gefährlich", „negativ" oder „positiv" vorgenommen werden; dies findet erst im letzten Schritt statt.[445]

IV.1.3. Bewertung

Abschließend werden die beschriebenen Umweltauswirkungen und Alternativen bewertet. Als Maßstab sind dabei die Vorschriften des BauGB heranzuziehen, etwa die allgemeinen Planungsgrundsätze aus § 1 Abs. 5 BauGB[446] sowie die Anforderungen aus § 1a Abs. 2 BauGB. Darüber hinaus können auch andere Fachgesetze und Fachpläne von Bedeutung sein wie das BImSchG oder das Bundesnaturschutzgesetz.[447]

In Bezug auf Lärm sind die Werte der verschiedenen lärmtechnischen Regelwerke als Bewertungsmaßstäbe heranzuziehen.[448] Allerdings kommt ihnen – nach hier vertretener Ansicht – keine unmittelbare Bedeutung in der Bauleitplanung zu bzw. sie sind der Abwägung zugänglich (mit Ausnahme der 16. und teilweise der 18. BImSchV). Die abschließende Beurteilung der Immissionen kann demnach nur anhand des Einzelfalls erfolgen. Im Übrigen kann auf die Ausführungen zu den einzelnen Regelwerken verwiesen werden (siehe Punkt E.II).

IV.2. Flächennutzungsplanung

Der Flächennutzungsplan stellt als vorbereitender Bauleitplan die sich aus der beabsichtigten städtebaulichen Entwicklung ergebende Art der Bodennutzung

---

445 Vgl. *Finkelnburg/Ortloff/Kment*, a. a. O. (Fußn. 6), S. 74.
446 Siehe Punkt E.I.1.
447 Vgl. *Battis*, a. a. O. (Fußn. 83), § 2 Rn. 14.
448 Vgl. *Mitschang*, a. a. O. (Fußn. 442), § 2 Rn. 398.

nach den voraussehbaren Bedürfnissen der Gemeinde in den Grundzügen für das gesamte Gemeindegebiet dar (§ 5 Abs. 1 Satz 1 BauGB). Er bildet die Grundlage für die Bebauungspläne, die aus ihm zu entwickeln sind (§ 8 Abs. 2 Satz 1 BauGB).

Aufgrund des geringen Detaillierungsgrades können auch im Hinblick auf Lärmschutz nur übergeordnete Aspekte Gegenstand der Darstellungen im Flächennutzungsplan sein. So ist insbesondere durch die Anordnung der verschiedenartigen Bauflächen Immissionsvorsorge zu betreiben, indem einander störende Nutzungen nach Möglichkeit getrennt werden: Demnach sollten sich beispielsweise Wohnbauflächen nicht unmittelbar neben gewerblichen Bauflächen befinden, sondern zwischen ihnen sollte ein „Puffer" geplant werden (z. B. in Form von gemischten Bauflächen oder Freiflächen).[449]

Wenn allerdings das direkte Aneinandergrenzen von Wohnbauflächen und emittierenden Flächen (gemischte Bauflächen, Verkehrswege etc.) beispielshalber mangels verfügbarer Flächen nicht verhindert werden kann, sind im Flächennutzungsplan ggf. Darstellungen nach § 5 Abs. 2 Nr. 6 BauGB erforderlich. Danach sind einerseits Nutzungsbeschränkungen möglich: So kann geregelt werden, dass in dem Bereich, wo eine gewerbliche Baufläche an eine Wohnbaufläche grenzt, keine emittierenden Anlagen zulässig sind oder nur solche, die normierte Grenzwerte nicht überschreiten.[450] Weiterhin kann auch regelt werden, dass die Fenster von Aufenthaltsräumen in Wohngebäuden (in Wohnbauflächen) sich an der emissionsabgewandten Seite befinden müssen.[451] Andererseits können in einer derartigen Situation auch Schutzvorkehrungen im Flächennutzungsplan festgelegt werden: Denkbar sind etwa Lärmschutzanlagen entlang von Verkehrswegen oder die Bestimmung, dass nur Wohngebäude mit Schallschutzvorkehrungen zulässig sind.[452] Diese Vorkehrungen können zum einen als überlagernde Darstellungen ausgewiesen werden, wie es beispielsweise bei passiven Schallschutzvorkehrungen an Wohngebäuden der Fall ist. Zum anderen ist es jedoch auch möglich, dass die dargestellten Flächen ausschließlich für die jeweilige

---

449 Industriegebiete und zum Wohnen bestimmte Gebiete sollen gem. § 50 BImSchG nach Möglichkeit räumlich angemessen voneinander getrennt werden (sog. Flachglas-Urteil). Vgl. *BVerwG*, Urt. v. 05.07.1974 – IV C 50.72 –, BauR 1974, S. 311 (311).
450 Vgl. *BVerwG*, Urt. v. 18.08.2005 – 4 C 13/04 –, BauR 2006, S. 52 (55) = ZfBR 2006, S. 44 (46).
451 Vgl. *Mitschang*, a. a. O. (Fußn. 112), § 5 Rn. 24 BauGB.
452 Vgl. *Gaentzsch/Philipp*, in: *Schlichter/Stich/Driehaus/Paetow* (Hrsg.), Berliner Kommentar zum Baugesetzbuch, 3. Aufl., Köln 2002, Loseblattsammlung, Stand: November 2012, § 5 Rn. 34.

Schutzvorkehrung genutzt werden darf; dies ist oftmals bei Immissionsschutzanlagen der Fall (z. B. Schutzwände)[453].

Bei den Darstellungen nach § 5 Abs. 2 Nr. 6 BauGB gilt es grundsätzlich zu beachten, dass aufgrund des geringen Detaillierungsgrad des Flächennutzungsplans keine exakten Flächenausweisungen möglich sind. Außerdem werden auf der Ebene der vorbereitenden Bauleitplanung häufig noch nicht alle (potenziellen) Konflikte sichtbar sein, da meist noch keine konkreten bzw. detaillierten Überlegungen stattfinden und weil einige Probleme ggf. auch erst im Laufe der Zeit entstehen. Insofern sollte – nach Ansicht des Autors – im Flächennutzungsplan eher planerische Zurückhaltung walten[454], da insbesondere mit Blick auf den Zeithorizont des Plans viele Aspekte und Konflikte bei der Planaufstellung noch nicht erkennbar sind.

Zur Stärkung der Innenentwicklung erscheint vor allem die Darstellung gemischter Bauflächen für innerstädtische Bereiche im Flächennutzungsplan sinnvoll. Diese können dort zu Misch- und Kerngebieten entwickelt werden; in ländlichen Gemeinden auch zu Dorfgebieten. Bei gemischten Bauflächen sind allerdings auf der Ebene der Flächennutzungsplanung regelmäßig lärmschützende Darstellungen nach § 5 Abs. 2 Nr. 6 BauGB nicht möglich bzw. nicht sinnvoll, da die Lärmkonflikte regelmäßig nicht zwischen der gemischten und anderen Bauflächen entstehen, sondern innerhalb der gemischten Bauflächen selbst, z. B. zwischen einem Handwerks- oder Einzelhandelsbetrieb und benachbarten Wohngebäuden. Insofern kann in solchen Fällen in aller Regel erst auf der Ebene der verbindlichen Bauleitplanung Lärmschutz betrieben werden.

IV.3. Bebauungsplanung

Die verbindliche Bauleitplanung bildet die unterste Stufe der formellen räumlichen Gesamtplanung. Nach § 8 Abs. 2 Satz 1 BauGB sind Bebauungspläne im Regelfall aus dem Flächennutzungsplan zu entwickeln und konkretisieren dessen Darstellungen mit Hilfe rechtsverbindlicher Festsetzungen.

Der planenden Gemeinde steht ein beschränktes, wenngleich umfangreiches Festsetzungsinstrumentarium zur Verfügung, das sich insbesondere aus § 9 BauGB

---

453 Vgl. *Söfker*, a. a. O. (Fußn. 116), § 5 Rn. 46.
454 So auch: vgl. *Gaentzsch/Philipp*, a. a. O. (Fußn. 452), § 5 Rn. 34; vgl. *Gierke*, in: *Brügelmann* (Hrsg.), BauGB – Kommentar, Loseblattsammlung, Stand: Juni 2013, Stuttgart, § 5 Rn. 176.

und der BauNVO ergibt. Nachfolgend werden jene Instrumente vorgestellt, die vor allem für den Lärmschutz von Bedeutung sind. Dabei handelt es sich in erster Linie um die Gliederung durch Baugebiete, die verschiedenen Möglichkeiten der Feinsteuerung, konkrete immissionsschutzrechtliche Festsetzungen nach § 9 Abs. 1 Nr. 24 BauGB sowie um bedingte und befristete Festsetzungen. Darüber hinaus können im Einzelfall allerdings auch noch weitere Planinhalte (mittelbar) zum Lärmschutz geeignet sein, z. B. die Anordnung von baulichen Anlagen auf dem Baugrundstück mittels der Festsetzung von überbaubaren Grundstücksflächen nach § 23 BauNVO oder die Festsetzung der Bauweise nach § 22 BauNVO. Im Rahmen dieses Werkes werden diese eher indirekten Regelungsmöglichkeiten jedoch nicht weiter erläutert.

Es ist selbstredend, dass lärmschutzrelevante Festsetzungen im Bebauungsplan den allgemeinen rechtlichen Anforderungen genügen müssen. Sofern sich diese allgemeingültig bzw. abstrakt formulieren lassen, wird nachfolgend darauf eingegangen. Eine abschließende Beurteilung bedarf jedoch stets der Berücksichtigung der Umstände im Einzelfall. Im Kapitel F wird dies exemplarisch anhand von drei Festsetzungen aus der Planungspraxis dargelegt.

IV.3.1. Gliederung durch Baugebiete

Die räumliche Gliederung von baulichen Flächen nach der besonderen Art ihrer baulichen Nutzung in Baugebiete ist einer der zentralen Grundgedanken der BauNVO. Die in den §§ 2 bis 11 BauNVO normierten Baugebietstypen unterscheiden sich insbesondere durch das zulässige Maß an Emissionen bzw. die Schutzbedürftigkeit der zulässigen Nutzungen.[455] In jedem Baugebietstyp sind jeweils einander verträgliche Nutzungen gruppiert, sodass nach Möglichkeit eine räumliche Trennung von unverträglichen Nutzungen erreicht wird. Dies gewährleistet ein Mindestmaß an Immissionsschutz und trägt – neben dem Trennungsgrundsatz – insbesondere dem Vorsorgegedanken Rechnung[456].

Baugebiete werden im Bebauungsplan auf Grundlage von § 9 Abs. 1 Nr. 1 BauGB in Verbindung mit § 1 Abs. 3 Satz 1 BauNVO festgesetzt, wodurch die jeweiligen Baugebietsvorschriften unmittelbarer Bestandteil des Bebauungsplans sind und damit die Zulässigkeit von Vorhaben hinsichtlich der Art der baulichen Nutzung normieren. Die Gemeinde ist diesbezüglich an die Baugebietstypen der BauNVO gebunden (sog. Typenzwang), was allerdings

---

455 Vgl. *Hendler*, a. a. O. (Fußn. 302), S. 15 (19).
456 Vgl. *Fickert/Fieseler/Determann/Stühler*, a. a. O. (Fußn. 115), § 1 Rn. 41.3 f.

anderweitige Flächenfestsetzung, die nach § 9 Abs. 1 BauGB möglich sind, nicht ausschließt.[457] Vielmehr hat der Plangeber kein „Festsetzungsfindungsrecht", d. h., Festsetzungen, die über die Möglichkeiten von § 9 BauGB und der BauNVO hinausgehen, sind unzulässig.[458] Vor allem bei der Überplanung von Gemengelagen kann dies zu Problemen führen: Die heterogenen Nutzungsstrukturen entsprechen häufig keinem der Baugebietstypen, sodass die Art der baulichen Nutzung im Bebauungsplan nicht festgesetzt werden kann.[459] Der Plan wird demnach – in Bezug auf die Art der baulichen Nutzung – seiner Ordnungs- und Entwicklungsaufgabe gem. § 1 Abs. 3 Satz 1 BauGB nicht gerecht. Eine Lösung kann in solchen Fällen möglicherweise ein vorhabenbezogener Bebauungsplan darstellen, da die Festsetzungen zur Zulässigkeit innerhalb seines Geltungsbereiches weder an § 9 BauGB noch an die BauNVO gebunden sind (§ 12 Abs. 3 Satz 2 BauGB).[460]

Eine ähnliche Beschränkung der kommunalen Planungshoheit (aufgrund faktischer Gegebenheiten) hinsichtlich der Festsetzung von Baugebieten ergibt sich oftmals an innerstädtischen Verkehrsachsen: Dort sind die Lärmimmissionen häufig so hoch, dass die Vorschriften der lärmtechnischen Regelwerke nur die Planung von Misch- oder Kerngebieten ermöglichen.[461] Dies steht der Innenentwicklung, insbesondere der Forderung das innerstädtische Wohnen zu stärken, mindestens in Teilen entgegen, da der Anteil der Wohnnutzung in Misch- und vor allem in Kerngebieten deutlich geringer als in allgemeinen Wohngebieten ist. Die aktuelle Rechtslage, speziell die Grenzwerte der 16. BImSchV und die Orientierungswerte der DIN 18005, lassen die Festsetzung von Wohngebieten jedoch meist nicht zu, da die Lärmbelastung deutlich oberhalb der dort genannten Immissionswerte liegt. Teilweise versucht die Planungspraxis die hohen Anforderungen für Wohngebiete zu umgehen und setzt stattdessen Mischgebiete fest, weil für diese bekanntermaßen geringere Schallschutzwerte gelten. Ein derartiges Vorgehen ist eindeutig rechtswidrig, da es sich um einen offensichtlichen

---

457 Z. B. Flächen für den Gemeinbedarf gem. § 9 Abs. 1 Nr. 5 BauGB. Vgl. *BVerwG*, Beschl. v. 23.12.1997 – 4 BN 23/97 –, BauR 1998, S. 515 (515 f.) = NVwZ-RR 1998, S. 538 (538).
458 Vgl. *BVerwG*, Urt. v. 11.02.1993 – 4 C 18/91 –, NJW 1993, S. 2695 (2697) = DNotZ 1994, S. 63 (67).
459 Vgl. *Mitschang*, a. a. O. (Fußn. 8), S. 324 (330).
460 Möglicherweise kommen auch Einzelhandels- oder Spielstätten-Bebauungspläne als Instrument in Frage; für sie gilt ebenfalls kein Typenzwang (§ 9 Abs. 2a Satz 1 und Abs. 2b BauGB).
461 Vgl. *Schröer*, a. a. O. (Fußn. 78), S. 768 (769).

Etikettenschwindel handelt[462]: Die festgesetzte Nutzung (in der Regel in Form eines modifizierten Baugebiets) weicht deutlich von der beabsichtigten Nutzung bzw. der planerischen Intention ab.[463] Ein solcher Etikettenschwindel kann auch bei vorhabenbezogenen Bebauungsplänen auftreten: Zwar ist die Gemeinde gem. § 12 Abs. 3 Satz 2 BauGB bei derartigen Plänen nicht an den Festsetzungskatalog von § 9 BauGB und die Vorgaben der BauNVO gebunden, wenn sie allerdings ein Baugebiet ausweist, das aufgrund der zulässigen Nutzungen einem der Baugebietstypen der BauNVO gleicht, muss sie auch die für dieses Gebiet geltenden Richt- bzw. Grenzwerte in der Abwägung berücksichtigen und deren Einhaltung – soweit erforderlich – sicherstellen. Macht sie dies nicht, liegt ebenfalls ein Etikettenschwindel vor.[464] Weitere Anhaltspunkte für einen Etikettenschwindel können sich beispielsweise aus dem Umfang und der Größe der Erschließungsstraßen des Plangebiets ergeben: So sind etwa schmale verkehrsberuhigte Straßen zur Erschließung eines Mischgebiets ungeeignet[465].

Nach Ansicht des Autors werden zukünftig zur Stärkung der Innenentwicklung auch die innerstädtischen, immissionsbelasteten Lagen entlang von Straßen und Schienenwegen stärker für die Wohnnutzung in Anspruch genommen werden müssen. Bislang ist das Wohnen im innerstädtischen Bereich bekanntermaßen häufig erheblich unterrepräsentiert.[466] Die erläuterte, hemmende Wirkung des Lärmschutzes wird sich nur minimieren bzw. aufheben lassen, wenn die entsprechenden Regelwerke angepasst, d. h., ihre Anforderungen bzw. vor allem die Immissionswerte reduziert werden. Dabei ist abzuwägen, inwieweit der Schutz der Bevölkerung vor Lärm zugunsten der Stärkung der Innenentwicklung „aufgeweicht" werden kann. Grundsätzlich gilt es jedoch zu bedenken, dass die Regelwerke bisher nur sehr selten und zurückhaltend novelliert wurden. Insofern darf durchaus bezweifelt werden, dass es diesbezüglich in naher Zukunft zu Änderungen kommen wird.

Trotz der genannten Probleme ist die räumliche Gliederung durch Baugebiete das zentrale bauleitplanerische Element zur Steuerung der Zulässigkeit der Art der baulichen Nutzung. Die Festsetzung eines Baugebiets ist des Weiteren u. a.

---

462 Vgl. *OVG Koblenz*, Urt. v. 21.10.2009 – 1 C 10150/09 –, Juris, Rn. 25. So auch in Bezug auf die Festsetzung eines allgemeinen anstelle eines reinen Wohngebiets: vgl. *OVG Greifswald*, Urt. v. 17.06.2008 – 3 K 13/07 –, Juris, Rn. 30; vgl. *OVG Münster*, Urt. v. 23.10.2009 – 7 D 106/08.NE –, NVwZ-RR 2010, S. 263.
463 Vgl. *Stüer*, a. a. O. (Fußn. 6), S. 141.
464 Vgl. *OVG Bautzen*, Urt. v. 12.01.2010 – 1 D 11/07 –, Juris, Rn. 122.
465 Vgl. *OVG Koblenz*, Urt. v. 21.10.2009 – 1 C 10150/09 –, Juris, Rn. 26.
466 Vgl. *Wüstenrot Stiftung* (Hrsg.), a. a. O. (Fußn. 56), S. 71 f.

Voraussetzung für die verschiedenen Möglichkeiten der Differenzierung bzw. Feinsteuerung nach § 1 Abs. 4 bis 10 BauNVO, die nachfolgend noch erläutert werden.[467]

Abschließend sei auf einen allgemeinen Aspekte hingewiesen: Es existiert keine Mindestgröße für die Festsetzung eines Baugebiets. Es ist stets im Einzelfall zu prüfen, ob das Baugebiet eine Größe aufweist, die der planerischen Zielsetzung gerecht wird.[468] So kann ein Baugebiet beispielsweise auch nur ein einziges Grundstück umfassen, ohne dass dies zwangsläufig zur Unwirksamkeit des Bebauungsplans führt.[469] Ebenso sind auch Einzelfallplanungen nicht grundsätzlich unzulässig. Im Gegenteil: Die Festsetzung von Sondergebieten dient nach § 11 Abs. 3 BauNVO insbesondere der Planung von einzelnen (Groß-)Vorhaben wie Einkaufszentren, großflächigen Einzelhandelsbetrieben und sonstigen großflächigen Handelsbetrieben.[470]

IV.3.2. Feinsteuerung der Zulässigkeitstatbestände

In fast allen Baugebietstypen – mit Ausnahme von Sondergebieten, die der Erholungen dienen, und sonstigen Sondergebieten[471] – ist die Zulässigkeit von Nutzungen bereits durch die jeweiligen Baugebietsvorschriften normiert. Diese werden bei der Festsetzung des jeweiligen Baugebiets unmittelbarer Bestandteil des Bebauungsplans (§ 1 Abs. 3 Satz 2 BauNVO). Aus verschiedensten städtebaulichen Gründen, insbesondere aufgrund des Lärmschutzes, kann jedoch eine Anpassung der allgemeingültigen Zulässigkeitsvorschriften der BauNVO an die konkreten örtlichen Gegebenheiten erforderlich sein. Den Gemeinden steht dafür das Instrumentarium der Feinsteuerung nach § 1 Abs. 4 bis 9 BauNVO zur Verfügung. Nachfolgend werden unter den Buchstaben a) bis d) die verschiedenen Möglichkeiten mit Blick auf den Lärmschutz erörtert. Dabei gilt grundsätzlich: Die Differenzierung muss städtebaulich erforderlich sein und findet dort ihre Grenze, wo sie zu einer Veränderung der allgemeinen Zweckbestimmungen führen würde. Dies

---

467 Siehe Punkte E.IV.3.2 und E.IV.3.3.
468 Vgl. *Fickert/Fieseler/Determann/Stühler*, a. a. O. (Fußn. 115), § 1 Rn. 32 ff.
469 So bereits *BVerwG*, Beschl. v. 06.11.1968 – IV B 47.68 –, DÖV 1969, S. 644 = NJW 1969, S. 1076; vgl. *BVerwG*, Beschl. v. 23.06.1992 – 4 B 55/92 –, NVwZ-RR 1993, S. 456 (456) = IBR 1994, S. 516.
470 Vgl. *Roeser*, a. a. O. (Fußn. 114), § 1 Rn. 21.
471 In beiden Gebietstypen ist die Zweckbestimmung und die Art der Nutzung festzusetzen (§ 10 Abs. 2 Satz 1 sowie § 11 Abs. 2 Satz 1 BauNVO).

ergibt sich zum Teil direkt aus dem Wortlaut des Verordnungstextes[472]; zum Teil wurde es durch die Rechtsprechung erklärt bzw. bestätigt[473].
Fremdkörperfestsetzungen gem. § 1 Abs. 10 BauNVO werden aufgrund einiger Besonderheiten anschließend gesondert vorgestellt (siehe Punkt E.IV.3.3).

a) Horizontale Gliederung gem. § 1 Abs. 4 BauNVO

Im Bebauungsplan können für die in den §§ 4 bis 9 BauNVO bezeichneten Baugebiete Festsetzungen getroffen werden, die das Baugebiet (1.) nach der Art der zulässigen Nutzung und/oder (2.) nach der Art der Betriebe und Anlagen und deren besonderen Bedürfnissen und Eigenschaften gliedern (§ 1 Abs. 4 Satz 1 BauNVO).[474] Bei Gewerbe- und Industriegebieten kann die Gliederung auch im Verhältnis zu anderen gleichartigen Gebieten in der Gemeinde erfolgen (§ 1 Abs. 4 Satz 2 BauNVO).

Die horizontale Gliederung eines Baugebiets hat zur Folge, dass in Teilen des Gebiets nur bestimmte Nutzungen, Betriebe oder Anlagen zulässig sind, während die übrigen in den Baugebietsvorschriften benannten Vorhaben in diesen Teilgebieten ausgeschlossen sind. Die Vorschrift bietet allerdings nicht die Möglichkeiten bestimmte Nutzungen im gesamten Baugebiet als unzulässig festzusetzen; dies kann jedoch auf Grundlage von § 1 Abs. 5 BauNVO erfolgen.[475]

Die verschiedenen Gliederungsmöglichkeiten nach § 1 Abs. 4 Satz 1 Nrn. 1 und 2 BauNVO können sowohl alternativ als auch kumulativ innerhalb eines Bebauungsplans Anwendung finden.[476]

Hinsichtlich der Wahrung der allgemeinen Zweckbestimmung des Baugebiets gilt: Es ist nicht erforderlich, dass die Zweckbestimmung in jedem Teilbereich des Baugebiets gewahrt bleibt. Vielmehr muss sie bei der Berücksichtigung aller Baugebietsteile und den dort geltenden Festsetzungen noch deutlich werden.[477] Allerdings ist bei nutzungsgemischten Baugebieten, insbesondere bei Dorf- und

---

472 Siehe § 1 Abs. 5, Abs. 6 Nr. 2 und Abs. 7 Nr. 3 BauNVO.
473 Vgl. *BVerwG*, Beschl. v. 06.05.1996 – 4 NB 16/96 –, BRS 58, S. 88 (88).
474 Es sei der Vollständigkeit halber darauf hingewiesen, dass die horizontale Gliederung auch bei Sondergebieten gem. § 11 BauNVO angewandt werden kann. Vgl. *BVerwG*, Urt. v. 28.02.2002 – 4 CN 5/01 –, BauR 2002, S. 1348 (1348) = NVwZ 2002, S. 1114 (1114).
475 Siehe dazu: Punkt E.IV.3.2.b).
476 Vgl. *Fickert/Fieseler/Determann/Stühler*, a. a. O. (Fußn. 115), § 1 Rn. 91.
477 Vgl. *BVerwG*, Beschl. v. 22.12.1989 – 4 NB 32/89 –, BauR 1990, S. 186 (187) = NVwZ-RR 1990, S. 171.

Mischgebieten, zu beachten, dass die vom Verordnungsgeber vorgesehene Nutzungsmischung noch erkennbar ist. Folglich ist die Festsetzung eines Mischgebiets, welches im Wesentlichen aus einem Teilbereich, in dem nur Wohnnutzung zulässig ist, und einem zweiten Bereich, in dem nur Gewerbenutzungen möglich sind, rechtwidrig.[478]

Die horizontale Gliederung nach **§ 1 Abs. 4 Satz 1 Nr. 1 BauNVO** bezieht sich auf sämtliche in den Baugebietsvorschriften genannten allgemein und ausnahmsweise zulässigen Nutzungen.[479] Eine solche nutzungsbezogene Gliederung ist beispielshalber bei einem Gewerbegebiet dergestalt denkbar, dass in den Teilen des Gewerbegebiets, die an ein Industriegebiet, eine Autobahn, eine Bahntrasse o. ä. grenzen, die üblicherweise nach § 8 Abs. 3 Nr. 1 BauNVO ausnahmsweise zulässigen betriebsbedingten Wohnungen aus Gründen des Immissionsschutzes ausgeschlossen werden. Umgekehrt ist es jedoch beispielsweise im Grenzbereich zwischen einem Gewerbe- und einem Wohngebiet auch möglich, in dem betroffenen Teil des Gewerbegebiets nur nicht bzw. nicht wesentlich störende gewerbliche Nutzungen als zulässig festzusetzen (sog. eingeschränktes Gewerbegebiet)[480].

Auf Grundlage von **§ 1 Abs. 4 Satz 1 Nr. 2 BauNVO** kann eine horizontale Gliederung eines Baugebiets in Bezug auf die Art der Betriebe und Anlage sowie deren besonderen Bedürfnissen und Eigenschaften erfolgen. Diese Art der horizontalen Gliederung bietet – gegenüber der nutzungsbezogenen Gliederung – mehr Möglichkeiten zur Differenzierung. Allerdings gestalten sich derartige Festsetzungen insbesondere wegen der Anforderungen im Hinblick auf ihre Bestimmtheit bei gleichzeitig abstraktem Charakter häufig diffiziler (im Vergleich zu einem „bloßen" Rückgriff auf die Nutzungsarten wie bei Nr. 1).

Ein erster Bezugspunkt von § 1 Abs. 4 Satz 1 Nr. 2 BauNVO ist die Betriebsart: Ein Betrieb im bebauungsrechtlichen Sinne zeichnet sich in der Regel durch „die organisatorische Zusammenfassung von Betriebsanlagen und Betriebsmitteln zu einem bestimmten Betriebszweck"[481] aus. Beispiele sind etwa Gewerbebetriebe, öffentliche Betriebe sowie land- und forstwirtschaftliche Betriebe[482], wobei dies jeweils nur übergeordnete Betriebsarten sind und somit weitere

---

478 Vgl. *Söfker*, a. a. O. (Fußn. 116), § 1 BauNVO Rn. 48.
479 Vgl. ebenda, § 1 BauNVO Rn. 54; vgl. *Fickert/Fieseler/Determann/Stühler*, a. a. O. (Fußn. 115), § 1 Rn. 86 f.; vgl. *Roeser*, a. a. O. (Fußn. 114), § 1 Rn. 53; vgl. *Ziegler*, a. a. O. (Fußn. 128), § 1 BauNVO Rn. 295.
480 Vgl. *OVG Münster*, Urt. v. 17.10.1996 – 7a D 122/94.NE –, ZUR 1997, S. 440 (Ls.).
481 *BVerwG*, Beschl. v. 27.11.1987 – 4 B 230/87 und 4 B 231/87 –, BauR 1988, S. 184 (184) = BRS 51, S. 99 (99).
482 Vgl. *Söfker*, a. a. O. (Fußn. 116), § 1 BauNVO Rn. 56

Unterteilungen möglich sind.[483] Beispielhaft zu nennen ist in diesem Zusammenhang die räumliche Konzentration von lärmintensiven Betrieben wie Schreinereien oder Speditionen in einem bestimmten Teil eines Gewerbegebiets[484].

Ein weiterer Anknüpfungspunkt für eine horizontale Gliederung ist die Anlagenart. Der Begriff umfasst einerseits selbstständige Anlagen wie Schwimmbäder, Turnhallen und Tennisanlagen (jeweils sportlichen Zwecke dienende Anlagen) oder wie Kirchen, Kindergärten und Altenheimen (jeweils Anlagen für kirchliche und soziale Zwecke). Andererseits subsumiert der Begriff aber ebenso unselbstständige Teile von Nutzungen, Betrieben oder selbstständigen Anlagen. Mit Blick auf den Immissionsschutz ist es beispielsweise denkbar, dass störende Produktionsanlagen in das Zentrum eines Gewerbegebiets verlegt werden, während weniger belästigende Anlagen (etwa Kantinen, Sozialräume und Betriebswohnungen) in den Randbereichen konzentriert werden, wo der Übergang zu Nutzungen mit höherem Schutzniveau erfolgen soll.[485]

Die horizontale Gliederung eines Baugebiets kann auch in Bezug auf die besonderen Bedürfnisse von Betrieben und Anlagen erfolgen. Derartige besondere Bedürfnisse sind z. B. die Standortbindung bei rohstoffverarbeitenden Betrieben, wie Kalk- und Zementwerken, Kiesbaggereien oder Getränkeherstellern, die Abhängigkeit von leistungsfähiger Verkehrsinfrastruktur oder die Schutzbedürftigkeit von Nutzungen.[486] Das letztgenannte (besondere) Bedürfnis kann mit Blick auf den Lärmschutz beispielsweise zu einer Feinsteuerung dergestalt führen, dass Betriebe und Anlagen mit ähnlichem Schutzniveau in bestimmten Baugebietsteilen konzentriert werden.

Von besonderer Bedeutung für den Umweltschutz im Allgemeinen und den Lärmschutz im Besonderen ist die Möglichkeit zur Gliederung nach den besonderen Eigenschaften von Anlagen und Betrieben. Dabei ist eine exakte Trennung zum vorher genannten Gliederungspunkt (besondere Bedürfnisse) teilweise weder möglich noch zwingend notwendig. Allerdings sind *besondere* von allgemeinen Eigenschaften zu unterscheiden: Die Einteilung von Gewerbebetrieben nach ihrem Störgrad in der BauNVO in nicht störend, nicht wesentlich störend etc. stellt

---

483 Zu den Gewerbebetrieben zählen z. B. Handwerksbetriebe, Handelsbetriebe, Betriebe des Beherbergungsgewerbes, Schank- und Speisewirtschaften, Tankstellen, Industriebetriebe. Darüber hinaus sind weitere Unterscheidung insbesondere nach Betriebsformen und -branchen zulässig. Vgl. *Fickert/Fieseler/Determann/Stühler*, a. a. O. (Fußn. 115), § 1 Rn. 80 und 89.
484 Vgl. *Spiegels*, a. a. O. (Fußn. 415), S. 315 (321).
485 Vgl. *Fickert/Fieseler/Determann/Stühler*, a. a. O. (Fußn. 115), § 1 Rn. 90.
486 Vgl. ebenda, § 1 Rn. 91.

folglich noch keine besondere Eigenschaft dar.[487] Als Bezugspunkt kann stattdessen insbesondere die Umweltverträglichkeit, z. B. grundwassergefährdend oder bodenverunreinigend, oder ein bestimmtes Emissionsverhalten herangezogen werden[488].

Zum Schutz vor Geräuschimmissionen hat sich seit 2006 – mit der Einführung der DIN 45691[489] – die Festsetzung sog. **Geräusch- bzw. Emissionskontingente** durchsetzt. Die Kontingente sind Ausdruck eines bestimmten Emissionsverhaltens von Anlagen oder Betrieben.[490] Zuvor wurden vor allem sog. flächenbezogene Schallleistungspegel (FSP) und immissionswirksame flächenbezogene Schallleistungspegel (IFSP) verwendet.[491] Sowohl bei FSP und IFSP als auch bei Emissionskontingenten wird einzelnen Flächenelementen im Bebauungsplan ein maximal zulässiger Schallleistungspegel zugewiesen[492]: In der Regel erfolgt dies bei FSP und IFSP pro Quadratmeter[493], bei Emissionskontingenten nach DIN 45691 für Teilflächen.[494] Dabei ist es wichtig, dass tatsächlich eine horizontale Gliederung des Baugebiets stattfindet; ein einheitliches Emissionskontingent für das gesamte Baugebiet bzw. die Festsetzung mehrerer Kontingente jedoch mit gleichen Schallleistungspegel sind unzulässig[495].

Der Unterschied zwischen den Instrumenten liegt insbesondere in der Standardisierung der Berechnungs- und Bewertungsverfahren: Da kein allgemein anerkannter Standard für die Schallausbreitungsberechnung existiert, müssen bei FSP und IFSP die zugrundeliegenden und im Genehmigungsverfahren anzuwendenden Berechnungs- und Beurteilungsverfahren jeweils im Bebauungsplan festgesetzt

---

487 Vgl. *Söfker*, a. a. O. (Fußn. 116), § 1 BauNVO Rn. 61.
488 Vgl. *Fickert/Fieseler/Determann/Stühler*, a. a. O. (Fußn. 115), § 1 Rn. 93. In Bezug auf das Emissionsverhalten: vgl. *Söfker*, a. a. O. (Fußn. 116), § 1 BauNVO Rn. 62; vgl. *Roeser*, a. a. O. (Fußn. 114), § 1 Rn. 59.
489 DIN 45691 – Geräuschkontingentierung, hrsg. vom Deutschen Institut für Normung, Berlin 2006.
490 Vgl. *Kuschnerus*, a. a. O. (Fußn. 126), S. 277.
491 Der Unterschied zwischen FSP und IFSP liegt in der Einbeziehung von Zusatzdämpfungen bei IFSP. Vgl. *BVerwG*, Beschl. v. 27.01.1998 – 4 NB 3/97 –, BauR 1998, S. 744 (744) = NVwZ 1998, S. 1067 (1067).
492 Vgl. *Höhn*, Kontingentierung in Bebauungsplänen: Für Lärm zulässig, für Einzelhandel nicht?, in: DVBl. 2012, S. 74 (76).
493 Vgl. *Stüer*, a. a. O. (Fußn. 6), S. 251.
494 Vgl. *Fischer/Tegeder*, Geräuschkontingentierung-DIN 45691, in: BauR 2007, S. 323 (326).
495 Vgl. *OVG Koblenz*, Urt. v. 02.05.2011 – 8 C 11261/10 –, ZfBR 2011, S. 567 (568); vgl. *OVG Münster*, Urt. v. 13.09.2012 – 2 D 38/11.NE –, BauR 2013, S. 1408 (1416).

werden.[496] Der *VGH München*[497] sah beispielsweise den Verweis auf die VDI-Richtlinien 2714 und 2720 in der Bebauungsplanfestsetzung als hinreichende Bestimmung an. Ungeachtet dessen führt(e) die fehlende Standardisierung in der Planungspraxis zu Problemen, weshalb 2006 die DIN 45691 eingeführt wurde.[498] Gleichwohl ist die Festsetzung von FSP und IFSP – unter Beachtung der rechtlichen Anforderungen – nach wie vor zulässig[499].

Bei Emissionskontingenten nach DIN 45691 genügt es hinsichtlich der Berechnungs- und Beurteilungsverfahren, wenn in der Festsetzung auf die genannte DIN-Norm verwiesen wird. Bei solchen Festsetzungen, d. h., wenn die Zulässigkeit eines Vorhabens sich maßgeblich nach den Regelungen einer DIN-Norm richtet, muss sichergestellt sein, dass sich jedermann verlässlich und in zumutbarer Weise Zugang zum Inhalt der Norm verschaffen kann.[500] Eine Möglichkeit dieser Anforderung des Publizitätsgebots gerecht zu werden, ist ein Verweis in der Bebauungsplanurkunde, wonach sowohl der Bebauungsplan als auch die in Bezug genommene DIN-Vorschrift in einer Verwaltungsstelle eingesehen werden können[501].

Die Festsetzung von Emissionskontingenten führt in der Regel zu einer abschließenden Lösung des Immissionskonfliktes, sodass im Genehmigungsverfahren nur noch zu prüfen ist, ob das beantragte Vorhaben die festgesetzten Schallleistungspegel einhält. Anders kann sich dies beispielsweise bei besonders lästigen Geräuschen, d. h. äußerst hohe Spitzenpegel, besondere Impulshaftigkeit o. ä., gestalten. In diesen Fällen ist ggf. eine weitergehende Zulassungsprüfung im Genehmigungsverfahren erforderlich.[502]

---

496 Vgl. *VGH München*, Urt. v. 12.06.2003 – 1 N 01.1044 –, Juris, Rn. 26; vgl. *OVG Koblenz*, Urt. v. 04.07.2006 – 8 C 11709/05 –, ZfBR 2007, S. 57 (58); vgl. *VGH Kassel*, Urt. v. 21.02.2008 – 4 N 869/07 –, BauR 2009, S. 766 (766); vgl. *OVG Berlin-Brandenburg*, Urt. v. 13.04.2010 – 10 A 2.07 –, BauR 2010, S. 1535 (1536).
497 Vgl. *VGH München*, Urt. v. 29.11.2012 – 15 N 09.693 –, Juris, Rn. 36 ff.
498 Vgl. *Kuschnerus*, a. a. O. (Fußn. 126), S. 277; vgl. *Fischer/Tegeder*, a. a. O. (Fußn. 494), S. 323 (324).
499 Vgl. *BVerwG*, Beschl. v. 27.01.1998 – 4 NB 3/97 –, BauR 1998, S. 744 (744) = NVwZ 1998, S. 1067 (1067); vgl. *BVerwG*, Beschl. v. 12.06.2008 – 4 BN 8/08 –, Juris, Rn. 5; vgl. *VGH München*, Urt. v. 29.11.2012 – 15 N 09.693 –, Juris, Rn. 35 ff.
500 Vgl. *BVerwG*, Beschl. v. 29.07.2010 – 4 BN 21/10 –, BauR 2010, S. 1889 (1890) = UPR 2010, S. 452 (452 f.); vgl. *OVG Münster*, Urt. v. 21.05.2012 – 10 D 145/09.NE –, Juris, Rn. 20 ff.
501 Vgl. *OVG Koblenz*, Urt. v. 08.06.2011 – 1 C 11199/10 –, BRS 78, S. 194 (195).
502 Vgl. *Kuschnerus*, a. a. O. (Fußn. 126), S. 278.

b) Feinsteuerung der allgemein zulässigen Nutzungen gem. § 1 Abs. 5 BauNVO

Im Bebauungsplan kann gem. § 1 Abs. 5 BauNVO festgesetzt werden, dass bestimmte Arten von Nutzungen, die in den Baugebieten nach den §§ 2, 4 bis 9 BauNVO allgemein zulässig sind, unzulässig oder (nur) ausnahmsweise zulässig sind. Gleiches gilt für Nutzungen nach § 13 BauNVO (Gebäude und Räume für freie Berufe). Entsprechende differenzierende Festsetzungen können sich sowohl auf das gesamte Baugebiet als auch nur auf Teile dessen beziehen (§ 1 Abs. 8 BauNVO).

Mit dem Begriff „Arten von Nutzungen" sind alle zulässigen Nutzungen gemeint, die jeweils im zweiten Absatz der einzelnen Baugebietsvorschriften benannt werden. Dabei ist es unbeachtlich, inwiefern die einzelnen Nutzungen ggf. in Nummern zusammengefasst sind: § 1 Abs. 5 BauNVO kann auch nur für einzelne Nutzungen angewandt werden.[503]

Eine Feinsteuerung auf Grundlage von § 1 Abs. 5 BauNVO kann insbesondere zum Schutz vor Lärm bzw. zur Verbesserung der Lärmsituation städtebaulich erforderlich sein. Diese Erforderlichkeit muss stets gegeben sein[504]; es steht ausdrücklich „nicht im planerischen Belieben der Gemeinde"[505] eine solche Differenzierung vorzunehmen. Zulässig sind demnach z. B. folgende Festsetzungsvarianten:

– Ein eingeschränktes Gewerbegebiet, in dem anstelle der „nicht erheblich belästigenden" nur „nicht wesentliche störende" Gewerbebetriebe zulässig sind.[506] Damit wird der zulässige Störgrad – auch im Hinblick auf Geräuschimmissionen – herabgesetzt, was beispielsweise aufgrund der räumlichen Nähe zu schützenswerten Nutzungen erforderlich sein kann.
– Der Ausschluss von Schank- und Speisewirtschaften in einem Mischgebiet[507], u. a. zur Verbesserung der Wohnruhe.[508]

---

503 Diesbezüglich klarstellend, d. h., es besteht kein „Nummerndogma": vgl. *BVerwG*, Beschl. v. 22.05.1987 – 4 N 4/86 –, BauR 1987, S. 520 (523) = NVwZ 1987, S. 1072 (1074).
504 Vgl. u. a. *OVG Münster*, Urt. v. 24.04.2013 – 7 D 24/12.NE –, BauR 2013, S. 1073 (1074).
505 Vgl. *BVerwG*, Beschl. v. 25.04.2002 – 4 BN 20/02 –, Juris, Rn. 6.
506 Vgl. *BVerwG*, Beschl. v. 15.04.1987 – 4 B 71/87 –, NVwZ 1987, S. 970 = ZfBR 1987, S. 262; vgl. *OVG Saarlouis*, Urt. v. 31.10.2000 – 2 N 4/99 –, Juris, Rn. 33; vgl. *OVG Berlin-Brandenburg*, Urt. v. 25.05.2012 – 2 A 11.10 –, Juris, Rn. 25.
507 Im konkreten Fall zwar ablehnend, jedoch für grundsätzlich zulässig erklärt: vgl. *VGH Mannheim*, Urt. v. 09.08.2013 – 8 S 2145/12 –, Juris, Rn. 53 ff.
508 Vgl. *VGH München*, Urt. v. 22.11.1999 – 14 N 98.3623 –, BauR 2000, S. 699.

– Der Ausschluss von Vergnügungsstätten in einem Kerngebiet.[509] Eine städtebauliche Rechtfertigung können beispielshalber die hohen Geräuschimmissionen (insbesondere in den Abend- und Nachtstunden), die oftmals mit dem Betrieb von Vergnügungsstätten verbunden sind, darstellen.

In den benannten Beispielen werden jeweils allgemein zulässige Nutzungen als unzulässig festgesetzt. Es sei noch einmal explizit darauf hingewiesen, dass nach § 1 Abs. 5 BauNVO auch die „Umwandlung" in eine ausnahmsweise Zulässigkeit möglich ist. Häufig wird eine solche Differenzierung bereits genügen – auch mit Blick auf die Anforderung zur Wahl des milderen Mittels.[510]

Die wichtigste Anwendungsvoraussetzung für eine derartige Feinsteuerung ist die Wahrung der allgemeinen Zweckbestimmung des jeweiligen Baugebiets. Diese ergibt sich ausschließlich in abstrakter Weise aus den Baugebietsvorschriften. Dahingegen ist die sich ggf. entwickelnde bzw. bereits vorhandene konkrete Eigenart des Baugebiets nicht maßgeblich.[511] In diesem Zusammenhang sei auch darauf hingewiesen, dass es durch die Feinsteuerung nach § 1 Abs. 5 BauNVO nicht zu einer Umkehr des Regel-Ausnahme-Verhältnisses kommen darf.[512] Welche Folgen dies auf die Möglichkeiten zur Differenzierung der Zulässigkeitstatbestände hat, kann exemplarisch am allgemeinen Wohngebiet gem. § 4 BauNVO sowie am Mischgebiet gem. § 6 BauNVO dargestellt werden.

Es ist offensichtlich, dass der Ausschluss von Wohngebäuden im allgemeinen Wohngebiet unzulässig ist, da sie nach der allgemeinen Zweckbestimmung des Gebietstyps die überwiegende Nutzungsart darstellen sollen. Ebenso ist es jedoch auch nicht möglich, alle übrigen, allgemein zulässigen Nutzungsarten für unzulässig zu erklären, weil vom Verordnungsgeber eine gewisse, wenn auch begrenzte Nutzungsmischung im allgemeinen Wohngebiet beabsichtigt ist (sie dienen nur überwiegend und nicht ausschließlich, wie reine Wohngebiete, dem Wohnen)[513].

In einem Mischgebiet wird die allgemeine Zweckbestimmung nach § 6 Abs. 1 BauNVO verletzt, wenn entweder die Wohnnutzung für nur ausnahmsweise oder sogar für unzulässig erklärt wird. Selbiges gilt bei einer entsprechenden Veränderung

---

509 Vgl. *BVerwG*, Beschl. v. 22.05.1987 – 4 N 4/86 –, BauR 1987, S. 520 (521 f.) = NVwZ 1987, S. 1072 (1072 f.); vgl. *VGH Mannheim*, Urt. v. 16.03.2012 – 8 S 260/11 –, Juris, Rn. 52.
510 Vgl. *Fickert/Fieseler/Determann/Stühler*, a. a. O. (Fußn. 115), § 1 Rn. 102.
511 Vgl. *Söfker*, a. a. O. (Fußn. 116), § 1 BauNVO Rn. 67.
512 Vgl. *Kuschnerus*, a. a. O. (Fußn. 126), S. 426.
513 Vgl. *BVerwG*, Beschl. v. 08.02.1999 – 4 BN 1/99 –, BauR 1999, S. 1435 = ZfBR 1999, S. 234.

der Zulässigkeitstatbestände im Hinblick auf Gewerbebetriebe, die das Wohnen nicht wesentlich stören.[514] Beide Nutzungsarten sind prägend für das Mischgebiet, weshalb eine Veränderung ihrer Zulässigkeit in der genannten Art und Weise die allgemeine Zweckbestimmung des Gebiets nicht mehr wahren würde.

c) Feinsteuerung der ausnahmsweise zulässigen Nutzungen gem. § 1 Abs. 6 BauNVO

Auf Grundlage von § 1 Abs. 6 BauNVO kann im Bebauungsplan festgesetzt werden, dass alle oder einzelne Ausnahmen, die in den Baugebieten nach den §§ 2 bis 9 BauNVO vorgesehen sind, (1.) nicht Bestandteil des Bebauungsplans werden oder (2.) in dem Baugebiet allgemein zulässig sind, sofern die allgemeine Zweckbestimmung des Baugebiets gewahrt bleibt.

Die Möglichkeit zur Feinsteuerung bezieht sich auf jede einzelne Nutzung, die im dritten Absatz der jeweiligen Baugebietsvorschrift aufgeführt wird; ebenso wie bei § 1 Abs. 5 BauNVO besteht auch hier kein „Nummerndogma".[515]

Nach § 1 Abs. 6 Nr. 1 BauNVO können die laut Baugebietsvorschrift ausnahmsweise zulässigen Nutzungen in Teilen oder in Gänze im Bebauungsplan ausgeschlossen werden. Aus Gründen des Lärmschutzes ist es beispielsweise vorstellbar in einem allgemeinen Wohngebiet Tankstellen, die üblicherweise gem. § 4 Abs. 3 Nr. 5 BauNVO ausnahmsweise zulässig sind, als unzulässig festzusetzen, da insbesondere die mit der Anlagen verbundenen Verkehrsgeräusche der konkreten planerischen Intention widersprechen können.

Die Anforderungen für eine Differenzierung nach § 1 Abs. 6 Nr. 1 BauNVO sind eher gering, weil die Ausnahmen keine prägende Wirkung hinsichtlich der Zweckbestimmung des Baugebiets entfalten. Im Schrifttum wird teilweise sogar die Auffassung vertreten, es bedarf beim Ausschluss aller Ausnahmen gar keiner städtebaulichen Begründung.[516] Nach Ansicht des Autors widerspricht eine solche Auffassung jedoch der Grundintention des § 9 Abs. 1 BauGB, wonach jede Festsetzung einer städtebaulichen Rechtfertigung bedarf.[517] Eine Begründung wird vor allem in den Fällen erforderlich sein, in denen nur bestimmte Ausnahmen ausgeschlossen

---

514 Vgl. *VGH Mannheim*, Beschl. v. 20.06.1995 – 8 S 237/95 –, NVwZ-RR 1996, S. 139.
515 Vgl. *Roeser*, a. a. O. (Fußn. 114), § 1 Rn. 74; vgl. *Fickert/Fieseler/Determann/Stühler*, a. a. O. (Fußn. 115), § 1 Rn. 106.
516 So *Fickert/Fieseler/Determann/Stühler*, a. a. O. (Fußn. 115), § 1 Rn. 107.
517 So im Ergebnis auch: vgl. *Söfker*, a. a. O. (Fußn. 116), § 1 BauNVO Rn. 79; vgl. *Roeser*, a. a. O. (Fußn. 114), § 1 Rn. 75; vgl. *Ziegler*, a. a. O. (Fußn. 128), § 1 BauNVO Rn. 200 ff.

werden oder in denen in Verbindung mit § 1 Abs. 8 BauNVO für verschiedene Teile des Baugebiets unterschiedliche Ausnahmen als unzulässig festgesetzt werden. Eine Feinsteuerung nach § 1 Abs. 6 BauNVO ermöglicht ferner die Festsetzung von ausnahmsweise zulässigen Nutzung als allgemein zulässig (Nr. 2). Bei einer derartigen Differenzierung ist die Wahrung der allgemeinen Zweckbestimmung zwingend notwendig. Welche Beschränkungen sich aus dieser Anwendungsvoraussetzung im Konkreten ergeben, kann nur anhand des Einzelfalls beurteilt werden.

d) Vertikale Gliederung gem. § 1 Abs. 7 BauNVO

Für bestimmte Geschosse, Ebenen oder sonstige Teile baulicher Anlagen in Baugebieten nach den §§ 4 bis 9 BauNVO kann im Bebauungsplan nach § 1 Abs. 7 BauNVO festgesetzt werden, dass

1. nur einzelne oder mehrere der in dem Baugebiet allgemein zulässigen Nutzungen zulässig sind,
2. einzelne oder mehrere der in dem Baugebiet allgemein zulässigen Nutzungen unzulässig sind oder als Ausnahme zugelassen werden können oder
3. alle oder einzelne Ausnahmen, die in den Baugebieten nach den §§ 4 bis 9 BauNVO vorgesehen sind, nicht zulässig oder – sofern die allgemeine Zweckbestimmung des Baugebiets gewahrt bleibt – allgemein zulässig sind.

Die vertikale Gliederung eines Baugebiets stellt regelmäßig eine erhebliche Einschränkung der Baufreiheit dar und ist deshalb auch nur mit besonderer Zurückhaltung anzuwenden.[518] Vor diesem Hintergrund bedarf eine Feinsteuerung nach § 1 Abs. 7 BauNVO auch *besonderer* städtebaulicher Gründe als Rechtfertigung, was jedoch nicht zwangsläufig zu erschwerten Voraussetzungen führen muss:

„*Vielmehr ist mit ‚besonderen' städtebaulichen Gründen [...] gemeint, daß es s p e z i e l l e Gründe gerade für die gegenüber Absatz 5 noch feinere Ausdifferenzierung der zulässigen Nutzungen geben muß.*"[519] *[Hervorhebung im Original]*

Die zitierte Entscheidung bezieht sich zwar auf § 1 Abs. 9 BauNVO, ist allerdings verallgemeinerungsfähig und insoweit auch auf § 1 Abs. 7 BauNVO übertragbar.[520]

---

518 *Fickert/Fieseler/Determann/Stühler*, a. a. O. (Fußn. 115), § 1 Rn. 112. Hinweisend auf die qualifizierte Einschränkung der Eigentümerbefugnisse: vgl. *BVerwG*, Beschl. v. 04.06.1991 – 4 NB 35/89 –, BauR 1991, S. 718 (724) = NVwZ 1992, S. 373 (375).
519 *BVerwG*, Urt. v. 22.05.1987 – 4 C 77/84 –, BauR 1987, S. 524 (525) = NVwZ 1987, S. 1074 (1075).
520 Vgl. *Söfker*, a. a. O. (Fußn. 116), § 1 BauNVO Rn. 92a.

Insofern sind stets die konkreten Umstände bei der Beurteilung, ob eine Feinsteuerung nach § 1 Abs. 7 BauNVO zulässig ist, entscheidend.

In der Regel erfolgt eine vertikale Gliederung, um die Erdgeschosszonen für bestimmte Nutzungen – vor allem Einzelhandel und Gastronomie – freizuhalten.[521] Allerdings können auch Aspekte des Lärmschutzes eine solche Feinsteuerung (unterstützend) rechtfertigen: So ist eine gewerbliche Nutzung in den Erdgeschossen, d. h. unterhalb der Wohnnutzung, weniger störend als im umgekehrten Falle[522].

Im Übrigen ähnelt § 1 Abs. 7 BauNVO sehr den anderen Vorschriften zur Feinsteuerung, weshalb auf die vorhergehenden Ausführungen verwiesen werden kann.

e) Feinsteuerung von bestimmten Arten von Anlagen gem. § 1 Abs. 9 BauNVO

Im Bebauungsplan kann bei Anwendung von § 1 Abs. 5 bis 8 BauNVO festgesetzt werden, dass nur bestimmte Arten der in den Baugebieten allgemein oder ausnahmsweise zulässigen baulichen oder sonstigen Anlagen zulässig oder nicht zulässig sind oder nur ausnahmsweise zugelassen werden können. Eine derartige Feinsteuerung bedarf besonderer städtebaulicher Gründe (§ 1 Abs. 9 BauNVO).

Die Regelung erweitert den Anwendungsbereich der Differenzierungsmöglichkeiten nach § 1 Abs. 5 bis 8 BauNVO um die Gliederung nach Unterarten von Nutzungen. Für den Lärmschutz hat diese Art der Feinsteuerung allerdings eher nachrangige Bedeutung; sie dient in erster Linie der planerischen Steuerung des Einzelhandels.[523] Aus diesem Grund wird an dieser Stelle auf weitergehende Ausführungen verzichtet. Darüber hinaus lassen sich die vorangegangenen Erläuterungen zu § 1 Abs. 4 Satz 1 Nr. 2 und Abs. 7 BauNVO in Teilen auch auf § 1 Abs. 9 BauNVO übertragen.

IV.3.3. Fremdkörperfestsetzung

Bei der Überplanung bereits bebauter, innerstädtischer Bereiche können bei der Festsetzung eines bestimmten Baugebiets Probleme derart auftreten, dass bereits vorhandene Nutzungen zukünftig nicht mehr zulässig sind, da sie nicht von den Zulässigkeitstatbeständen der entsprechende Baugebietsvorschrift subsumiert

---

521 Zu Fallbeispielen: vgl. *Fickert/Fieseler/Determann/Stühler*, a. a. O. (Fußn. 115), § 1 Rn. 141.
522 Vgl. *VGH München*, Urt. v. 30.07.2013 – 1 N 11.821 –, Juris, Rn. 18.
523 Vgl. *Kuschnerus*, a. a. O. (Fußn. 126), S. 429.

werden und auch nicht durch eine Differenzierung dieser Tatbestände nach § 1 Abs. 4 bis 9 BauNVO für zulässig erklärt werden können, weil sie der Eigenart des Baugebiets widersprechen. Als Beispiele für solche „Fremdkörper" sind störende Handwerksbetriebe in Mischgebieten, kerngebietstypische Nutzungen im allgemeinen Wohngebiet sowie größere Hotels in reinen Wohngebieten zu nennen.[524] Bei diesen Bestandsnutzungen sind nach der Festsetzung des jeweiligen Baugebiets Erweiterungen, Änderungen, Nutzungsänderungen (entgegen der Zweckbestimmung des Baugebiets) sowie Erneuerungen unzulässig, d. h., die Nutzungen werden auf ihren (passiven) Bestandsschutz reduziert.

Vor dem Hintergrund der Stärkung der Innenentwicklung kann eine derartige Überplanung – einschließlich der damit verbundenen veränderten Zulässigkeit – durchaus kritisch bewertet werden, da dies mittel- bis langfristig zu einer Nutzungsentmischung führen kann. Gleichwohl ist eine Bestandsüberplanung oftmals erforderlich, u. a. um einerseits vorhandene städtebauliche Missstände zu beseitigen oder die Entstehung eben solcher Zustände zu verhindern und um andererseits die Innenentwicklung – z. B. mittels Planung nutzungsgemischter Strukturen – zu fördern.

Eine Lösung dieser Problematik kann die sog. Fremdkörperfestsetzung gem. § 1 Abs. 10 BauNVO darstellen, die insbesondere mit Blick auf die Innenentwicklung bereits 1990 eingeführt wurde.[525] Die Regelung ermöglicht, dass bei der Festsetzung eines Baugebiets nach den §§ 2 bis 9 BauNVO in überwiegend bebauten Gebieten die Erweiterung, Änderung, Nutzungsänderung und Erneuerung bestimmter baulicher Anlagen als allgemein oder ausnahmsweise zulässig festgesetzt werden können, auch wenn sie nach den Baugebietsvorschriften unzulässig wären (§ 1 Abs. 10 Satz 1 BauNVO). Dabei ist es – solange eine bestandskräftige Baugenehmigung existiert – unbeachtlich, ob das Vorhaben bereits vor der Festsetzung des Baugebiets nicht (mehr) hätte genehmigt werden können.[526] Voraussetzung ist jedoch, dass die allgemeine Zweckbestimmung des festgesetzten Baugebiets in seinen übrigen Teilen gewahrt bleibt (Satz 2). Demnach darf das baugebietswidrige Vorhaben nur einen untergeordneten Teil des gesamten Baugebiets umfassen[527].

---

524 Weitere denkbare Fallbeispiele: vgl. *Fickert/Fieseler/Determann/Stühler*, a. a. O. (Fußn. 115), § 1 Rn. 141; vgl. *Ziegler*, a. a. O. (Fußn. 128), § 1 BauNVO Rn. 468 ff.
525 Vgl. BR-Drs. 354/89 vom 30.06.1989, S. 24.
526 Vgl. *BVerwG*, Beschl. v. 30.10.2007 – 4 BN 38/07 –, BauR 2008, S. 326 (327) = NVwZ 2008, S. 214 (214).
527 Größere Anlagen mit erheblichem Umfang wie zusammenhängende Industrieflächen erfordern regelmäßig die Festsetzung eines eigenen Baugebiets. Vgl. *OVG Lüneburg*, Urt. v. 18.09.2001 – 1 L 3779/00 –, BauR 2002, S. 906 (909).

Zunächst muss mittels Bebauungsplanfestsetzung normiert werden, welche der in § 1 Abs. 10 BauNVO genannten Vorhaben (Erweiterungen, Änderungen, Nutzungsänderungen und Erneuerungen) für welche Bestandsanlage (ausnahmsweise) zulässig sind. Dabei ist es sowohl zulässig nur eines der vier als auch eine Kombination mehrerer Vorhaben zu ermöglichen.[528] Des Weiteren ist die Festsetzung dahingehend zu präzisieren, welche Bestandsnutzungen konkret betroffen sind, indem die jeweiligen Anlagen bzw. Anlagenteile konkret benannt werden[529].

Nach § 1 Abs. 10 Satz 2 BauNVO können im Bebauungsplan nähere Bestimmungen über die Zulässigkeit getroffen werden. Wenngleich es sich um eine Kann-Vorschrift handelt, werden solche Konkretisierungen regelmäßig erforderlich sein, um vor allem dem Bestimmtheitsgebot Rechnung zu tragen. Eine bloße Wiedergabe des Verordnungstextes reicht demnach nicht aus.[530] Vielmehr ist es erforderlich, die Zulässigkeit der festgesetzten Vorhaben mit konkreten (anlagenbezogenen) Bestimmungen zu verbinden. Nur wenn diese erfüllt werden, ist die Zulässigkeit gegeben. In Bezug auf den Lärmschutz sind insbesondere aktive und passive Schallschutzmaßnahmen auf Grundlage von § 9 Abs. 1 Nr. 24 BauGB denkbar, beispielshalber die Vorgabe, dass neue, emittierende Maschinen und Geräte bei der Erweiterung eines Handwerksbetriebs umbaut werden müssen, um entstehende Schallemissionen zu reduzieren.[531] Darüber hinaus können auch Bestimmungen zum Emissionsverhalten gemacht werden, z. B. in Form von Lärmkontingenten. Da im Folgenden eine ausführliche Auseinandersetzung mit diesen Festsetzungsmöglichkeiten erfolgt, wird an dieser Stelle auf weitere Ausführungen verzichtet.

Des Weiteren sind auch Bestimmungen zu Betriebszeiten und -abläufen möglich, z. B. das Verbot von Nachtarbeit oder der Ausschluss des Einsatzes bestimmter Geräte.[532] Bei nicht bestandsorientierten Festsetzungen, d. h. bei Modifikationen der Baugebiete nach § 1 Abs. 4 bis 9 BauNVO, sind derartige Regelungen hingegen nicht zulässig, da durch sie kein abstrakt bestimmbarer Anlagentyp erfasst

---

528 Vgl. *Söfker*, a. a. O. (Fußn. 116), § 1 BauNVO Rn. 112.
529 Vgl. *Kuschnerus*, a. a. O. (Fußn. 126), S. 435.
530 Vgl. *Fickert/Fieseler/Determann/Stühler*, a. a. O. (Fußn. 115), § 1 Rn. 144; vgl. *Söfker*, a. a. O. (Fußn. 116), § 1 BauNVO Rn. 114; *Roeser*, a. a. O. (Fußn. 114), § 1 Rn. 107; vgl. *VGH München*, Urt. v. 25.10.2010 – 1 N 06.2609 –, BauR 2011, S. 978 (978).
531 Vgl. *Fickert/Fieseler/Determann/Stühler*, a. a. O. (Fußn. 115), § 1 Rn. 146; vgl. *Ziegler*, a. a. O. (Fußn. 128), § 1 BauNVO Rn. 456.
532 Vgl. *Kuschnerus*, a. a. O. (Fußn. 126), S. 437.

wird. Es handelt sich hingegen bei Bestimmungen zu Betriebszeiten und modalitäten um konkrete, einzelfallbezogene Festsetzungen.[533]

IV.3.4. Flächen und Vorkehrungen nach § 9 Abs. 1 Nr. 24 BauGB

Von besonderer Bedeutung für den Lärmschutz sind Bebauungsplanfestsetzungen nach § 9 Abs. 1 Nr. 24 BauGB. Die Regelung ermächtigt die Gemeinde Festsetzungen zu treffen, die dem Schutz vor schädlichen Umwelteinwirkungen im Sinne des BImSchG dienen. Insgesamt existieren drei Alternativen, die nachfolgend erläutert werden.

a) Schutzflächen

Die Festsetzung von Schutzflächen, die von der Bebauung freizuhalten sind, und ihrer Nutzung bilden die erste Alternative von § 9 Abs. 1 Nr. 24 BauGB. Derartige Bestimmungen stellen in erster Linie eine Umsetzung der Anforderungen aus § 50 BImSchG dar. Dabei können die Schutzflächen sowohl um emittierende Vorhaben wie Gewerbebetriebe oder Verkehrswege als auch um schützenswerte Nutzungen wie Wohn- oder Kurgebäude angeordnet werden. Allerdings ist § 9 Abs. 1 Nr. 24, 1. Alt. BauGB nur als Rechtsgrundlage heranzuziehen, wenn sich die Schutzflächen außerhalb der Betriebs- bzw. Bauflächen befinden. Gleichwohl können selbstverständlich auch innerhalb dieser Flächen nicht zu bebauende Schutzbereiche festgesetzt werden, allerdings würde dies durch die Anordnung der überbaubaren Grundstücksflächen auf dem Baugrundstück nach § 23 BauNVO erfolgen.

Ferner kann für die Schutzflächen auch die Nutzung im Bebauungsplan festgesetzt werden.[534] In Frage kommen dafür alle nicht baulichen Nutzungen, z. B. öffentliche oder private Grünflächen (§ 9 Abs. 1 Nr. 15 BauGB), Wasserflächen (Nr. 16), land- oder forstwirtschaftliche Flächen (Nr. 18) sowie Flächen für Aufschüttungen oder Abgrabungen (Nr. 17). Wird hingegen auf die Festsetzung der Nutzung verzichtet, sind innerhalb der Fläche alle nicht baulichen Nutzungen zulässig[535].

---

533 Vgl. *BVerwG*, Beschl. v. 06.05.1993 – 4 NB 32/92 –, BauR 1993, S. 693 (694) = NVwZ 1994, S. 292 (292).
534 Vgl. *Gaentzsch*, a. a. O. (Fußn. 276), § 9 Rn. 62; vgl. *Söfker*, a. a. O. (Fußn. 116), § 9 Rn. 203. A. A., wonach die Festsetzung der Nutzung zwingend ist: vgl. *Mitschang/ Reidt*, a. a. O. (Fußn. 220), § 9 Rn. 140; vgl. *Finkelnburg/Ortloff/Kment*, a. a. O. (Fußn. 6), S. 193; vgl. *Bracher*, a. a. O. (Fußn. 224), S. 132. Die Nutzung „soll" festgesetzt werden: vgl. *Gierke*, a. a. O. (Fußn. 454), § 9 Rn. 450.
535 Vgl. *Gaentzsch*, a. a. O. (Fußn. 276), § 9 Rn. 62.

Sofern nach fachgesetzlichen Normen Mindestabstände einzuhalten sind, beispielsweise in Form von Lärmschutzbereichen nach dem Gesetz zum Schutz gegen Fluglärm[536], erfolgt dies auf Grundlage der Fachgesetze und nicht auf Basis von § 9 Abs. 1 Nr. 24 BauGB. Ggf. kann allerdings eine nachrichtliche Übernahme gem. § 9 Abs. 6 BauGB in die Bebauungsplanzeichnung zweckmäßig sein.[537]

Mit Blick auf die Innenentwicklung und das damit verbundene Ziel der Reduzierung der Flächeninanspruchnahme sollte von der Festsetzung von Schutzflächen eher zurückhaltend Gebrauch gemacht werden. Andere Lärmschutzmaßnahmen direkt am Emissions- und/oder Immissionsort sind ggf. ebenso zum Schallschutz geeignet wie Schutzflächen, nehmen aber nahezu keinerlei (zusätzliche) Flächen in Anspruch.

b) Flächen für besondere Anlagen und Vorkehrungen

Als zweite Alternative bietet § 9 Abs. 1 Nr. 24 BauGB die Möglichkeit zur Festsetzung von Flächen für besondere Anlagen und Vorkehrungen. Hinsichtlich der Auslegung des Begriffs „Anlage" kann auf bauliche und sonstige Anlagen im Sinne des § 29 Abs. 1 BauGB zurückgegriffen werden. Zu derartigen besonderen Anlagen zählen u. a. Schallschutzwände[538] und -wälle.[539]

Im Gegensatz zu den besonderen Anlagen handelt es sich bei Vorkehrungen um nicht selbstständige Einrichtungen an anderen baulichen Anlagen.[540] Die Festsetzung von Flächen für Vorkehrungen zum Schutz vor schädlichen Umwelteinwirkungen werden regelmäßig mit Festsetzungen nach § 9 Abs. 1 Nr. 24, 3. Alt. BauGB verbunden sein, sofern Letztgenannte eigene Flächen in Anspruch nehmen.[541] Vorstellbar sind in diesem Zusammenhang beispielsweise (schallgedämmte) Lüftungsanlagen an einer Gebäudeseite.

c) Bauliche und sonstige technische Vorkehrungen

Die dritte Fallgruppe des § 9 Abs. 1 Nr. 24 BauGB umfasst die baulichen und sonstigen technischen Vorkehrungen zum Schutz vor oder zur Vermeidung oder

---

536 Gesetz zum Schutz gegen Fluglärm (FluLärmG) i. d. F. der Bekanntmachung vom 31.10.2007 (BGBl. I S. 2550).
537 Vgl. *Söfker*, a. a. O. (Fußn. 116), § 9 Rn. 204.
538 Vgl. z. B. *OVG Münster*, Urt. v. 16.11.2001 – 7 A 3784/00 –, BauR 2002, S. 589 (589 f.).
539 Vgl. *Söfker*, a. a. O. (Fußn. 116), § 9 Rn. 205.
540 Vgl. *Gierke*, a. a. O. (Fußn. 454), § 9 Rn. 455; vgl. *Spannowsky*, in: *Spannowsky/ Uechtritz* (Hrsg.), Beck'scher Online-Kommentar BauGB, Stand: September 2013, München, § 9 Rn. 104.
541 Vgl. *Bracher*, a. a. O. (Fußn. 224), S. 133.

Minderung von schädlichen Umwelteinwirkungen. Dies subsumiert sowohl Maßnahmen des aktiven als auch des passiven Lärmschutzes, die im Bebauungsplan konkret festzusetzen sind: Dem Bauwilligen darf die Entscheidung, welche Vorkehrungen zu ergreifen sind, nicht überlassen werden.[542] Dieser Anforderung steht gleichwohl nicht entgegen, dass im jeweiligen Genehmigungsverfahren ggf. eine Konkretisierung hinsichtlich der Qualität der Vorkehrungen erfolgen kann[543].

Beispielhaft sind als Festsetzungsinhalte zu nennen:

- Vorgaben zur Grundrissgestaltung, insbesondere die Anordnung der Aufenthaltsräume an der lärmabgewandten Gebäudeseite[544];
- der Ausschluss von zu öffnenden, d. h. festverglasten, Fenstern an den lärmzugewandten Gebäudeseiten (sog. Lichtöffnungen)[545];
- der Einbau von Schallschutzfenstern[546] einer bestimmten Schallschutzklasse und von schallgeschützten Lüftungseinrichtungen nach der DIN 1946[547];
- der Einbau sog. Hamburger Fenster (Schallschutzfenster mit spezieller Konstruktion)[548];
- die Einhaltung bestimmter Innenraumpegel durch schallschützende Außenbauteile[549];
- die Pflicht hinsichtlich Schallschutzmaßnahmen an Außenbauteilen gem. DIN 4109 entsprechend den festgesetzten Lärmpegelbereichen[550] sowie

---

542 Vgl. *OVG Münster*, Urt. v. 20.03.2002 – 10a D 48/99.NE –, BauR 2002, S. 1665 (1666).
543 Vgl. *BVerwG*, Beschl. v. 08.08.1989 – 4 NB 2/89 –, NVwZ 1990, S. 159 (160); vgl. *BVerwG*, Beschl. v. 30.01.2006 – 4 BN 55/05 –, BauR 2007, S. 856 (857) = ZfBR 2006, S. 355 (356 f.).
544 Vgl. *VGH München*, Urt. v. 27.11.2002 – 2 N 99.63 –, Juris, Rn. 68.
545 Vgl. *VGH Mannheim*, Urt. v. 19.10.2011 – 3 S 942/10 –, Juris, Rn. 36.
546 Vgl. *BVerwG*, Beschl. v. 07.09.1988 – 4 N 1/87 –, NJW 1989, S. 467 (468) = ZfBR 1989, S. 34 (35); vgl. *BVerwG*, Urt. v. 28.01.1999 – 4 CN 5/98 –, BauR 1999, S. 867 (872) = NVwZ 1999, S. 1222 (1225).
547 Vgl. *OVG Münster*, Urt. v. 23.10.2008 – 7 D 90/07.NE –, Juris, Rn. 70 ff. Mit Bezug zur VDI 2719: vgl. *OVG Münster*, Urt. v. 15.05.2013 – 2 D 122/12.NE –, Juris, Rn. 11 und 62.
548 Vgl. *Bönnighausen/Mundt*, a. a. O. (Fußn. 211), S. 245 (250 f.).
549 Vgl. *OVG Münster*, Beschl. v. 14.02.2001 – 7a D 93/97.NE –, Juris, Ls. 2.
550 Vgl. *OVG Münster*, Urt. v. 12.02.2004 – 7a D 16/03.NE –, Juris, Rn. 25; vgl. *VGH Mannheim*, Urt. v. 19.10.2010 – 3 S 1666/08 –, Juris, Rn. 31 f. Zu den Anforderungen an die eindeutige Kennzeichnung der Lärmpegelbereiche: vgl. *OVG Münster*, Urt. v. 05.12.2012 – 7 D 64/10.NE –, UPR 2013, S. 229 (231 f.).

– die Verwendung eines lärmreduzierten Straßenbelags (mit konkreter Bezeichnung)[551].

Wie bereits erörtert, ist bislang strittig, inwiefern im normierten und spiegelbildlichen Anwendungsbereich der TA Lärm passive Schallschutzmaßnahmen, die nicht zu einer Reduzierung des Außenlärmpegels führen (z. B. schallgedämmte Außenbauteile oder Schallschutzfenster), zur Konfliktlösung auf Ebene des Bebauungsplans geeignet sind (bzw. in diesem festgesetzt werden dürfen).[552] Nach Meinung des Autors können derartige Festsetzungen auf Grundlage von § 9 Abs. 1 Nr. 24, 3. Alt. BauGB getroffen werden, wenn der Bebauungsplan den Lärmkonflikt abschließend löst: Einerseits ist der TA Lärm im Bereich der Bauleitplanung keine unmittelbare Verbindlichkeit beizumessen und andererseits ist ihre (erneute) Anwendung im Genehmigungsverfahren (im Rahmen des Rücksichtnahmegebots) nicht mehr möglich, weil die Festsetzungen den Konflikt bereits abschließend gelöst haben.[553]

IV.3.5. Befristete und bedingte Festsetzungen

Mit dem Europarechtsanpassungsgesetz Bau 2004 wurde § 9 Abs. 2 BauGB eingeführt. Demnach kann im Bebauungsplan in besonderen Fällen festgesetzt werden, dass bestimmte der in ihm festgesetzten baulichen und sonstigen Nutzungen und Anlagen (1.) nur für einen bestimmten Zeitraum zulässig oder (2.) bis zum Eintritt bestimmter Umstände zulässig oder unzulässig sind. Die Folgenutzung soll festgesetzt werden. Vor Einführung der Vorschrift waren solche Festsetzungen unzulässig[554].

Bereits in der Gesetzesbegründung wird explizit auf die Bedeutung der Vorschrift für den Lärmschutz bzw. zur Lösung von immissionsschutzrechtlichen Konflikten hingewiesen. So sei die Regelung u. a. geeignet, die Zulässigkeit von

---

551 Vgl. *OVG Schleswig*, Beschl. v. 12.07.2007 – 1 MR 1/07 –, Juris, Rn. 43.
552 Siehe Punkt E.II.4.1.
553 Ausführlich: siehe Punkte D.I.2.3 und E.II.4. So auch: vgl. *Reidt*, a. a. O. (Fußn. 137), S. 166 (169 f.); vgl. *Kümmel*, a. a. O. (Fußn. 218), S. 220; vgl. *Fricke*, a. a. O. (Fußn. 138), S. 627 (630). A. A., d. h., der Bebauungsplan kann nur solche Maßnahmen zur Konfliktbewältigung festsetzen, die mit der TA Lärm vereinbar sind: vgl. *Dolde*, a. a. O. (Fußn. 183), S. 372 (375); vgl. *Oerder/Beutling*, a. a. O. (Fußn. 210), S. 1196 (1206).
554 Zur Rechtslage vor Einführung des EAG Bau 2004: vgl. z. B. *OVG Koblenz*, Urt. v. 31.03.2004 – 8 C 11785/03 –, BauR 2004, S. 1116 (1116).

Wohnnutzungen davon abhängig zu machen, dass zunächst die im Bebauungsplan festgesetzten schallschützenden Maßnahmen errichtet werden.[555]

Grundsätzlich ermöglicht § 9 Abs. 2 BauGB die Modifikation von Festsetzungen auf Grundlage von § 9 Abs. 1 BauGB[556], indem er die Zulässigkeit zeitlich befristet (1. Alt.) oder sie mit den Eintritt bestimmter Umstände verknüpft (2. Alt.). Die zweite Alternative lässt sich wiederum in auflösende und aufschiebende Bedingungen unterscheiden. Bei der auflösenden Bedingungen ist ein Vorhaben bis zum Eintritt bestimmter Umstände zulässig; anschließend ist das Vorhaben unzulässig. Bei der aufschiebenden Bedingung ist ein Vorhaben bis zum Eintritt bestimmter Umstände unzulässig und erst nach deren Eintritt zulässig. Für den Lärmschutz ist insbesondere die letztgenannte Fallkonstellation von Bedeutung.

Die Anwendung von befristeten und bedingten Festsetzungen ist an das Vorhandensein eines „besonderen Falls" gebunden (§ 9 Abs. 2 Satz 1 BauGB). Dies „meint eine außergewöhnliche städtebauliche Situation, in der sich die jeweilige Aufgabe der planerischen Ordnung der Bodennutzung besser mit einer Bedingung lösen lässt als ohne"[557]. Dabei muss die Festsetzung insbesondere dem Grundsatz der städtebaulichen Erforderlichkeit gem. § 1 Abs. 3 Satz 1 BauGB genügen. Dies ist etwa gegeben, wenn durch die zeitliche Nutzungsstaffelung die von der Bauleitplanung zu lösenden Konflikte des Immissionsschutzes sachgerecht gelöst werden können.[558] Der *VGH Kassel* hat dies für den Fall bejaht, in dem die Wohnnutzung erst zulässig ist, nachdem zwischen ihr und der Lärmquelle ein Gebäuderiegel als abschirmende Bebauung errichtet wurde[559].

Eine weitere denkbare Fallkonstellation ergibt sich bei der Festsetzung einer Wohnnutzung neben einem emittierenden landwirtschaftlichen Betrieb: Nach § 9 Abs. 2 kann festgesetzt werden, dass die Wohnnutzung erst zulässig ist, wenn der störende Betrieb insgesamt oder die mit dem Wohnen unvereinbaren Betriebszweige endgültig aufgegeben werden.[560]

Das Eintreten der Umstände muss im Bebauungsplan exakt benannt werden, um dem Bestimmtheitsgebot Rechnung zu tragen und somit den korrekten

---

555 Vgl. BT-Drs. 15/2250 vom 17.12.2003, S. 49.
556 Vgl. *BVerwG*, Beschl. v. 08.12.2010 – 4 BN 24/10 –, BauR 2011, S. 803 (804) = ZfBR 2011, S. 275 (276).
557 *OVG Münster*, Urt. v. 13.09.2012 – 2 D 38/11.NE –, BauR 2013, S. 1408 (1408).
558 Vgl. *VGH Kassel*, Urt. v. 29.03.2012 – 4 C 694/10.N –, NuR 2012, S. 644 (650).
559 Vgl. *VGH Kassel*, Urt. v. 22.04.2010 – 4 C 306/09.N –, BauR 2010, S. 1531 (1531).
560 Vgl. *Heinrich*, Befristung und Bedingung baulicher und sonstiger Nutzungsrechte nach § 9 Abs. 2 BauGB, Frankfurt/Main 2009, S. 108.

Vollzug des Bebauungsplans zu gewährleisten.[561] Nach Ansicht des Autors kann dies z. B. – in Bezug auf eine Riegelbebauung – dergestalt erfolgen, dass in der Planzeichnung die verschiedenen Baugebiete (ggf. auch Baufenster) mit Buchstaben oder Zahlen bezeichnet werden und in der textlichen Festsetzung darauf Bezug genommen wird: Wohngebäude in den Baugebieten A, B und C sind erst zulässig, wenn in den Baugebieten X, Y und Z bauliche Anlagen gem. den Festsetzungen des Bebauungsplan errichtet wurden.

Neben der Bestimmtheit muss auch gewährleistet sein, dass die benannten Umstände in absehbarer Zeit eintreten, da der Plan ansonsten nicht vollziehbar wäre und die Festsetzung somit einer Bausperre gliche.[562] Diese Anforderung wäre beispielsweise verletzt, wenn die schallschützende, zuerst zu errichtende Bebauung aus naturschutzrechtlichen Gründen auf absehbare Zeit nicht zulässig wäre[563].

Bislang offensichtlich nicht abschließend geklärt ist, inwieweit die notwendigen Umstände (z. B. die abschirmende Bebauung) langfristig gesichert werden müssen. Die Frage stellt sich, weil generell nicht ausgeschlossen werden kann, dass die jeweilige Bebauung durch Feuer oder Abriss beseitigt wird und damit ihre abschirmende Funktion nicht mehr gegeben ist; die schützende Nutzung ist dann womöglich unzumutbaren Beeinträchtigungen ausgesetzt. Bislang wurde dieser Aspekt – mit konkretem Bezug zum Lärmschutz – lediglich in drei Entscheidung des *VGH Kassel*[564] aufgegriffen bzw. kritisiert: In einem Bebauungsplan wurde neben bedingt aufschiebenden Festsetzungen geregelt, dass der bebauungsplankonforme Bestand der (abschirmenden) Gebäude zusätzlich dauerhaft öffentlich-rechtlich oder privat-rechtlich zu sichern ist. Der *VGH* sah dies als nicht ausreichend an, da die Wiedererrichtung bei finanziell nicht leistungsfähigen oder bauunwilligen Grundstückseigentümern nicht sichergestellt sei.[565]

Nach Ansicht des Autors erscheinen diese Anforderungen jedoch zu hoch gegriffen[566]: Einerseits kann der Eigentümer der notwendigen Riegelbebauung – zumindest bei wirtschaftlich zumutbaren Vorhaben – zum Wiederaufbau mit

---

561 Vgl. *OVG Magdeburg*, Urt. v. 17.02.2011 – 2 K 102/09 –, BauR 2011, S. 1618 (1621).
562 Vgl. *Kuschnerus*, a. a. O. (Fußn. 126), S. 472 f.
563 So grundsätzlich: vgl. *BVerwG*, Beschl. v. 25.08.1997 – 4 NB 12/97 –, BauR 1997, S. 978 (978) = NVwZ-RR 1998, S. 162 (163).
564 Vgl. *VGH Kassel*, Urt. v. 22.04.2010 – 4 C 245/09.N –, Juris; vgl. *VGH Kassel*, Urt. v. 22.04.2010 – 4 C 306/09.N –, BauR 2010, S. 1531–1534; vgl. *VGH Kassel*, Urt. v. 29.03.2012 – 4 C 694/10.N –, NuR 2012, S. 644–651.
565 Vgl. *VGH Kassel*, Urt. v. 22.04.2010 – 4 C 306/09.N –, BauR 2010, S. 1531 (1532 f.).
566 So im Ergebnis auch: vgl. *Oerder/Beutling*, a. a. O. (Fußn. 210), S. 1196 (1208); vgl. *Upmeier*, Schutz vor heranrückender Wohnbebauung, in: BauR 2011, S. 413.

Hilfe des Baugebots nach § 176 Abs. 1 Nr. 1 BauGB verpflichtet werden. Andererseits sieht § 11 Abs. 1 Nr. 2 BauGB den Abschluss von städtebaulichen Verträgen zur Sicherung der mit der Bauleitplanung verfolgten Ziele, insbesondere die Grundstücksnutzung – auch hinsichtlich einer Befristung oder einer Bedingung, explizit vor, sodass angenommen werden kann, eine langfristige Sicherung durch einen städtebaulichen Vertrag genügt. Ungeachtet dessen erscheint es unverhältnismäßig und praktisch nicht realisierbar zu verlangen, jede erdenkliche Entwicklung oder Veränderung in einem Gebiet im Bauleitplanverfahren zu beachten – insbesondere unter Berücksichtigung der zeitlich unbefristeten Geltungsdauer eines Bauleitplans.

Mit Blick auf die bereits erläuterten Fremdkörperfestsetzungen nach § 1 Abs. 10 BauNVO kann ggf. auch eine Kombination mit Festsetzungen nach § 9 Abs. 2 BauGB sinnvoll sein: Beispielsweise die Befristung der Zulässigkeit der Bestandsnutzung (in Form eines „Fremdkörpers") bis zu einem bestimmten Zeitpunkt.[567]

IV.3.6. Unzulässige Festsetzungen

In den vorgegangenen Ausführungen wurden bereits an verschiedenen Stellen die Grenzen der erläuterten Festsetzungen aufgezeigt. In Ergänzung dazu wird nachfolgend exemplarisch auf einige rechtswidrige Regelungen zum Lärmschutz im Bebauungsplan eingegangen. Es sei an dieser Stelle nochmals darauf hingewiesen, dass in vorhabenbezogenen Bebauungsplänen durchaus weitergehende Regelungen zulässig sein können.

Grundsätzlich unzulässig ist die Festsetzung von **reinen Emissions- und Immissionsgrenzwerten**: Eine Regelung, die festsetzt, dass bestimmte Grenzwerte nicht überschritten werden dürfen, ohne gleichzeitig zu regeln, mit Hilfe welcher Anlagen oder Vorkehrungen dies erreicht werden soll, ist insbesondere aus zwei Gründen unzulässig. Zum einen fehlt es einer derartigen Festsetzung an einer Rechtsgrundlage: Reine Grenzwerte stellen weder eine bauliche oder technische Vorkehrung im Sinne von § 9 Abs. 1 Nr. 24, 3. Alt. BauGB dar noch kann eine andere Ermächtigungsnorm herangezogen werden.[568] Zum anderen ist der Vollzug einer solchen Festsetzung praktisch oftmals nicht realisierbar, da auf einen konkreten Punkt regelmäßig verschiedene Lärmimmissionen einwirken, sodass bereits die Frage nach den Emittenten häufig nicht beantwortet werden kann. Der

---

567 Vgl. *Gaentzsch*, a. a. O. (Fußn. 276), § 9 Rn. 73d.
568 Vgl. *BVerwG*, Beschl. v. 30.01.2006 – 4 BN 55/05 –, BauR 2007, S. 856 (857) = ZfBR 2006, S. 355 (356); vgl. *Stüer*, a. a. O. (Fußn. 6), S. 251 f.

Vorhabenträger hat demzufolge auch keinen oder nur bedingten Einfluss auf die Höhe der Lärmbelastung. Ferner kann die Festsetzung von Grenzwerten zu einem unzulässigen „Windhundrennen"[569] führen. Ebenfalls unzulässig sind sog. **Zaunwerte**.[570] Dabei wird im Bebauungsplan festgesetzt, dass entlang einer bestimmten räumlichen Grenze (Zaun) ein festgesetzter Immissionswert nicht überschritten werden darf. Die Gründe für die Unzulässigkeit sind identisch mit denen in Bezug auf die Festsetzung reiner Grenzwerte.

Zuletzt sei auf die Unzulässigkeit von **verhaltensbezogenen Festsetzungen** hingewiesen[571], sofern sie nicht auf § 1 Abs. 10 BauNVO fußen. So sind beispielshalber sowohl Regelungen zu Nutzungszeiten von Sportanlagen[572] als auch Bestimmungen zur Dauer von lärmintensiven Arbeiten[573] rechtswidrig. In beiden Fällen mangelt es vor allem an städtebaulich bezogenen Merkmalen und somit an einer rechtlichen Grundlage[574].

IV.4. Städtebauliche Verträge

Seit vielen Jahren haben städtebauliche Verträge nach § 11 BauGB eine große Bedeutung für die (kooperative) Stadtplanung und -entwicklung.[575] Die Einsatzfelder von Verträgen sind dabei vielfältig.[576] Auch im Bereich des Lärmschutzes können sie einen Beitrag zur Konfliktlösung darstellen, insbesondere weil sie

---

569 Die Begriffe „Windhundrennen" bzw. „Windhundprinzip" wurden insbesondere in Bezug auf (unzulässige) baugebietsbezogene, vorhabenunabhängige Verkaufsflächenobergrenzen von der Rechtsprechung geprägt. Vgl. *BVerwG*, Urt. v. 03.04.2008 – 4 CN 3/07 – NVwZ 2008, S. 902 (903) = UPR 2009, S. 27 (28).
570 Zuletzt: vgl. *BVerwG*, Urt. v. 19.04.2012 – 4 CN 3/11 –, BauR 2012, S. 1351 (1353) = ZfBR 2012, S. 566 (567); vgl. *VGH Mannheim*, Urt. v. 04.07.2013 – 4 C 2300/11.N –, Juris, Rn. 25.
571 Vgl. u. a. *Gierke*, a. a. O. (Fußn. 454), § 9 Rn. 465.
572 Vgl. *VGH Mannheim*, Urt. v. 14.11.1996 – 5 S 5/95 –, NVwZ-RR 1997, S. 694 (695); vgl. *OVG Münster*, Urt. v. 21.12.2010 – 2 D 64/08.NE –, BRS 76, S. 247 (248).
573 Vgl. *OVG Lüneburg*, Beschl. v. 09.04.2010 – 1 MN 251/09 –, DVBl. 2010, S. 733 (Ls.).
574 Vgl. *Söfker*, a. a. O. (Fußn. 116), § 9 Rn. 209.
575 Vgl. *Reidt*, Städtebaulicher Vertrag und Durchführungsvertrag im Lichte der aktuellen Rechtsentwicklung, in: BauR 2008, S. 1541 (1541 f.).
576 Überblicksartig: vgl. *Krautzberger*, Einsatzfelder städtebaulicher Verträge für die planerische Konfliktbewältigung, in: *Mitschang* (Hrsg.), Gerüche, Feinstaub und Gefahrstoffe in der Bauleitplanung und bei der Zulassung von Bauvorhaben, Berliner Schriften zur Stadt- und Regionalplanung – Band 18, Frankfurt/Main 2011, S. 205 (207 ff.).

nicht den gleichen (strengen) rechtlichen Grenzen unterliegen wie Bebauungspläne und stellt ein ergänzendes Regelungsinstrumentarium zur Verfügung.[577] So sind in städtebaulichen Verträgen beispielshalber Regelungen zu Betriebszeiten bei Gewerbebetrieben[578] oder zu Nutzungszeiten bei Sportstätten und Freizeiteinrichtungen möglich.[579] Ebenso können Bestimmungen aufgenommen werden, wonach ein Gewerbebetrieb durch Vorkehrungen sicherstellen muss, dass bestimmte Lärmwerte an definierten Punkten nicht überschritten werden[580] (ohne eine konkrete Benennung der Vorkehrungen – wie es im Bebauungsplan erforderlich wäre).

An den beiden Beispielen wird bereits deutlich, dass vertragliche Vereinbarungen klar über den zulässigen Regelungsgehalt von Bebauungsplänen hinausgehen können. Im Einzelfall kann die vertragliche Vereinbarung nicht nur eine konkrete, sondern – nach planerischem Aufwand und Fehleranfälligkeit beurteilt – auch einfachere Regelungsmöglichkeit darstellen im Vergleich zu diffizilen Festsetzungen im Bebauungsplan, z. B. in Form von Geräuschkontingenten nach DIN 45691. Ferner kann eine vertragliche Regelung auf der Ebene der Bebauungsplanung zu größerer Rechtssicherheit beitragen, da bereits auf dieser Ebene die Zulässigkeit gesichert werden kann. Das beschränkte Regelungsinstrumentarium des Bebauungsplans ermöglicht hingegen teilweise keine abschließende Lösung, sondern verlagert einen Teil des Problems in das Genehmigungsverfahren, sodass erst in dieser letzten Verfahrensebene endgültig über die Zulässigkeit des Vorhabens bzw. die Erforderlichkeit von Lärmschutzmaßnahmen entschieden werden kann.[581]

Hauptvoraussetzungen für einen städtebaulichen Vertrag sind selbstverständlich eine überschaubare Anzahl an Grundstückseigentümern bzw. (zukünftigen) Nutzern sowie deren Bereitschaft zum Abschluss eines Vertrags mit der Gemeinde. Mit Blick auf die oftmals kleinteiligen Eigentums- und Nutzungsstrukturen im Bestand wird allerdings insbesondere die erst genannte Voraussetzung bei der (großflächigen) Überplanung in diesen Bereichen häufig nicht vorliegen.

---

577 Dazu grundsätzlich: vgl. *Birk*, Städtebauliche Verträge, 5. Aufl., Stuttgart 2013, S. 260 ff.
578 Vgl. *Krautzberger*, Der Beitrag der städtebaulichen Verträge zur Lösung von städtebaulichen Problemen des Lärmschutzes, in: UPR 2009, S. 213 (216).
579 Vgl. *Schrödter/Kuras*, a. a. O. (Fußn. 388), S. 329 (334).
580 Vgl. *Birk*, a. a. O. (Fußn. 577), S. 261 und 272.
581 Vgl. ebenda, S. 266 f.

V. Zwischenfazit

Die Reduzierung der Lärmbelastung zählt zu den zentralen Aufgaben der Bauleitplanung. Die verschiedenen Planungsgrundsätze und -leitlinien im BauGB verdeutlichen dies und geben Anknüpfungspunkte, inwiefern eine Berücksichtigung von Belangen des Lärmschutzes erfolgen soll. Ausgangspunkt wird in aller Regel ein Fachgutachten sein, das vor allem die zukünftige Lärmbelastung prognostiziert.

Zur Beurteilung der Geräuschimmissionen sind die einschlägigen lärmtechnischen Regelwerke unabdingbar. Die in ihnen normierten Schallwerte sind für die Bauleitplanung in unterschiedlichem Maße verbindlich und gewährleisten – in Form eines Korrektivs – ein (Mindest-)Maß an Lärmschutz. In Bezug auf die TA Lärm wäre eine abschließende Beurteilung hinsichtlich ihrer Verbindlichkeit für Bauleitpläne durch die Rechtsprechung oder den Gesetz- bzw. Verordnungsgeber gleichwohl wünschenswert. Welches Regelwerk in der konkreten Planungssituation Anwendung findet, richtet sich nach der Geräuschquelle. Dieser quellenbezogene Ansatz der Normen kann – nach Meinung des Autors – durchaus kritisch beurteilt werden, weil er den tatsächlichen Belastungen vor Ort teilweise nur begrenzt gerecht wird und insbesondere bei mehreren Lärmarten eine Unterscheidung schwierig wird.

Vor dem Hintergrund einer zunehmenden Entwicklung im Innenbereich ist von einem Anstieg der Lärmkonflikte auszugehen. Dabei wird es sich oftmals um Gemengelagen handeln. Die Bauleitplanung als Bestandteil der räumlichen Gesamtplanung muss in diesem Zusammenhang vor allem die durch sie hervorgerufenen Konflikte lösen. Das dafür zur Verfügung stehende Instrumentarium nach dem BauGB und der BauNVO ist zwar relativ umfassend, allerdings häufig auch mit verschiedenen Hürden und. Anforderungen verbunden, die umfassende Kenntnisse der Materie erfordern (etwa bei der Festsetzung von IFSP oder Emissionskontingenten).

Insgesamt wird jedoch deutlich, dass die hemmende Wirkung des Lärmschutzes in Bezug auf die Innenentwicklung, wie sie teilweise für das Genehmigungsverfahren festgestellt wurde, in der Bauleitplanung nicht existiert, da aufgrund der fehlenden Verbindlichkeit bei den meisten lärmtechnischen Regelwerken alle Maßnahmen des Schallschutzes angewandt werden können. Insofern kommt dem Lärmschutz in der Planung vor allem die Bedeutung eines Korrektivs zu. Dies bedeutet allerdings nicht, dass nicht auch in diesem Bereich Änderungen wünschenswert wären, um der geforderten Innenentwicklung noch mehr Rechnung tragen zu können – etwa beim Typenzwang oder wie oben erwähnt bei den lärmtechnischen Regelwerken.

F. Beispiele für Festsetzungen zum Lärmschutz aus der Planungspraxis

Die im vorangegangenen Kapitel E erläuterten Möglichkeiten und Grenzen von Festsetzungen zum Lärmschutz in der verbindlichen Bauleitplanung werden an drei ausgewählten Beispielen aus der Planungspraxis nachfolgend noch einmal einzelfallbezogen erörtert.

Bei der Auswahl der Festsetzungsbeispiele wurde darauf geachtet, dass die Bebauungspläne der Lösung von Lärmkonflikten im Innenbereich dienen sollen. Ferner wurde bewusst ein vorhabenbezogener Bebauungsplan zur Veranschaulichung der erweiterten Festsetzungsmöglichkeiten gewählt. Im Übrigen erfolgte die Auswahl per Zufall und lässt keinerlei Schlussfolgerungen über den Einzelfall hinaus zu.

Es sei bereits an dieser Stelle darauf hingewiesen, dass die Bewertung der Festsetzungen (nur) auf Grundlage der im Internet veröffentlichten Dokumente erfolgte. Insofern sind abschließende Beurteilungen weder gewollt noch möglich.

I. Passiver Lärmschutz nach DIN 4109

Für einen ländlich geprägten Ortsteil einer Stadt wurde ein Bebauungsplan aufgestellt. Das Ziel ist insbesondere die städtebaurechtliche Qualifikation von bislang brachliegenden Flächen im Innenbereich, indem u. a. Mischgebiete als besondere Art der baulichen Nutzung festgesetzt werden. Dabei gilt es aus immissionsschutzrechtlicher Sicht zu beachten, dass sich in unmittelbarer Nähe zum Plangebiet (im Nordosten) ein Großparkplatz befindet, der vor allem für die Besucher eines Amphitheaters mit 600 Plätzen vorgesehen ist.[582]

Der Bebauungsplan wurde im Juni 2013 von der Stadtverordnetenversammlung als Satzung beschlossen und ist durch Bekanntmachung im städtischen Amtsblatt einen Monat später in Kraft getreten.[583]

---

582 Vgl. *Stadt Senftenberg*, Begründung zum Bebauungsplan der Innenentwicklung Nr. 44 […], S. 4 ff., online: https://www1.senftenberg.de/sessionnet/buergerinfo/vo0050.php?__kvonr=1866, Zugriff am 26.10.2013.

583 Vgl. *Stadt Senftenberg* (Hrsg.), Amtsblatt für die Stadt Senftenberg – Ausgabe vom 04.07.2013, S. 8, online: http://www.senftenberg.de/loadDocument.phtml?ObjSvrID=2055&ObjID=1883&ObjLa=1&Ext=PDF, Zugriff am 26.10.2013.

I.1. Lärmschutzrelevante Festsetzung

Im Rahmen des Bebauungsplanverfahrens wurde ein schalltechnisches Gutachten erstellt, welches die voraussichtlichen Geräuschimmissionen des nahegelegenen Großparkplatzes ermittelten sollte. Laut diesem Gutachten werden die Orientierungswerte der DIN 18005 sowie die Richtwerte der TA Lärm für Mischgebiete tagsüber eingehalten. Nachts hingegen wird eine Überschreitung im Mischgebiet MI1 von bis zu 5 dB(A) prognostiziert.[584] Diese Vorhersage veranlasste den Plangeber folgende textliche Festsetzung, die zur Wahrung der allgemeinen Anforderungen an gesunde Wohn- und Arbeitsverhältnisse beitragen soll[585], in den Bebauungsplan aufzunehmen:

„20. Unter Berücksichtigung des § 1 (6) Nr. 1 und 2 BauGB i. V. m. § 9 (1) Nr. 24 BauGB können im nördlichen Teil des Mischgebietes MI1 an 40–50 Tagen im Jahr durch die mit der Nutzung von privaten bzw. öffentlichen Stellplatzanlagen verbundenen Geräusche Immissionsbelastungen in der ungünstigsten Nachtstunde auftreten, die die Orientierungswerte für Mischgebiete nach Beiblatt 1 zu DIN 18005 ‚Schallschutz im Städtebau' in der Nachtzeit um bis zu 7 dB(A) überschreiten. Aus diesem Grunde werden für die betroffenen Gebäudeseiten bauliche Maßnahmen zum Schutz gegenüber Außenlärm für das Gesamtbauteil i. S. von Abschnitt 5 der DIN 4109 ‚Schallschutz im Hochbau' festgesetzt. Dabei ist vom Lärmpegelbereich III auszugehen.

Hinweis: Die von den Inhalten der Festsetzungen Ziff. 20 betroffenen Gebäudeseiten sind aus der Lärmausbreitungskarte zum Kapitel Immissionsschutz der Begründung zu ersehen."[586]

Die Planzeichnung enthält (im Bereich des MI1) keinerlei zeichnerischen Festsetzungen zum Immissionsschutz (siehe Abbildung 6).

I.2. Bewertung der Festsetzung

Nach Ansicht des Autors genügt die textliche Festsetzung Nr. 20 offenbar nicht den allgemeinen rechtlichen Anforderungen an Bebauungsplanfestsetzungen.

---

584 Vgl. *Bonk – Marie – Hoppmann GbR*, Schalltechnisches Gutachten zum Bebauungsplan Nr. 44 […], S. 16, online: https://www1.senftenberg.de/sessionnet/buergerinfo/vo0050.php?__kvonr=1866, Zugriff am 26.10.2013.
585 Vgl. *Stadt Senftenberg*, a. a. O. (Fußn. 582), S. 21.
586 *Stadt Senftenberg*, Bebauungsplan der Innenentwicklung Nr. 44 […], S. 1, online: https://www1.senftenberg.de/sessionnet/buergerinfo/vo0050.php?__kvonr=1866, Zugriff am 26.10.2013.

Abbildung 6: Festsetzungsbeispiel I – Ausschnitt aus der Planzeichnung

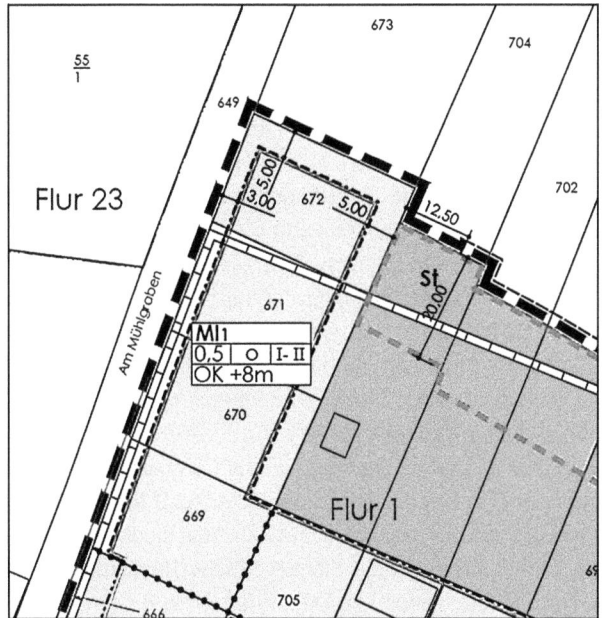

Quelle: Stadt Senftenberg, Bebauungsplan der Innenentwicklung Nr. 44 [...], S. 1, online: https://www1.senftenberg.de/sessionnet/buergerinfo/vo0050.php?__kvonr=1866, Zugriff am 26.10.2013

Zunächst sei aus inhaltlicher Sicht darauf hingewiesen, dass die in der textlichen Festsetzung benannte Überschreitung von 7 dB(A) zwar auch in der Begründung angeführt wird, jedoch im Schallgutachten lediglich eine Überschreitung von 5 dB(A) prognostiziert wird. Es ist insofern nicht nachvollziehbar, woher die Angabe „7 dB(A)" ursprünglich stammt.

Die textliche Festsetzung beabsichtigt, dass bei der Errichtung von Gebäuden im Baugebiet MI1 Schallschutzmaßnahmen gem. dem Lärmpegelbereich III der DIN 4109 vorgenommen werden müssen. Der Bebauungsplan selbst normiert allerdings nicht konkret und eindeutig, für welche Gebäude dies gilt. Stattdessen wird auf eine Lärmausbreitungskarte verwiesen, die im Kapitel Immissionsschutz der Begründung zu finden sei. Aus dieser Karte seien die betroffenen Gebäudeseiten zu ersehen.

Eine derartige Festsetzung verstößt gegen das Bestimmtheitsgebot als Ausdruck des Rechtsstaatsprinzip gem. Art. 20 Abs. 3 GG. Danach müssen Darstellungen und Festsetzungen eindeutig, klar und unmissverständlich sein.[587] Dies ist bei der textlichen Festsetzung Nr. 20 nicht der Fall: Allein aus dem Bebauungsplan (bestehend aus zeichnerischen und textlichen Festsetzungen) ist nicht ersichtlich, für welche Gebäudeseiten Schallschutzmaßnahmen zwingend vorgesehen sind. Der vorgenommene Verweis auf eine Karte in der Begründung ist unzulässig, da die Begründung lediglich als Auslegungshilfe herangezogen werden kann. Der vorliegende Fall geht jedoch klar über diese Funktion der Begründung hinaus, weil hier der Inhalt der Begründung eine Umsetzung der planerischen Festsetzung überhaupt erst ermöglicht bzw. ermöglichen soll.

Offensichtlich bestand beim Plangeber ein falsches Verständnis im Hinblick auf die (rechtliche) Bedeutung der Planbegründung. Diese Schlussfolgerung ergibt sich u. a. aus dem Begründungstext, wo es heißt: „Das schalltechnische Gutachten wird Anlage der Begründung und damit Bestandteil des Bebauungsplanes."[588] Diese Aussage ist nicht korrekt: Die Begründung ist nicht Bestandteil des normativen Inhalts der Bebauungsplansatzung[589].

Ungeachtet dessen ist in der Begründung eine Lärmausbreitungskarte nicht enthalten. Vielmehr wird im Kapitel Immissionsschutz auf das schalltechnische Gutachten in der Anlage verwiesen. In diesem Gutachten sind verschiedene Karten zu finden, die die Lärmbelastung für unterschiedliche Bebauungstypologien in der ungünstigsten Nachtstunde darstellen. Dabei werden in einigen Karten auch Maßnahmen berücksichtigt (Schallschutzwand und Parkplatzsperrung), die der Bebauungsplan gar nicht festsetzt. Insofern ist selbst unter Heranziehung der Karte(n) nicht eindeutig erkennbar, für welche Gebäudeseiten die textliche Festsetzung Nr. 20 gilt.

Den Anforderungen des Bestimmtheitsgebots wäre ausreichend Rechnung getragen worden, wenn beispielsweise durch eine zeichnerische Festsetzung die betroffenen Gebäudeseiten ausgewiesen worden wären.

Allerdings ist die Festsetzung Nr. 20 noch aus einem weiteren Grund unzulässig: Sie genügt nicht den Anforderungen des Publizitätsgebots. Nach der Rechtsprechung des *BVerwG* muss der Plangeber, sofern er in einer Festsetzung auf eine DIN-Norm verweist, „sicherstellen, dass die Planbetroffenen sich auch vom Inhalt der DIN-Vorschrift verlässlich Kenntnis verschaffen können."[590] Dies ist hier nicht gegeben. Der Bebauungsplan enthält diesbezüglich keinerlei Angaben.

---

587 Vgl. u. a. *Kuschnerus*, a. a. O. (Fußn. 126), S. 57 f.; vgl. *Stüer*, a. a. O. (Fußn. 6), S. 70.
588 *Stadt Senftenberg*, a. a. O. (Fußn. 582), S. 22.
589 Vgl. *Söfker*, a. a. O. (Fußn. 116), § 2a Rn. 12.
590 *BVerwG*, Beschl. v. 29.07.2010 – 4 BN 21/10 –, BauR 2010, S. 1889 (1890) = UPR 2010, S. 452 (453).

Im Ergebnis ist die textliche Festsetzung Nr. 20 wohl als unzulässig zu beurteilen. Insbesondere ihre unzureichende Bestimmtheit verhindert einen sachgerechten Planvollzug. Inwiefern sich die Unzulässigkeit dieser Festsetzung auf den übrigen Bebauungsplan auswirkt, kann nicht beurteilt werden.

II. Lärmschutzwand als Bedingung für die Wohnnutzung

Im Jahr 2008 wurde in einer Stadt mit der Aufstellung eines Bebauungsplans begonnen, der (im Sinne einer Nachverdichtung) das Baurecht für zwei Doppelhäuser sowie ein freistehendes Gebäude im Innenbereich schaffen soll. Die Art der baulichen Nutzung soll als allgemeines Wohngebiet gem. § 4 BauNVO festgesetzt werden.[591]

Der Bebauungsplan befindet sich aktuell noch im Verfahren; zuletzt erfolgte im Sommer 2012 die öffentliche Auslegung gem. § 3 Abs. 2 und § 4 Abs. 2 BauGB.[592]

II.1. Lärmschutzrelevante Festsetzung

Im Westen, unmittelbar an das Plangebiet angrenzend befindet sich eine Landesstraße, die laut Verkehrszählung ein durchschnittliches tägliches Verkehrsaufkommen von etwa 12.000 Fahrzeugen pro Stunde aufweist. Aufgrund des Straßenverkehrs ist das Plangebiet einer erheblichen Vorbelastung in Bezug auf Verkehrslärm ausgesetzt. Die Lärmkartierung des Landes Nordrhein-Westfalen gibt für die Flächen im Geltungsbereich des Bebauungsplans eine Belastung zwischen 65 und 70 dB(A) an (siehe Abbildung 7).

Zur Beurteilung der Lärmimmissionen ist auf die DIN 18005 abzustellen. Im Konkreten bedeutet dies eine Überschreitung von 10 bis 15 dB(A) gegenüber dem Orientierungswert für allgemeine Wohngebiete (50 dB(A)).

---

591 Vgl. *Stadt Bornheim*, Bebauungsplan He 05. Bebauungsplan der Innenentwicklung gemäß § 13a BauGB in der Ortschaft Hersel. Begründung, S. 3, online: http://www.o-sp.de/download/bornheim/67891, Zugriff am 26.10.2013.
592 Vgl. *Stadt Bornheim*, Aktueller Bebauungsplan in Bearbeitung. Hersel – Bebauungsplan He 05 im Stadtteil Hersel, online: http://www.o-sp.de/bornheim/plan/verfahrensschritte.php?pid=2810&art=LINK3, Zugriff am 26.10.2013.

Abbildung 7: Festsetzungsbeispiel II – Lärmkartierung (Geltungsbereich markiert)

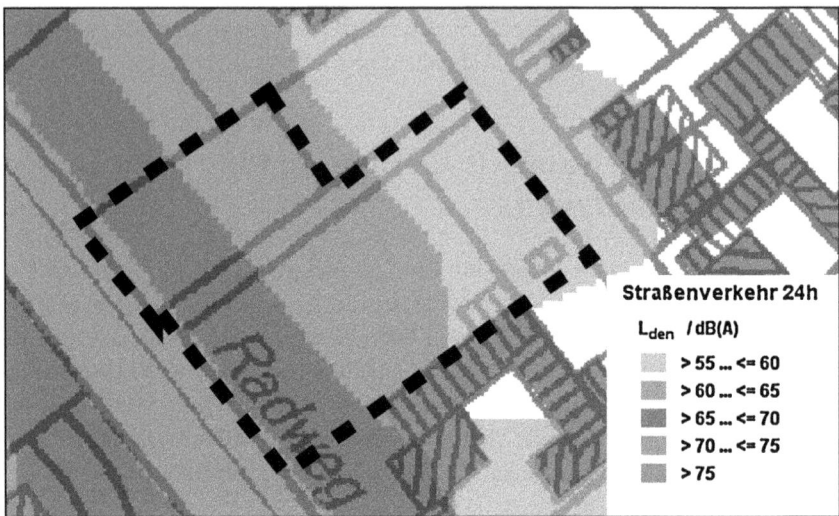

Quelle: Ministerium für Klimaschutz, Umwelt, Landwirtschaft, Natur- und Verbraucherschutz des Landes Nordrhein-Westfalen (Hrsg.), Umgebungslärmkartierung, online: http://www.umgebungslaerm-kartierung.nrw.de/, Zugriff am 26.10.2013, mit eigenen Ergänzungen

Vor diesem Hintergrund wurde folgende Festsetzung in den Bebauungsplanentwurf aufgenommen:

„*7.1 Aktive Lärmschutzmaßnahme*

Entlang der L 300 ist, wie in der Planzeichnung dargestellt, eine mindestens 2.20 m hohe Lärmschutzwand über Höhe der Landesstraße herzustellen und dauerhaft zu unterhalten. Die Lärmschutzwand kann auch durch Garagenwände hergestellt werden.

7.2 In Anwendung des § 9 Abs. 2 Nr. 2 BauGB ist eine Wohnnutzung erst dann zulässig, wenn die unter 7.1 beschriebene Lärmschutzmaßnahme vom Punkt A aus durchgehend über die Eckpunkte B und C bis zum Punkt D errichtet ist."[593] *[Hervorhebung im Original]*

---

593 Stadt Bornheim, Bebauungsplan He 05 in der Ortschaft Hersel – Textliche Festsetzungen, S. 2, online: http://www.o-sp.de/download/bornheim/67890, Zugriff am 26.10.2013.

Die dazugehörige Planzeichnung setzt die Punkte A bis D fest, auf die in der textlichen Festsetzung Bezug genommen wird (siehe Abbildung 8).

Abbildung 8:   *Festsetzungsbeispiel II – Ausschnitt aus der Planzeichnung*

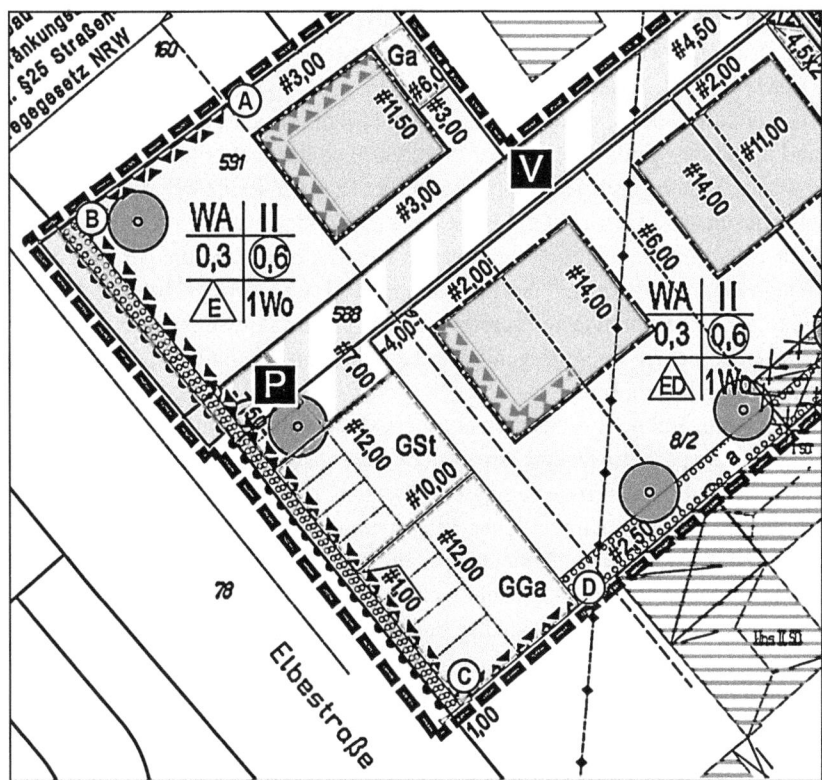

Quelle: Stadt Bornheim, Bebauungsplan He 05 in der Ortschaft Hersel, S. 1, online: http://www.o-sp.de/download/bornheim/67889, Zugriff am 26.10.2013

In der Begründung wird darauf hingewiesen, dass möglicherweise weitere bauliche oder technische Vorkehrungen zum Schallschutz an den Gebäuden erforderlich sind, um den allgemeinen Anforderungen an gesunde Wohn- und Arbeitsverhältnisse Rechnung zu tragen. Im weiteren Verfahren werde dies noch geprüft.[594]

---

594   Vgl. *Stadt Bornheim*, a. a. O. (Fußn. 591), S. 9 f.

II.2. Bewertung der Festsetzung

Die textliche Festsetzung Nr. 7.1 veranschaulicht, wie zwei lärmschutzrelevante Festsetzungsmöglichkeiten miteinander kombiniert werden können: Einerseits Flächen für besondere Anlagen zum Schutz vor schädlichen Umwelteinwirkungen nach § 9 Abs. 1 Nr. 24, 2. Alt. BauGB (Lärmschutzwand); andererseits die Bedingung, dass eine Wohnnutzung erst nach Fertigstellung der Schutzanlage zulässig ist (nach § 9 Abs. 2 Satz 1 Nr. 2 BauGB).

Der erste Teil der textlichen Festsetzung sieht die Errichtung einer Lärmschutzwand mit einer Mindesthöhe von 2,20 m vor. Die dazugehörigen Flächen sind in der Planzeichnung mit dem Planzeichen Nr. 15.6 der PlanZV[595] festgesetzt. Als Höhenbezugspunkt wird auf die Höhe der Landstraße verwiesen. Ein solches Vorgehen ist grundsätzlich zulässig, solange das Gelände bzw. die Straßenoberfläche kein Gefälle aufweist.[596] Sollte dies hingegen der Fall sein, müssten konkrete Punkte als Bezugspunkte festgesetzt werden, um den Bestimmtheitsanforderungen zu entsprechen. Im vorliegenden Bebauungsplan scheint dies jedoch offenbar nicht erforderlich zu sein.

Der zweite Teil der Festsetzung normiert, dass eine Wohnnutzung erst nach Errichtung einer geschlossenen Lärmschutzwand zwischen den Punkten A, B, C und D zulässig ist. Eine derartige bedingte Festsetzung ist prinzipiell ebenfalls zulässig. Allerdings sind nach den textlichen Festsetzungen des Bebauungsplans nicht nur Wohngebäude, sondern auch nicht störende Handwerksbetriebe (ausnahmsweise) zulässig.[597] Deren Zulässigkeit steht nicht in Abhängigkeit von der Errichtung der Lärmschutzwand, sodass ein solcher Betrieb im erheblichen Umfang schädlichen Umwelteinwirkungen ausgesetzt sein würde. Der Bebauungsplan verstößt in diesem Punkt gegen das Gebot der planerischen Konfliktbewältigung.

Hinsichtlich der dauerhaften Sicherung der Lärmschutzwand bzw. der alternativen Garagenwände wird gem. der textlichen Festsetzung Nr. 7.1 nur eine dauerhafte Unterhaltung gefordert. Es sei an dieser Stelle noch einmal auf die strengen Anforderungen des *VGH Mannheim* verwiesen, wonach ein Wiederaufbau der abschirmenden baulichen Anlagen auch bei finanziell nicht leistungsfähigen oder bauunwilligen Grundstückseigentümer sichergestellt sein müsse.[598] Wie

---

595 Planzeichenverordnung (PlanZV) vom 18.12.1990 (BGBl. 1991 I S. 58), die durch Art. 2 des Gesetzes vom 22.07.2011 (BGBl. I S. 1509) geändert worden ist.
596 Vgl. *Söfker*, a. a. O. (Fußn. 116), § 18 BauNVO Rn. 3.
597 Vgl. *Stadt Bornheim*, a. a. O. (Fußn. 597), S. 1.
598 Vgl. *VGH Kassel*, Urt. v. 22.04.2010 – 4 C 306/09.N –, BauR 2010, S. 1531 (1532 f.).

bereits dargelegt, sind diese Anforderungen nach Ansicht des Autors jedoch nicht gerechtfertigt.[599] Insofern wird die geforderte dauerhafte Unterhaltung als ausreichend beurteilt.

Da sich der Bebauungsplan aktuell noch im Verfahren befindet, ist eine abschließende Beurteilung – über den aufgezeigten Mangel hinaus – nicht möglich.

III. Nutzungsbeschränkungen für Mitarbeiterparkplatz

Ein ortsansässiger Gewerbebetrieb beabsichtigt eine Werkserweiterung, die u. a. den Bau einer Stellplatzanlage mit ca. 1.100 Stellplätzen (sog. Parkierungsanlage) erforderlich machte. Die dafür vorgesehenen Flächen befanden sich im Außenbereich und wurden bislang landwirtschaftlich genutzt. Zur Schaffung der baurechtlichen Zulässigkeit war die Aufstellung eines Bebauungsplans erforderlich.[600]

Der vorhabenbezogene Bebauungsplan wurde im April 2013 vom Gemeinderat als Satzung beschlossen und ist durch Bekanntmachung im städtischen Amtsblatt einen Monat später in Kraft getreten.[601]

III.1. Lärmschutzrelevante Festsetzung

Zum Schutz vor Geräuschimmissionen enthält der Bebauungsplan folgende textliche Festsetzung:

„1.12 Vorkehrungen zum Schutz vor schädlichen Umwelteinwirkungen
(§ 9 Abs. 1 Nr. 24 BauGB)

Zum Schutz vor schädlichen Umwelteinwirkungen (Schallschutz) sind die ca. 280 Stellplätze der Parkdecks 1 und 2 (südlich gelegene Parkdecks) für die Früh- und Spätschicht zu reservieren. Durch entsprechende organisatorische Maßnahmen

---

599 So im Ergebnis auch: vgl. *Oerder/Beutling*, a. a. O. (Fußn. 210), S. 1196 (1208); vgl. *Upmeier*, Schutz vor heranrückender Wohnbebauung, in: BauR 2011, S. 413.
600 Vgl. *Stadt Waiblingen*, Bebauungsplan und Satzung über Örtliche Bauvorschriften „Brücklesäcker IV – Erweiterung Ost (Parkierungsanlage)". Begründung mit Umweltbericht, S. 4 f., online: http://www.waiblingen.de/sixcms/media.php/7/brucklesackerBegruendung150313.pdf, Zugriff am 26.10.2013.
601 Vgl. *Stadt Waiblingen* (Hrsg.), Staufer Kurier – Ausgabe vom 02.05.2013, S. 6, online: http://www.waiblingen.de/sixcms/media.php/7/stk1813.pdf, Zugriff am 26.10.2013.

(z. B. durch Schranken) ist zu sichern, dass diese Stellplätze nur von Mitarbeitern der entsprechenden Schichten genutzt werden."[602]

Der Planbegründung ist zu entnehmen, dass eine Schallimmissionsprognose zu dem Ergebnis kam, dass nachts die Orientierungswerte der DIN 18005 für eine gegenüberliegende Betriebswohnung in einem Gewerbegebiet überschritten werden. Nach DIN 18005 sind in Gewerbegebieten nachts Schallimmissionen in Höhe von 55 bzw. 50 dB(A) zulässig. Im vorliegenden Fall wurde der niedrigere Wert als Maßstab herangezogen, weil es sich um Gewerbelärm handelt.[603] Das Gutachten prognostizierte Geräuschimmissionen in Höhe von 55 bis 60 dB(A) nachts, d. h. eine Überschreitung der Orientierungswerte der DIN 18005 von 5 bis 10 dB(A) (siehe Abbildung 9)[604].

Vor diesem Hintergrund ist die oben stehende Festsetzung im Bebauungsplan getroffen worden. Sie soll sicherstellen, dass die Orientierungswerte der DIN 18005 nicht überschritten werden, indem die Mitarbeiter der Früh- und Spätschicht auf zwei Parkdecks parken sollen, die eine größere Entfernung zur oben genannten Betriebswohnung aufweisen als die übrigen Parkplätze. Der nächtliche An- und Abfahrtsverkehr soll folglich durch die Bebauungsplanfestsetzung gesteuert werden.

Die Festsetzung einer Schallschutzwand wurde aufgrund der erforderlichen Höhe von mindestens 4 m als städtebaulich und landschaftlich nicht verträglich beurteilt.[605]

III.2. Bewertung der Festsetzung

Nach Ansicht des Autors ist die textliche Festsetzung Nr. 1.12 kritisch zu beurteilen.

Zunächst jedoch eine Anmerkung zur Beurteilung der voraussichtlichen Geräuschimmissionen durch die gutachterliche Prognose im Rahmen der Umweltprüfung: Bei den in Rede stehenden Schallimmissionen handelt es sich um

---

602 *Stadt Waiblingen*, Bebauungsplan und Satzung über Örtliche Bauvorschriften „Brücklesäcker IV– Erweiterung Ost (Parkierungsanlage)". Textliche Festsetzungen, S. 6, online: http://www.waiblingen.de/sixcms/media.php/7/brucklesackerTextteil%20Satzung180612.pdf, Zugriff am 26.10.2013.
603 Vgl. *Stadt Waiblingen*, a. a. O. (Fußn. 600), S. 4 f.
604 Vgl. *TÜV SÜD Industrie Service GmbH*, Schallimmissionsprognose im Rahmen des vorhabenbezogenen Bebauungsplans […], S. 8 f., online: http://www.waiblingen.de/sixcms/media.php/7/Anlage4-Schallgutachten_Parkierungsanlage.pdf, Zugriff am 26.10.2013.
605 Vgl. *Stadt Waiblingen*, a. a. O. (Fußn. 600), S. 54.

Verkehrsgeräusche, die durch An- und Abfahrtsverkehr von Mitarbeiter-Pkw auf einem Parkplatz, der dem Betriebsgelände zuzuordnen ist, entstehen. In einem solchen Fall sind nach Nr. 7.4 Abs. 1 TA Lärm die Fahrzeuggeräusche der zu beurteilenden Anlage zuzurechnen, sodass die TA Lärm und nicht (wie geschehen) die DIN 18005 als Beurteilungsgrundlage heranzuziehen ist.[606] Allerdings sieht die TA Lärm – ebenso wie die DIN 18005 – 50 dB(A) als Immissionsrichtwert vor. Folglich bleibt es im Ergebnis bei einer Überschreitung von 5 bis 10 dB(A).

Abbildung 9: Festsetzungsbeispiel III – prognostizierte Lärmsituation ohne spezifische Festsetzungen

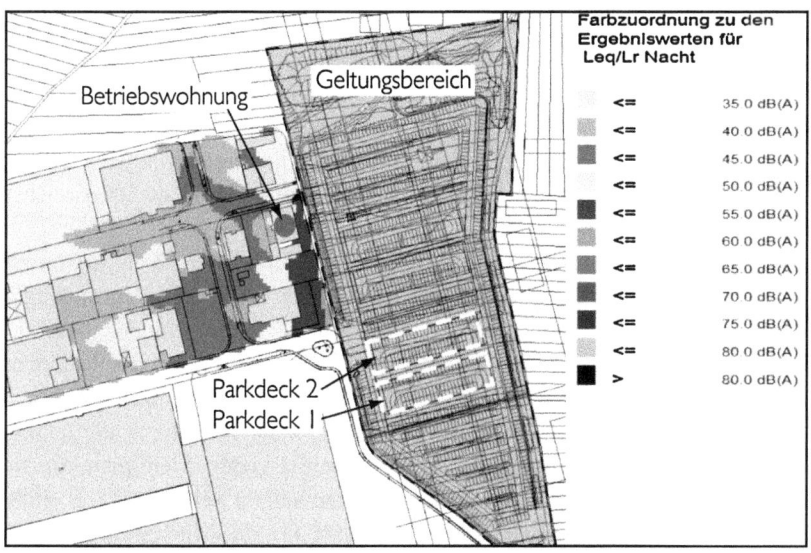

Quelle: TÜV SÜD Industrie Service GmbH, Schallimmissionsprognose im Rahmen des vorhabenbezogenen Bebauungsplans [...], S. 15, online: http://www.waiblingen. de/sixcms/media.php/7/Anlage4-Schallgutachten_Parkierungsanlage.pdf, Zugriff am 26.10.2013, mit eigenen Ergänzungen

Hinsichtlich der Bewertung der Festsetzung Nr. 1.12 gilt es zunächst zu beachten, dass es sich bei dem vorliegenden Plan um einen vorhabenbezogenen Bebauungsplan nach § 12 BauGB handelt, der grundsätzlich nicht an den

---

606 Vgl. *Beckert/Fabricius*, a. a. O. (Fußn. 180), S. 84 f.

Festsetzungskatalog von § 9 BauGB gebunden ist. Gleichwohl wird in der textlichen Festsetzung auf § 9 Abs. 1 Nr. 24 BauGB als Rechtsgrundlage verwiesen. Welche Festsetzungen auf Grundlage dieser Vorschrift getroffen werden können, wurde bereits ausführlich erläutert.[607] Es ist unstrittig, dass dies keine Festsetzungen umfasst, die sich auf Betriebsabläufe oder Regelungen der Betriebs- oder Produktionszeiten beziehen.[608] Eben solche Aspekte regelt die textliche Festsetzung Nr. 1.12 jedoch. Folglich ist die Regelungen nach § 9 Abs. 1 Nr. 24 BauGB unzulässig, was allerdings – aufgrund der fehlenden Bindung an § 9 BauGB – nicht zwangsläufig zur Unwirksamkeit der Festsetzung führt. Es handelt sich hingegen (nur) um die fehlerhafte Angabe der Rechtsgrundlage, was als Formfehler zu beurteilen ist.

Gleichwohl erscheint die textliche Festsetzung Nr. 1.12 auch in materieller Hinsicht fehlerhaft. Zwar können in einem vorhabenbezogenen Bebauungsplan auch individuelle Bestimmungen – wie sie sonst erst im Genehmigungsverfahren getroffen werden – festgesetzt werden, um die bereits bekannte zukünftige Nutzung konkret zu steuern[609], jedoch gelten auch für derartige Festsetzungen bestimmte Mindestanforderungen, denen der vorliegenden Fall offenbar nicht ausreichend Rechnung trägt.

Nach Ansicht des Autors wird durch die Festsetzung Nr. 1.12 die gewünschte Nutzung der Parkplätze nicht hinreichend geregelt. So ist der Begründung im Hinblick auf die beiden südlichen Parkdecks 1 und 2 zu entnehmen, „dass diese Stellplätze für diese Mitarbeiter [der Früh- und Spätschicht] reserviert werden und nur von diesen Mitarbeitern der entsprechenden Schichten genutzt werden und zwingend zu nutzen sind."[610] Dieser planerische Wille wird durch die textliche Festsetzung Nr. 1.12 allerdings nicht umgesetzt: Sie verlangt lediglich, die Nutzung der südlichen Parkflächen durch Mitarbeiter anderer Schichten (z. B. mittels Schranken) zu verhindern und diese Stellplätze für die Mitarbeiter der Früh- und Spätschicht zu reservieren. Es wird jedoch nicht zwingend gefordert, dass die Mitarbeiter der Früh- und Spätschicht auch tatsächlich die beiden südlichen Parkdecks 1 und 2 nutzen müssen. Somit ist nicht ausgeschlossen, dass die Mitarbeiter auch andere Parkplätze nutzen, die womöglich näher an der betroffenen

---

607 Siehe Punkt E.IV.3.4.
608 Vgl. *Söfker*, a. a. O. (Fußn. 116), § 9 Rn. 209; vgl. *Gierke*, a. a. O. (Fußn. 454), § 9 Rn. 465.
609 Vgl. *Kuschnerus*, a. a. O. (Fußn. 126), S. 76.
610 Vgl. *Stadt Waiblingen*, a. a. O. (Fußn. 600), S. 54.

Betriebswohnung liegen und somit in der Folge zu unzumutbaren Beeinträchtigungen führen (können).

Ferner ist der Verweis auf „Früh- und Spätschicht" in der Festsetzung Nr. 1.12 unbestimmt und wohl auch nicht ausreichend bestimmbar, da insbesondere die Begründung (als Auslegungshilfe) keine weiteren zeitlichen Angaben diesbezüglich enthält. Insofern verstößt die Festsetzung offensichtlich gegen das Gebot der ausreichenden Bestimmtheit. Fraglich ist darüber hinaus, welcher zeitliche Bezugspunkt heranzuziehen ist, wenn das Unternehmen nicht mehr im Schichtbetrieb produziert. Es wäre wohl insgesamt rechtssicherer, wenn in der Festsetzung konkrete Zeitfenster (z. B. von 22.00 bis 6.00 Uhr) benannt würden, in denen ausschließlich auf den Parkdecks 1 und 2 geparkt werden darf.

Zusammenfassend lässt sich festhalten, dass die textliche Festsetzung Nr. 1.12 wohl als unwirksam zu beurteilen ist. Inwieweit dies auch einen Verstoß gegen das Konfliktbewältigungsgebot zur Folge hat, weil der Bebauungsplan die durch ihn entstehenden Lärmkonflikte nicht löst, kann nicht abschließend beurteilt werden. Möglicherweise enthält der Durchführungsvertrag weitere Regelungen diesbezüglich; die Ausführungen in der Begründung lassen dies vermuten.[611] Wenn dies der Fall sein sollte, wären allerdings entsprechende Erläuterungen in der Begründung sinnvoll, um insbesondere zur inhaltlichen Planklarheit beizutragen.

---

611 Die erforderlichen „organisatorischen Maßnahmen" sollen vertraglich vereinbart werden. Vgl. *Stadt Waiblingen*, a. a. O. (Fußn. 600), S. 54.

G. Zusammenfassung

Die Innenentwicklung und der Lärmschutz sind beides zentrale Zielsetzung der räumlichen Entwicklung, die allerdings in einem gewissen Spannungsverhältnis zueinanderstehen. Da keinem der beiden Belange ein abstrakter Vorrang zukommt, sind sie grundsätzlich gleichrangig zu behandeln.

Es wird deutlich, dass der Lärmschutz als Korrektiv – auch im Sinne einer qualifizierten Innenentwicklung – zwingend erforderlich ist. Eine vollständige Zurückstellung dieser Belange ist mit Blick auf die negativen Folgen von Lärm (insbesondere für die menschliche Gesundheit) nicht vertretbar. Allerdings wird diese Korrektivfunktion vor allem im Genehmigungsverfahren teilweise überschritten und kehrt sich in eine hemmende Wirkung für die Innenentwicklung um. Die Ursachen dafür liegen jedoch weniger im Städtebaurecht selbst begründet als vielmehr in den lärmtechnischen Regelwerken. Aufgrund fehlender Regelungen im Baurecht kommt ihnen essenzielle Bedeutung beim Umgang mit Lärm zu. Zwar gilt dies sowohl für das Genehmigungs- als auch für das Bauleitplanverfahren, allerdings ist die verbindliche Wirkung dieser Regelwerke bei der Genehmigung regelmäßig weitreichender als im Planverfahren. Im Besonderen gilt dies für die TA Lärm und den sie betreffenden Gewerbelärm: Die Beschränkung auf aktive Schallschutzmaßnahmen und architektonische Selbsthilfe (im Genehmigungsverfahren) hemmt wünschenswerte Entwicklungen im Innenbereich.

Schlussfolgernd kann die teilweise hemmende Wirkung des Lärmschutzes im Genehmigungsverfahren durch die Bauleitplanung behoben werden. Dafür kommt regelmäßig nur das Instrument des Bebauungsplans (ggf. ergänzt durch einen städtebaulichen Vertrag in Frage). In ihm können weitergehende Schallschutzmaßnahmen festgesetzt werden, als dies im Rahmen der Anlagengenehmigung möglich ist. Er muss allerdings auch den Lärmkonflikt abschließend lösen, um das störende Hemmnis zu beseitigen.

Die Instrumente des Städtebaurechts sind somit weitgehend ausreichend, um sowohl der Innenentwicklung als auch dem Lärmschutz gerecht zu werden. Vor dem Hintergrund der Rechtsprechung der Verwaltungsgerichte der letzten Jahre und der exemplarisch untersuchten Festsetzungen lässt sich gleichwohl feststellen, dass in der Planungspraxis offenbar Umsetzungs- bzw. Anwendungsprobleme in Bezug auf lärmspezifische Festsetzungen bestehen. Inwieweit dies allgemeine Gültigkeit beanspruchen kann, lässt sich allerdings nicht beurteilen.

Für die Zukunft bleibt es abzuwarten, wie das Verhältnis zwischen den lärmtechnischen Regelwerken und dem Städtebaurecht – insbesondere im Hinblick auf die Verbindlichkeit der Regelwerke – durch die Rechtsprechung und/oder den Gesetz- bzw. Verordnungsgeber konkretisiert wird.

H. Verzeichnisse

I. Quellenverzeichnisse

I.1. Literatur

I.1.1. Monografien

ARL (Hrsg.): „Zugspitz-Thesen" – Klimawandel, Energiewende und Raumordnung, Hannover 2012, Selbstverlag

BBSR (Hrsg.): Auf dem Weg, aber noch nicht am Ziel – Trends der Siedlungsflächenentwicklung, BBSR-Berichte 10/2011, Bonn 2011, Selbstverlag

BBSR (Hrsg.): Fokus Innenstadt – Aspekte innerstädtischer Bevölkerungsentwicklung, BBSR-Berichte 11/2010, Bonn 2010, Selbstverlag

BBSR (Hrsg.): Leben in der Stadt, BBSR-Analysen KOMPAKT 06/2013, Bonn 2013, Selbstverlag

BBSR (Hrsg.): Raumordnungsprognose 2030, Bonn 2012, Selbstverlag

BBSR (Hrsg.): Renaissance der Großstädte – eine Zwischenbilanz, BBSR-Berichte 9/2011, Bonn 2011, Selbstverlag

BBSR (Hrsg.): Trends der Siedlungsflächenentwicklung – Status quo und Projektion 2030, BBSR-Analysen 09/2012, Bonn 2012, Selbstverlag

Berkemann, Jörg: Lärmschutz im Städtebaurecht, Essen 2009, vhw

Berkemann, Jörg: Planen und Bauen in Gemengelagen, Essen 2012, vhw

Berlin-Institut für Bevölkerung und Entwicklung (Hrsg.): Vielfalt statt Gleichwertigkeit – Was Bevölkerungsrückgang für die Versorgung ländlicher Regionen bedeutet, Berlin 2013, Selbstverlag

Birk, Hans-Jörg: Städtebauliche Verträge, 5. Aufl., Stuttgart 2013, Boorberg

BMU (Hrsg.): Nationale Strategie zur biologischen Vielfalt, 3. Aufl., Berlin 2011, Selbstverlag

BMU; UBA (Hrsg.): Umweltbewusstsein in Deutschland 2012, Berlin 2013, Selbstverlag

BMVBS (Hrsg.): Lärmschutz im Schienenverkehr, Berlin 2013, Selbstverlag

BMVBS (Hrsg.): Statistik des Lärmschutzes an Bundesfernstraßen 2010, Bonn 2011, Selbstverlag

BMVBS; **BBSR** (Hrsg.): Einflussfaktoren der Neuinanspruchnahme von Flächen, Bonn 2009, Selbstverlag
Brockhaus, Enzyklopädie – Band 16, 21. Aufl., Mannheim 2006, F. A. Brockhaus
Bundesamt für Naturschutz (Hrsg.): Stärkung des Instrumentariums zur Reduzierung der Flächeninanspruchnahme, Bonn 2008, Selbstverlag
Bundesregierung: Nationale Nachhaltigkeitsstrategie – Fortschrittsbericht 2012, Berlin 2012, Selbstverlag
Bundesregierung: Perspektiven für Deutschland – Unsere Strategie für eine nachhaltige Entwicklung, o. A. 2002, Selbstverlag
Deutsche Gesellschaft für Akustik (Hrsg.): Straßenverkehrslärm, Berlin 2010, Selbstverlag
Difu (Hrsg.): Planspiel zur Novellierung des Bauplanungsrechts, Berlin 2012, Selbstverlag
Erbguth, Wilfried; **Schlacke**, Sabine: Umweltrecht, 4. Aufl., Baden-Baden 2012, Nomos
Finkelnburg, Klaus; **Ortloff**, Karsten Michael; **Kment**, Martin: Öffentliches Baurecht – Band I, 6. Aufl., München 2011, Beck
Gelzer, Konrad; **Bracher**, Christian-Dietrich; **Reidt**, Olaf: Bauplanungsrecht, 7. Aufl., Köln 2004, Otto Schmidt
Heinrich, Roxana: Befristung und Bedingung baulicher und sonstiger Nutzungsrechte nach § 9 Abs. 2 BauGB, Frankfurt/Main 2009, Peter Lang
Hoppe, Werner; **Bönker**, Christian; **Grotefels**, Susan (Hrsg.): Öffentliches Baurecht, 4. Aufl., München 2010, Beck
Kloepfer, Michael; **Griefahn**, Barbara; **Kaniowski**, Andrzej Maciej et al.: Leben mit Lärm?, Berlin 2006, Springer
Kommission Bodenschutz beim UBA (Hrsg.): Flächenverbrauch einschränken – jetzt handeln, Dessau-Roßlau 2009, Selbstverlag
Kuschnerus, Ulrich: Der sachgerechte Bebauungsplan, 4. Aufl., Bonn 2010, vhw
Meyer, Johannes: Nachhaltige Stadt- und Verkehrsplanung, Wiesbaden 2013, Vieweg + Teubner
Muckel, Stefan: Öffentliches Baurecht, München 2010, Beck
Schmidt, Reiner; **Kahl**, Wolfgang: Umweltecht, 8. Aufl., München 2010, Beck
Schmidt-Eichstaedt, Gerd: Städtebaurecht, 4. Aufl., Stuttgart 2005, Kohlhammer
Statistisches Bundesamt (Hrsg.): Bevölkerung Deutschlands bis 2060, Wiesbaden 2009, Selbstverlag
Statistisches Bundesamt (Hrsg.): Bevölkerung und Erwerbstätigkeit, Wiesbaden 2012, Selbstverlag

Statistisches Bundesamt (Hrsg.): Bevölkerung und Erwerbstätigkeit – Vorläufige Ergebnisse der Bevölkerungsfortschreibung auf Grundlage des Zensus 2011, Wiesbaden 2013, Selbstverlag
Statistisches Bundesamt (Hrsg.): Land- und Forstwirtschaft, Fischerei – Bodenfläche nach Art der tatsächlichen Nutzung (Fachserie 3 Reihe 5.1), Wiesbaden 2013, Selbstverlag
Stüer, Bernhard: Der Bebauungsplan, 4. Aufl., München 2009, Beck
UBA (Hrsg.): Leitkonzept – Stadt und Region der kurzen Wege, Texte 48/2011, Dessau-Roßlau 2011, Selbstverlag
Vereinte Nationen (Hrsg.): Rio-Erklärung über Umwelt und Entwicklung, Rio de Janeiro 1992
Weltgesundheitsorganisation (Hrsg.): Burden of disease from environmental noise, Kopenhagen 2011, Selbstverlag
Wüstenrot Stiftung (Hrsg.): Nutzungswandel und städtebauliche Steuerung, Opladen 2003, Leske + Budrich

I.1.2. Zeitschriftenaufsätze

Battis, Ulrich; **Mitschang**, Stephan; **Reidt**, Olaf: Stärkung der Innenentwicklung in den Städten und Gemeinden, in: NVwZ 2013, S. 961–969
Beilein, Andreas: Aktivierung von Stadtbrachen für das Wohnen, in: IzR 2010, S. 13–25
Bönnighausen, Günter; **Mundt**, Stefan: Lärmminderung durch Stadt- und Bauleitplanung – Hamburger Erfahrungen, in: IzR 2013, S. 245–257
Butzin, Bernhard; **Noll**, Hans-Peter; **Wlocka**, Dirk et al.: Neue Zugänge zum Flächenrecycling, in: IzR 2010, S. 83–102
Cancik, Pascale: Stand und Entwicklung der Lärmminderungsplanung in Deutschland, in: GewArch 2012, S. 210–226
Chotjewitz, Iwan: Die neue TA Lärm – eine Antwort auf die offenen Fragen beim Lärmschutz?, in: LKV 1999, S. 47–50
Decker, Andreas: Der spezielle Gebietsprägungserhaltungsanspruch, in: JA 2007, S. 55–58
Deutsch, Markus: Lärmprobleme bei der Modernisierung von Sportanlagen, in: BauR 2009, S. 1840–1850
Dolde, Klaus-Peter: Baugenehmigung zur Nutzungsänderung einer Fabrikhalle in Mehrfamilienhaus, in: NVwZ 2013, S. 372–376
Engel, Rüdiger: Aktuelle Fragen des Lärmschutzes – Lärmaktionsplanung, in: NVwZ 2010, S. 1191–1199

Fischer, Hartmut; **Tegeder**, Klaus: Geräuschkontingentierung-DIN 45691, in: BauR 2007, S. 323–328

Francis, Clinton D.; **Ortega**, Catherine P.; **Cruz**, Alexander: Noise Pollution Changes Avian Communities and Species Interactions, in: Current Biology 2009, S. 1415–1419

Fricke, Hanns-Christian: Passiver Schallschutz im Anwendungsbereich der TA Lärm – Anmerkungen zum Urteil des BVerwG vom 29. November 2012, 4 C 8.11 –, in: ZfBR 2013, S. 627–631

Gatz, Stephan: Keine unverminderte Inanspruchnahme des Schutzniveaus der Nr. 6.1 Satz 1 Buchstabe e der TA Lärm im reinen Wohngebiet, in: jurisPR-BVerwG 1/2009, Anm. 2

Hansmann, Klaus: Privilegierung von Kinderlärm im Bundes-Immissionsschutzgesetz, in: DVBl. 2011, S. 1400–1404

Henger, Ralph; **Schröter-Schlaack**, Christoph; **Ulrich**, Philip; **Distelkamp**, Martin: Flächeninanspruchnahme 2020 und das 30-ha-Ziel, in: RuR 2010, S. 297–309

Heyn, Timo; **Wilbert**, Katrin; **Hein**, Sebastian: Lärm macht Leer – Auswirkungen von Lärmemissionen auf den Immobilienmarkt und die Wohnungswirtschaft, in: IzR 2013, S. 235–243

Hintzsche, Matthias: Lärmsituation in Deutschland unter Berücksichtigung der EU-Rahmenbedingungen zum Lärmschutz, in: IzR 2013, S. 211–221

Höhn, Kastor: Kontingentierung in Bebauungsplänen: Für Lärm zulässig, für Einzelhandel nicht?, in: DVBl. 2012, S. 74–78

Jaeger, Henning: Neuplanung von Wohngebieten entlang von Verkehrswegen, in: BauR 2008, S. 313–315

Ketteler, Gerd: Die Beurteilung von Geräuschimmissionen bei Freizeitanlagen, in: DVBl. 2008, S. 220–229

Kohlhuber, Martina; **Bolte**, Gabriele: Einfluss von Umweltlärm auf Schlafqualität und Schlafstörungen und Auswirkungen auf die Gesundheit, in: Somnologie 2012, S. 10–16

Kormann, Joachim: Zur Situation von Handwerksbetrieben nach geltendem Bauplanungsrecht, in: GewArch 2010, S. 396–400

Krautzberger, Michael: Änderungen des Baugesetzbuchs und der Baunutzungsverordnung: Das „Gesetz zur Stärkung der Innenentwicklung in den Städten und Gemeinden und weiterer Fortentwicklung des Städtebaurechts" ist verkündet worden, in: UPR 2013, S. 281–286

Krautzberger, Michael: Der Beitrag der städtebaulichen Verträge zur Lösung von städtebaulichen Problemen des Lärmschutzes, in: UPR 2009, S. 213–216

Kümmel, Dennis: Passiver Schallschutz ist nicht genug!, in: NZBau 2013, S. 220

Kupfer, Dominik: Lärmaktionsplanung – Effektives Instrument zum Schutz der Bevölkerung vor Umgebungslärm?, in: NVwZ 2012, S. 784–791

Kuschnerus, Ulrich: Die planerische Steuerung von Industrievorhaben (Teil 2), in: BauR 2011, S. 761–769

Mitschang, Stephan: Die Bedeutung der Baunutzungsverordnung für die Innenentwicklung der Städte und Gemeinden, in: ZfBR 2009, S. 10–23

Mitschang, Stephan: Die Berücksichtigung von Belangen des Lärmschutzes bei der städtebaulichen Entwicklung, in: ZfBR 2009, S. 538–553

Mitschang, Stephan: Die Umgebungslärmrichtlinie und ihre Auswirkungen auf die Regional- und Bauleitplanung, in: ZfBR 2006, S. 430–442

Mitschang, Stephan: Städtebauliche Instrumente für die Innenentwicklung, in: ZfBR 2013, S. 324–336

Mitschang, Stephan; **Schwarz**, Tim: Innenentwicklung als Aufgabe von Metropolregionen – Ein Blick in die Planungspraxis am Beispiel des Ruhrgebietes, in: NWVBl. 2010, S. 258–267

Molder, Frank; **Müller-Herbers**, Sabine: Neue Instrumente der Innenentwicklung – Aktivierung von Baulücken und Leerständen, in: fub 2009, S. 264–270

Oerder, Michael; **Beutling**, Alexander: Bewältigung des Gewerbelärmkonflikts in der Vorhabenzulassung und Bauleitplanung, in: BauR 2013, S. 1196–1209

Otto, Christian-W.: Wohnen im Kerngebiet, in: ZfBR 2013, S. 125–129

Paetow, Stefan: Lärmschutz in der aktuellen höchstrichterlichen Rechtsprechung, in: NVwZ 2010, S. 1184–1190

Rappen, Stefan; **Küas**, Christopher: Neue Herausforderungen für die Innenentwicklung von Städten – Möglichkeiten der Konfliktbewältigung durch passive Schallschutzmaßnahmen, in: BauR 2013, S. 874–882

Reidt, Olaf: Passiver Lärmschutz und TA Lärm – Anmerkungen zu dem Urteil des Bundesverwaltungsgerichts vom 29.11.2012 (4 C 8.11), in: UPR 2013, S. 166–170

Reidt, Olaf: Städtebaulicher Vertrag und Durchführungsvertrag im Lichte der aktuellen Rechtsentwicklung, in: BauR 2008, S. 1541–1548

Sandeck, Karin; **Simon-Philipp**, Christina: Destination Innenstadt – zur Entwicklung der Innenstädte in Deutschland, in: Die alte Stadt 2008, S. 303–323

Scheidler, Alfred: Bindung der Gemeinden an Pläne des Wasser-, Abfall- und Immissionsschutzrechts im Rahmen der Bauleitplanung?, in: KommJur 2012, S. 241–246

Scheidler, Alfred: Der neue § 22 Abs. 1a BImSchG und sein Zusammenspiel mit dem Bauplanungsrecht, in: ZfBR 2011, S. 742–746

Scheidler, Alfred: Pläne des Immissionsschutzrechts als Abwägungsbelang für die Bauleitplanung, in: BauR 2012, S. 439–445

Scheidler, Alfred: Pläne des Umweltschutzes und Erhaltung der bestmöglichen Luftqualität als Abwägungsbelang in der Bauleitplanung, in: UPR 2012, S. 241–247

Schink, Alexander: Immissionsschutz in der Bauleitplanung, in: UPR 2011, S. 41–50

Schink, Alexander: Nachverdichtung, Baulandmobilisierung und Umweltschutz, in: UPR 2001, S. 161–170

Schink, Alexander: Straßenverkehrslärm in der Bauleitplanung, in: NVwZ 2003, S. 1041–1047

Schrödter, Wolfgang: Aktuelle Fragen zur städtebaulichen Umweltprüfung nach dem Europaanpassungsgesetz-Bau, in: LKV 2006, S. 251–255

Schrödter, Wolfgang; **Kuras**, Marta: Aktuelle Entwicklungen beim Freizeitlärmschutz, in: NdsVBl. 2009, S. 329–337

Schröer, Thomas: Die unmögliche Komplettabschirmung, in: NZBau 2010, S. 490–491

Schröer, Thomas: Ein Plädoyer für innerstädtisches Wohnen, in: NZBau 2009, S. 768–769

Schröer, Thomas: Segmentierte Lärmbetrachtung – ein Auslaufmodell?, in: NZBau 2007, S. 568–570

Schulze-Fielitz, Helmuth: Verkehrslärmschutz und Bauleitplanung, in: UPR 2008, S. 401–410

Siebel, Walter: Die Zukunft der Städte, in: APuZ 17/2010, S. 3–9

Siedentop, Stefan: Innenentwicklung als Leitbild einer nachhaltigen städtebaulichen Entwicklung?, in: fub 2003, S. 89–98

Spiegels, Thomas: Zum Lärmschutz bei der Überplanung einer Gemengelage – Abwägung und planerische Festsetzungsmöglichkeiten, in: BauR 2007, S. 315–323

Spiekermann, Klaus: Räumliche Leitbilder in der kommunalen Planungspraxis, in: AfK 2000, S. 289–311

Stapelfeldt, Alfred: Lärmschutz in der Bauleitplanung, in: KommJur 2012, S. 415–420

Storost, Ulrich: Lärmschutz in der Verkehrswegeplanung, in: DVBl. 2013, S. 281–287

Stüer, Bernhard; **Middelbeck**, Jens: Sportlärm bei Planung und Vorhabenzulassung, in: BauR 2003, S. 38–48

Stühler, Hans-Ulrich: Zum bauplanungsrechtlichen Grundsatz der Gebietsverträglichkeit, in: BauR 2007, S. 1350–1358

Stühler, Hans-Ulrich: Zur Änderung der Sportanlagenlärmschutzverordnung, in: BauR 2006, S. 1671–1676
Upmeier, Hans-Dieter: Schutz vor heranrückender Wohnbebauung, in: BauR 2011, S. 413
Weeber, Rotraut: Wohnen in der Innenstadt, in: RaumPlanung 2012, S. 15–19

I.1.3. Beiträge in Sammelwerken

Albers, Gerd: Die kompakte Stadt im Wandel der Leitbilder, in: **Wentz**, Martin (Hrsg.): Die kompakte Stadt, Frankfurt/Main 2000, Campus, S. 22–29
Biehn, Karlheinz; **Trautmann**, Uwe: Größen und Messverfahren zur Kennzeichnung von Geräuschen und Geräuschquellen, in: **Schirmer**, Werner (Hrsg.): Technischer Lärmschutz, 2. Aufl., Berlin 2006, Springer, S. 17–63
Borchard, Klaus: Braucht der Städtebau Leitbilder?, in: **Battis**, Ulrich; **Söfker**, Wilhelm; **Stüer**, Bernhard (Hrsg.): Nachhaltige Stadt- und Raumentwicklung – Festschrift für Michael Krautzberger zum 65. Geburtstag, München 2008, Beck, S. 237–249
Claus, Sören: Aktuelle höchstrichterliche Rechtsprechung zur BauNVO, in: **Mitschang**, Stephan (Hrsg.): Fach- und Rechtsprobleme der Baunutzungsverordnung, Berliner Schriften zur Stadt- und Regionalplanung – Band 8, Frankfurt/Main 2009, Peter Lang, S. 75–90
Feldhaus, Gerhard: Zur Geschichte des Umweltrechts in Deutschland, in: **Dolde**, Klaus-Peter (Hrsg.): Umweltrecht im Wandel, Berlin 2001, Erich Schmidt, S. 15–43
Hälsig, Günter: Gesetzliche Bestimmungen für die Messung von Emissionen und Immissionen, in: **Thomé-Kozmiensky**, Karl Joachim; **Dombert**, Matthias; **Versteyl**, Andreas et al. (Hrsg.): Immissionsschutz – Band 2, Neuruppin 2011, TK, S. 421–433
Heilsborn, Torsten: Der Einsatz passiver Schallschutzmaßnahmen bei gewerblichen Immissionen, in: **Mitschang**, Stephan (Hrsg.): Aktuelle Fach- und Rechtsfragen des Lärmschutzes, Berliner Schriften zur Stadt- und Regionalplanung – Band 9, Frankfurt/Main 2010, Peter Lang, S. 113–128
Hendler, Reinhard: Die Gewährleistung des Immissionsschutzes im Spannungsfeld von Planungsrecht und Fachrecht, in: **Faßbender**, Kurt; **Köck**, Wolfgang (Hrsg.): Aktuelle Entwicklungen im Immissionsschutzrecht, Leipziger Schriften zum Umwelt- und Planungsrecht – Band 22, Baden-Baden 2013, Nomos, S. 15–31
Hradil, Stefan: Bevölkerung, in: **Hradil**, Stefan (Hrsg.): Deutsche Verhältnisse – Eine Sozialkunde, Bonn 2012, Bundeszentrale für politische Bildung, S. 41–66

Jessen, Johann: Leitbilder der Stadtentwicklung, in: **ARL** (Hrsg.): Handwörterbuch der Raumordnung, 4. Aufl., Hannover 2005, Selbstverlag, S. 602–608

Koch, Hans-Joachim: Immissionsschutzrecht, in: **Koch**, Hans-Joachim (Hrsg.): Umweltrecht, 3. Aufl., München 2010, Vahlen, S. 158–244

Krautzberger, Michael: Einsatzfelder städtebaulicher Verträge für die planerische Konfliktbewältigung, in: **Mitschang**, Stephan (Hrsg.): Gerüche, Feinstaub und Gefahrstoffe in der Bauleitplanung und bei der Zulassung von Bauvorhaben, Berliner Schriften zur Stadt- und Regionalplanung – Band 18, Frankfurt/Main 2011, Peter Lang, S. 205–218

Mäding, Heinrich: Demographischer Wandel, in: **Henckel**, Dietrich; **Kuczkowski**, Kester von; **Lau**, Petra et al. (Hrsg.): Planen – Bauen – Umwelt, Wiesbaden 2010, Springer VS, S. 105–109

Mitschang, Stephan: Lärmschutzprobleme und ihre Auswirkungen auf die Stadtentwicklung, in: **Mitschang**, Stephan (Hrsg.): Aktuelle Fach- und Rechtsfragen des Lärmschutzes, Berliner Schriften zur Stadt- und Regionalplanung – Band 9, Frankfurt/Main 2010, Peter Lang, S. 9–61

Pahl-Weber, Elke: Informelle Planung in der Stadt- und Regionalplanung, in: **Henckel**, Dietrich; **Kuczkowski**, Kester von; **Lau**, Petra et al. (Hrsg.): Planen – Bauen – Umwelt, Wiesbaden 2010, Springer VS, S. 227–232

Preuß, Thomas; **Floeting**, Holger: Kosten der Flächeninanspruchnahme, in: **Bock**, Stephanie; **Hinzen**, Ajo; **Libbe**, Jens (Hrsg.): Nachhaltiges Flächenmanagement – Ein Handbuch für die Praxis, Berlin 2011, Difu, S. 312–323

Rehbinder, Eckard: Ziele, Grundsätze, Strategien und Instrumente, in: **Hansmann**, Klaus; **Sellner**, Dieter (Hrsg.): Grundzüge des Umweltrechts, 4. Aufl., Berlin 2012, Erich Schmidt, S. 135–297

Reidt, Olaf: Verkehrslärm und Bauleitplanung, in: **Mitschang**, Stephan (Hrsg.): Aktuelle Fach- und Rechtsfragen des Lärmschutzes, Berliner Schriften zur Stadt- und Regionalplanung – Band 9, Frankfurt/Main 2010, Peter Lang, S. 171–184

Rojahn, Ondolf: Lärmschutzbezogene Normen und Richtlinien in der Bauleitplanung, in: **Mitschang**, Stephan (Hrsg.): Aktuelle Fach- und Rechtsfragen des Lärmschutzes, Berliner Schriften zur Stadt- und Regionalplanung – Band 9, Frankfurt/Main 2010, Peter Lang, S. 63–83

Sanden, Joachim: Umweltschutz im Planungsrecht, in: **Koch**, Hans-Joachim (Hrsg.): Umweltecht, 3. Aufl., München 2010, Vahlen, S. 675–719

Schink, Alexander: Umweltschutz durch Bauplanungsrecht, in: **Hansmann**, Klaus; **Sellner**, Dieter (Hrsg.): Grundzüge des Umweltrechts, 4. Aufl., Berlin 2012, Erich Schmidt, S. 363–459

Schmidt-Eichstaedt, Gerd: Darstellungen und Festsetzungen zum Lärmschutz in Bauleitplänen, in: **Mitschang**, Stephan (Hrsg.): Aktuelle Fach- und Rechtsfragen des Lärmschutzes, Berliner Schriften zur Stadt- und Regionalplanung – Band 9, Frankfurt/Main 2010, Peter Lang, S. 97–112

Schwarz, Tim: Die Darstellung zentraler Versorgungsbereiche im Flächennutzungsplan, in: **Mitschang**, Stephan (Hrsg.): Stärkung der Innenentwicklung – BauGB-Novelle 2012/13, Berliner Schriften zur Stadt- und Regionalplanung – Band 20, Frankfurt/Main 2013, Peter Lang, S. 95–113

Siedentop, Stefan: Innenentwicklung/Außenentwicklung, in: **Henckel**, Dietrich; **Kuczkowski**, Kester von; **Lau**, Petra et al. (Hrsg.): Planen – Bauen – Umwelt, Wiesbaden 2010, Springer VS, S. 235–240

Söfker, Wilhelm: Abweichen vom Einfügungsgebot – Systematik und Regelungsergänzung in § 34 Abs. 3a BauGB, in: **Mitschang**, Stephan (Hrsg.): Stärkung der Innenentwicklung – BauGB-Novelle 2012/13, Berliner Schriften zur Stadt- und Regionalplanung – Band 20, Frankfurt/Main 2013, S. 115–124

Söfker, Wilhelm: Anforderungen an die Überplanung von Gemengelagen, in: **Mitschang**, Stephan (Hrsg.): Aktuelle Fach- und Rechtsfragen des Lärmschutzes, Berliner Schriften zur Stadt- und Regionalplanung – Band 9, Frankfurt/Main 2010, Peter Lang, S. 85–95

Weiland, Ulrike: Nachhaltige Stadtentwicklung, in: **Henckel**, Dietrich; **Kuczkowski**, Kester von; **Lau**, Petra et al. (Hrsg.): Planen – Bauen – Umwelt, Wiesbaden 2010, Springer VS, S. 343–347

I.1.4. Kommentierungen

Battis, Ulrich; **Krautzberger**, Michael; **Löhr**, Rolf-Peter: BauGB – Kommentar, 12. Aufl., München 2014, Beck

Beckert, Christian; **Fabricius**, Sabine: TA Lärm mit Erläuterungen, 2. Aufl., Berlin 2009, Erich Schmidt

Brügelmann, Hermann (Hrsg.): BauGB – Kommentar, Loseblattsammlung, Stand: Juni 2013, Stuttgart, Kohlhammer

Ernst, Werner; **Zinkahn**, Willy; **Bielenberg**, Walter; **Krautzberger**, Michael (Hrsg.): BauGB – Kommentar, Loseblattsammlung, Stand: April 2013, München, Beck

Fickert, Hans Carl; **Fieseler**, Herbert; **Determann**, Dietrich; **Stühler**, Hans-Ulrich: BauNVO – Kommentar, 11. Aufl., Stuttgart 2008, Kohlhammer

Jäde, Henning; **Dirnberger**, Franz; **Weiß**, Josef: BauGB und BauNVO – Kommentar, 6. Aufl., Stuttgart 2010, Boorberg

Jarass, Hans D.: BImSchG – Kommentar, 9. Aufl., München 2012, Beck
König, Helmut; **Roeser**, Thomas; **Stock**, Jürgen: BauNVO – Kommentar, 2. Aufl., München 2003, Beck
Kotulla, Michael (Hrsg.): BImSchG – Kommentar, Loseblattsammlung, Stand: Juni 2011, Stuttgart, Kohlhammer
Landmann, Robert von; **Rohmer**, Gustav (Hrsg.): Umweltrecht, Loseblattsammlung, Stand: Februar 2013, München, Beck
Rixner, Florian; **Biedermann**, Robert; **Steger**, Sabine (Hrsg.): Systematischer Praxiskommentar BauGB/BauNVO, Köln 2010, Bundesanzeiger
Schlichter, Otto; **Stich**, Rudolf; **Driehaus**, Hans-Joachim; **Paetow**, Stefan (Hrsg.): Berliner Kommentar zum Baugesetzbuch, 3. Aufl., Köln 2002, Loseblattsammlung, Stand: November 2012, Carl Heymanns
Spannowsky, Willy; **Uechtritz**, Michael (Hrsg.): Beck'scher Online-Kommentar BauGB, Stand: September 2013, München, Beck

I.2. Rechtsprechung

I.2.1. Entscheidungen des Bundesverwaltungsgerichts

BVerwG, Beschl. v. 06.11.1968 – IV B 47.68 –, DÖV 1969, S. 644 = NJW 1969, S. 1076
BVerwG, Urt. v. 05.07.1974 – IV C 50.72 –, BauR 1974, S. 311–323
BVerwG, Urt. v. 29.11.1974 – IV C 10.73 –, BauR 1975, S. 106–108 = DVBl. 1975, S. 509–512
BVerwG, Urt. v. 12.12.1975 – IV C 71.73 –, BauR 1976, S. 100–105 = VerwRspr. 1976, S. 857–866
BVerwG, Urt. v. 26.05.1978 – IV C 9.77 –, BauR 1978, S. 276–283 = NJW 1978, S. 2564–2567
BVerwG, Urt. v. 04.07.1980 – IV C 101.77 –, BauR 1980, S. 446–449 = NJW 1981, S. 139–140
BVerwG, Urt. v. 12.09.1980 – IV C 75.77 –, BauR 1981, S. 55–56 = BRS 36, S. 122–124
BVerwG, Urt. v. 10.12.1982 – 4 C 28/81 –, NJW 1983, S. 2460–2461 = NVwZ 1983, S. 610
BVerwG, Urt. v. 18.02.1983 – 4 C 18/81 –, NVwZ 1983, S. 739 = VR 1984, S. 28
BVerwG, Beschl. v. 11.07.1983 – 4 B 123/83 –, Juris
BVerwG, Urt. v. 16.03.1984 – 4 C 50/80 –, BauR 1984, S. 612–614 = NVwZ 1984, S. 511–512

BVerwG, Beschl. v. 27.12.1984 – 4 B 278/84 –, NVwZ 1985, S. 652–653 = UPR 1985, S. 137
BVerwG, Urt. v. 07.02.1986 – 4 C 49/82 –, BauR 1986, S. 414–417 = NVwZ 1986, S. 642–643
BVerwG, Urt. v. 23.05.1986 – 4 C 34/85 –, BauR 1986, S. 542–544 = NVwZ 1987, S. 128–129
BVerwG, Urt. v. 03.04.1987 – 4 C 41/84 –, BauR 1987, S. 538–542 = NVwZ 1987, S. 884–886
BVerwG, Beschl. v. 15.04.1987 – 4 B 71/87 –, NVwZ 1987, S. 970 = ZfBR 1987, S. 262
BVerwG, Beschl. v. 22.05.1987 – 4 N 4/86 –, BauR 1987, S. 520–524 = NVwZ 1987, S. 1072–1074
BVerwG, Urt. v. 22.05.1987 – 4 C 6/85 und 4 C 7/85 –, BauR 1987, S. 531–533 = NVwZ 1987, S. 1078–1079
BVerwG, Urt. v. 22.05.1987 – 4 C 77/84 –, BauR 1987, S. 524–527 = NVwZ 1987, S. 1074–1076
BVerwG, Beschl. v. 27.11.1987 – 4 B 230/87 und 4 B 231/87 –, BauR 1988, S. 184–185 = BRS 51, S. 99–100
BVerwG, Beschl. v. 07.09.1988 – 4 N 1/87 –, NJW 1989, S. 467–469 = ZfBR 1989, S. 34–37
BVerwG, Beschl. v. 16.12.1988 – 4 NB 1/88 –, NVwZ 1989, S. 664–666 = UPR 1989, S. 270–272
BVerwG, Beschl. v. 06.03.1989 – 4 NB 8/89 –, BauR 1989, S. 306–308 = NVwZ 1989, S. 960–961
BVerwG, Urt. v. 14.04.1989 – 4 C 52/87 –, DVBl. 1989, S. 1050–1051 = UPR 1989, S. 352–354
BVerwG, Beschl. v. 08.08.1989 – 4 NB 2/89 –, BauR 1989, S. 695–696 = NVwZ 1990, S. 159–161
BVerwG, Beschl. v. 22.12.1989 – 4 NB 32/89 –, BauR 1990, S. 186–189 = NVwZ-RR 1990, S. 171
BVerwG, Urt. v. 15.02.1990 – 4 C 23/86 –, BauR 1990, S. 328–333 = NVwZ 1990, S. 755–758
BVerwG, Urt. v. 22.06.1990 – 4 C 6/87 –, BauR 1990, S. 689–694 = NVwZ 1991, S. 64–66
BVerwG, Urt. v. 12.12.1990 – 4 C 40/87 –, BauR 1991, S. 308–311 = NVwZ 1991, S. 879–881
BVerwG, Beschl. v. 18.12.1990 – 4 N 6/88 –, BRS 50, S. 71–78 = NVwZ 1991, S. 881–884

BVerwG, Beschl. v. 04.06.1991 – 4 NB 35/89 –, BauR 1991, S. 718–725 = NVwZ 1992, S. 373–377
BVerwG, Beschl. v. 23.06.1992 – 4 B 55/92 –, NVwZ-RR 1993, S. 456–457 = IBR 1994, S. 516
BVerwG, Urt. v. 24.09.1992 – 7 C 7/92 –, GewArch 1993, S. 85–87 = NVwZ 1993, S. 987–988
BVerwG, Urt. v. 14.01.1993 – 4 C 19/90 –, BauR 1993, S. 445–452 = NVwZ 1993, S. 1184–1188
BVerwG, Urt. v. 11.02.1993 – 4 C 18/91 –, NJW 1993, S. 2695–2698 = DNotZ 1994, S. 63–69
BVerwG, Beschl. v. 06.05.1993 – 4 NB 32/92 –, BauR 1993, S. 693–695 = NVwZ 1994, S. 292–293
BVerwG, Beschl. v. 28.09.1993 – 4 B 151/93 –, NVwZ-RR 1994, S. 139–140
BVerwG, Beschl. v. 27.01.1994 – 4 B 16/94 –, NVwZ-RR 1995, S. 6
BVerwG, Beschl. v. 11.03.1994 – 4 B 53/94 –, BauR 1994, S. 494–495 = NVwZ 1994, S. 1008–1009
BVerwG, Urt. v. 23.03.1994 – 4 C 18/92 –, BauR 1994, S. 481–483 = NVwZ 1994, S. 1006–1008
BVerwG, Beschl. v. 08.11.1994 – 7 B 73/94 –, NJW 1995, S. 3201 = NVwZ 1995, S. 993–994
BVerwG, Urt. v. 15.12.1994 – 4 C 13/93 –, BauR 1995, S. 361–365 = NVwZ 1995, S. 698–700
BVerwG, Urt. v. 18.05.1995 – 4 C 20/94 –, BauR 1995, S. 807–812 = NVwZ 1996, S. 379–381
BVerwG, Urt. v. 31.08.1995 – 7 A 19/94 –, BVerwGE 99, S. 166–172 = NVwZ 1996, S. 394–396
BVerwG, Beschl. v. 04.10.1995 – 4 B 68/95 –, NVwZ-RR 1996, S. 375 = UPR 1996, S. 120
BVerwG, Urt. v. 21.03.1996 – 4 C 9/95 –, BVerwGE 101, S. 1–12 = NVwZ 1996, S. 1003–1006
BVerwG, Beschl. v. 06.05.1996 – 4 NB 16/96 –, BRS 58, S. 88–89
BVerwG, Beschl. v. 18.06.1997 – 4 B 238/96 –, BauR 1997, S. 807–809 = NVwZ-RR 1998, S. 157–159
BVerwG, Beschl. v. 25.08.1997 – 4 NB 12/97 –, BauR 1997, S. 978–981 = NVwZ-RR 1998, S. 162–165
BVerwG, Beschl. v. 23.12.1997 – 4 BN 23/97 –, BauR 1998, S. 515–517 = NVwZ-RR 1998, S. 538–539

BVerwG, Beschl. v. 27.01.1998 – 4 NB 3/97 –, BauR 1998, S. 744–748 = NVwZ 1998, S. 1067–1069

BVerwG, Urt. v. 27.08.1998 – 4 C 5/98 –, BauR 1999, S. 152–159 = NVwZ 1999, S. 523–527

BVerwG, Urt. v. 28.01.1999 – 4 CN 5/98 –, BauR 1999, S. 867–872 = NVwZ 1999, S. 1222–1225

BVerwG, Beschl. v. 08.02.1999 – 4 BN 1/99 –, BauR 1999, S. 1435 = ZfBR 1999, S. 234

BVerwG, Urt. v. 12.08.1999 – 4 CN 4/98 –, BauR 2000, S. 229–234 = ZfBR 2000, S. 125–128

BVerwG, Urt. v. 23.09.1999 – 4 C 6/98 –, BauR 2000, S. 234–239 = ZfBR 2000, S. 128–130

BVerwG, Beschl. v. 08.11.1999 – 4 B 85/99 –, BauR 2000, S. 1171–1172 = ZfBR 2000, S. 426–427

BVerwG, Beschl. v. 11.02.2000 – 4 B 1/00 –, BRS 63, S. 490–495

BVerwG, Urt. v. 24.02.2000 – 4 C 23/98 –, BauR 2000, S. 1306–1308 = NVwZ 2000, S. 1054–1055

BVerwG, Urt. v. 28.02.2002 – 4 CN 5/01 –, BauR 2002, S. 1348–1354 = NVwZ 2002, S. 1114–1118

BVerwG, Urt. v. 21.03.2002 – 4 C 1/02 –, BauR 2002, S. 1497–1499 = ZfBR 2002, S. 684–685

BVerwG, Beschl. v. 25.04.2002 – 4 BN 20/02 –, Juris

BVerwG, Beschl. v. 13.05.2002 – 4 B 86/01 –, BauR 2002, S. 1499–1500 = GewArch 2002, S. 495

BVerwG, Beschl. v. 15.10.2002 – 4 BN 51/02 –, BauR 2004, S. 641–642 = JuS 2003, S. 506

BVerwG, Beschl. v. 11.02.2003 – 7 B 88/02 –, BauR 2004, S. 471–472 = NVwZ 2003, S. 751–753

BVerwG, Beschl. v. 20.03.2003 – 4 B 59/02 –, NVwZ 2003, S. 1516–1518

BVerwG, Beschl. v. 28.08.2003 – 4 B 74/03 –, Juris

BVerwG, Urt. v. 03.03.2004 – 9 A 15/03 –, NVwZ 2004, S. 986–990 = UPR 2004, S. 275–277

BVerwG, Beschl. v. 13.05.2004 – 4 BN 15/04 –, Juris

BVerwG, Beschl. v. 26.05.2004 – 4 BN 24/04 –, BRS 67, S. 136–138 = ZfBR 2004, S. 566

BVerwG, Urt. v. 18.08.2005 – 4 C 13/04 –, BauR 2006, S. 52–59 = ZfBR 2006, S. 44–49

BVerwG, Beschl. v. 30.01.2006 – 4 BN 55/05 –, BauR 2007, S. 856–858 = ZfBR 2006, S. 355–357

BVerwG, Urt. v. 09.11.2006 – 4 A 2001/06 –, NVwZ 2007, S. 445–459

BVerwG, Urt. v. 07.03.2007 – 9 C 2/06 –, NuR 2007, S. 484–488 = NVwZ 2007, S. 827–830

BVerwG, Urt. v. 22.03.2007 – 4 CN 2/06 –, BauR 2007, S. 1365–1368 = NVwZ 2007, S. 831–833

BVerwG, Beschl. v. 30.10.2007 – 4 BN 38/07 –, BauR 2008, S. 326–327 = NVwZ 2008, S. 214–216

BVerwG, Beschl. v. 28.02.2008 – 4 B 60/07 –, BauR 2008, S. 954–957 = NVwZ 2008, S. 786–789

BVerwG, Urt. v. 03.04.2008 – 4 CN 3/07 –, NVwZ 2008, S. 902–905 = UPR 2009, S. 27–30

BVerwG, Beschl. v. 12.06.2008 – 4 BN 8/08 –, Juris = BauR 2008, S. 1416–1417 (gekürzt)

BVerwG, Beschl. v. 06.11.2008 – 4 B 58/08 –, Juris

BVerwG, Urt. v. 13.05.2009 – 9 A 72/07 –, BauR 2010, S. 202–205 = NVwZ 2009, S. 1498–1504

BVerwG, Beschl. v. 16.06.2009 – 4 B 50/08 –, BauR 2009, S. 1564–1565 = ZfBR 2009, S. 693–695

BVerwG, Beschl. v. 08.03.2010 – 4 B 76/09 –, BRS 76, S. 149–150

BVerwG, Beschl. v. 29.07.2010 – 4 BN 21/10 –, BauR 2010, S. 1889–1890 = UPR 2010, S. 452–453

BVerwG, Beschl. v. 22.11.2010 – 7 B 58/10 –, BauR 2011, S. 629–630 = BRS 76, S. 433–434

BVerwG, Beschl. v. 08.12.2010 – 4 BN 24/10 –, BauR 2011, S. 803–805 = ZfBR 2011, S. 275–276

BVerwG, Urt. v. 15.12.2011 – 7 A 11/10 –, NVwZ 2012, S. 1120–1123 = UPR 2012, S. 301–304

BVerwG, Urt. v. 02.02.2012 – 4 C 14/10 –, BauR 2012, S. 900–903 = GewArch 2012, S. 268–270

BVerwG, Urt. v. 19.04.2012 – 4 CN 3/11 –, BauR 2012, S. 1351–1357 = ZfBR 2012, S. 566–570

BVerwG, Beschl. v. 07.06.2012 – 4 BN 6/12 –, BauR 2012, S. 1611 = ZfBR 2012, S. 578–579

BVerwG, Urt. v. 29.11.2012 – 4 C 8/11 –, BauR 2013, S. 563–566 = ZfBR 2013, S. 261–265

BVerwG, Urt. v. 20.12.2012 – 4 C 11/11 –, KommJur 2013, S. 150–155 = ZUR 2013, S. 278–284

BVerwG, Beschl. v. 10.01.2013 – 4 B 48/12 –, BauR 2013, S. 934–936

BVerwG, Beschl. v. 06.03.2013 – 4 BN 39/12 –, BauR 2013, S. 1072–1073 = UPR 2013, S. 277–278

I.2.2. Entscheidungen der oberen Verwaltungsgerichte der Länder

OVG Bautzen, Urt. v. 12.01.2010 – 1 D 11/07 –, Juris
OVG Bautzen, Beschl. v. 25.01.2011 – 4 A 589/09 –, Juris
OVG Berlin-Brandenburg, Beschl. v. 23.07.2008 – 2 N 96.07 –, Juris
OVG Berlin-Brandenburg, Urt. v. 13.04.2010 – 10 A 2.07 –, BauR 2010, S. 1535–1538
OVG Berlin-Brandenburg, Beschl. v. 18.04.2011 – 11 S 78.10 –, NVwZ-RR 2011, S. 644–645
OVG Berlin-Brandenburg, Urt. v. 15.03.2012 – 2 A 20.09 –, Juris
OVG Berlin-Brandenburg, Urt. v. 25.05.2012 – 2 A 11.10 –, Juris
OVG Berlin-Brandenburg, Urt. v. 07.06.2012 – 2 B 18.11 –, Juris
OVG Greifswald, Urt. v. 17.06.2008 – 3 K 13/07 –, Juris
OVG Hamburg, Urt. v. 02.02.2011 – 2 Bf 90/07 und 2 Bf 91/07 –, Juris = DVBl. 2011, S. 827–832 (gekürzt)
OVG Koblenz, Urt. v. 16.04.2003 – 8 A 11903/02 –, BauR 2003, S. 1187–1190
OVG Koblenz, Urt. v. 31.03.2004 – 8 C 11785/03 –, BauR 2004, S. 1116–1118
OVG Koblenz, Urt. v. 04.07.2006 – 8 C 11709/05 –, ZfBR 2007, S. 57–63
OVG Koblenz, Urt. v. 15.01.2007 – 8 C 11341/06 –, BauR 2007, S. 596
OVG Koblenz, Urt. v. 21.10.2009 – 1 C 10150/09 –, Juris
OVG Koblenz, Urt. v. 02.05.2011 – 8 C 11261/10 –, ZfBR 2011, S. 567–569
OVG Koblenz, Urt. v. 08.06.2011 – 1 C 11199/10 –, BRS 78, S. 194–198
OVG Lüneburg, Urt. v. 25.06.2001 – 1 K 1850/00 –, BauR 2001, S. 1862–1867
OVG Lüneburg, Urt. v. 18.09.2001 – 1 L 3779/00 –, BauR 2002, S. 906–911
OVG Lüneburg, Urt. v. 17.11.2005 – 1 KN 127/04 –, BRS 69, S. 117–124
OVG Lüneburg, Beschl. v. 09.04.2010 – 1 MN 251/09 –, DVBl. 2010, S. 733 (Ls.)
OVG Magdeburg, Beschl. v. 12.01.2010 – 2 L 54/09 –, NVwZ-RR 2010, S. 465–468
OVG Magdeburg, Urt. v. 17.02.2011 – 2 K 102/09 –, BauR 2011, S. 1618–1622
OVG Magdeburg, Beschl. v. 12.12.2011 – 2 M 162/11 –, BauR 2012, S. 756–760
OVG Münster, Urt. v. 17.10.1996 – 7a D 122/94.NE –, ZUR 1997, S. 440 (Ls.)
OVG Münster, Beschl. v. 14.02.2001 – 7a D 93/97.NE –, Juris
OVG Münster, Urt. v. 16.11.2001 – 7 A 3784/00 –, BauR 2002, S. 589–591
OVG Münster, Urt. v. 20.03.2002 – 10a D 48/99.NE –, BauR 2002, S. 1665–1669

OVG Münster, Urt. v. 12.02.2004 – 7a D 16/03.NE –, Juris
OVG Münster, Urt. v. 16.12.2005 – 7 D 48/04.NE –, Juris
OVG Münster, Urt. v. 17.01.2008 – 10 A 2795/05 –, Juris = DVBl. 2008, S. 1067–1068 (Ls.)
OVG Münster, Urt. v. 23.10.2008 – 7 D 90/07.NE –, Juris
OVG Münster, Beschl. v. 27.02.2009 – 7 B 1647/08 –, ZfBR 2009, S. 377–380
OVG Münster, Urt. v. 23.10.2009 – 7 D 106/08.NE –, NVwZ-RR 2010, S. 263
OVG Münster, Urt. v. 19.04.2010 – 7 A 2362/07 –, Juris
OVG Münster, Urt. v. 21.12.2010 – 2 D 64/08.NE –, BRS 76, S. 247–251
OVG Münster, Beschl. v. 21.04.2011 – 7 B 280/11 –, Juris
OVG Münster, Urt. v. 01.06.2011 – 2 A 1058/09 – (aufgehoben), BauR 2012, S. 476–484
OVG Münster, Urt. v. 06.09.2011 – 2 A 2249/09 –, Juris = BauR 2012, S. 602–611
OVG Münster, Urt. v. 09.03.2012 – 2 A 1626/10 –, BauR 2012, S. 1223–1229
OVG Münster, Urt. v. 21.05.2012 – 10 D 145/09.NE –, Juris
OVG Münster, Urt. v. 13.09.2012 – 2 D 38/11.NE –, BauR 2013, S. 1408–1419
OVG Münster, Urt. v. 05.12.2012 – 7 D 64/10.NE –, UPR 2013, S. 229–233
OVG Münster, Urt. v. 24.04.2013 – 7 D 24/12.NE –, BauR 2013, S. 1073–1075
OVG Münster, Urt. v. 15.05.2013 – 2 A 3010/11 –, Juris
OVG Münster, Urt. v. 15.05.2013 – 2 D 122/12.NE –, Juris
OVG Saarlouis, Urt. v. 31.10.2000 – 2 N 4/99 –, Juris
OVG Saarlouis, Beschl. v. 26.01.2007 – 2 W 27/06 –, BauR 2008, S. 652–654
OVG Saarlouis, Beschl. v. 04.12.2008 – 2 A 228/08 –, LKRZ 2009, S. 142–143
OVG Schleswig, Beschl. v. 12.07.2007 – 1 MR 1/07 –, Juris
OVG Schleswig, Beschl. v. 23.05.2011 – 1 MB 6/11 –, NordÖR 2011, S. 344–346
VGH Kassel, Beschl. v. 28.01.2000 – 4 TG 3662/99 –, NVwZ-RR 2000, S. 570–571
VGH Kassel, Beschl. v. 17.11.2000 – 4 TG 3518/00 –, ZfBR 2001, S. 429
VGH Kassel, Urt. v. 25.02.2005 – 2 UE 2890/04 –, NVwZ-RR 2006, S. 531–537
VGH Kassel, Urt. v. 21.02.2008 – 4 N 869/07 –, BauR 2009, S. 766–771
VGH Kassel, Urt. v. 22.04.2010 – 4 C 245/09.N –, Juris
VGH Kassel, Urt. v. 22.04.2010 – 4 C 306/09.N –, BauR 2010, S. 1531–1534
VGH Kassel, Urt. v. 29.03.2012 – 4 C 694/10.N –, NuR 2012, S. 644–651
VGH Kassel, Urt. v. 28.02.2013 – 3 C 297/12.N –, ZfBR 2013, S. 586–590
VGH Mannheim, Urt. v. 11.05.1990 – 3 S 3375/89 –, Juris
VGH Mannheim, Urt. v. 14.05.1991 – 5 S 1827/90 –, NVwZ 1992, S. 389–390
VGH Mannheim, Urt. v. 23.09.1993 – 8 S 1281/93 –, Juris
VGH Mannheim, Urt. v. 30.01.1995 – 5 S 908/94 –, BauR 1995, S. 819–821
VGH Mannheim, Beschl. v. 20.06.1995 – 8 S 237/95 –, NVwZ-RR 1996, S. 139

VGH Mannheim, U. v. 14.11.1996 – 5 S 5/95 –, NVwZ-RR 1997, S. 694–699
VGH Mannheim, Urt. v. 16.04.2002 – 10 S 2443/00 –, BauR 2002, S. 1366–1368
VGH Mannheim, Beschl. v. 15.02.2006 – 8 S 2551/05 –, ZfBR 2006, S. 481–482
VGH Mannheim, Beschl. v. 11.10.2006 – 5 S 1904/06 –, NVwZ-RR 2007, S. 168–170
VGH München, Urt. v. 19.10.2006 – 14 N 04.3287 –, BauR 2007, S. 999–1002
VGH Mannheim, Urt. v. 19.10.2010 – 3 S 1666/08 –, Juris
VGH Mannheim, Urt. v. 19.10.2011 – 3 S 942/10 –, Juris = DVBl. 2012, S. 186 (Ls.)
VGH Mannheim, Beschl. v. 05.03.2012 – 5 S 3239/11 –, KommJur 2012, S. 310–313
VGH Mannheim, Urt. v. 16.03.2012 – 8 S 260/11 –, Juris
VGH Mannheim, Urt. v. 03.07.2012 – 3 S 321/11 –, VBlBW 2013, S. 61–64
VGH Mannheim, Urt. v. 20.03.2013 – 5 S 1126/11 –, VBlBW 2013, S. 347–348
VGH Mannheim, Urt. v. 04.07.2013 – 4 C 2300/11.N –, Juris
VGH Mannheim, Urt. v. 09.08.2013 – 8 S 2145/12 –, Juris
VGH München, Urt. v. 22.11.1999 – 14 N 98.3623 –, BauR 2000, S. 699
VGH München, Urt. v. 27.11.2002 – 2 N 99.63 –, Juris
VGH München, Urt. v. 12.06.2003 – 1 N 01.1044 –, Juris
VGH München, Urt. v. 14.07.2004 – 25 B 97.2307 –, Juris
VGH München, Beschl. v. 27.06.2007 – 15 CS 07.406 und 15 CS 07.430 –, Juris
VGH München, Beschl. v. 12.07.2007 – 15 ZB 06.3088 –, Juris
VGH München, Beschl. v. 16.08.2007 – 15 ZB 07.370 –, Juris
VGH München, Beschl. v. 25.02.2010 – 22 CS 09.3065 –, Juris
VGH München, Urt. v. 25.10.2010 – 1 N 06.2609 –, BauR 2011, S. 978–981
VGH München, Urt. v. 29.11.2012 – 15 N 09.693 –, Juris
VGH München, Beschl. v. 21.01.2013 – 22 CS 12.2297 –, ZNER 2013, S. 211–214
VGH München, Urt. v. 30.07.2013 – 1 N 11.821 –, Juris

I.3. Weitere Quellen

I.3.1. Parlamentarische Drucksachen

BR-Drs. 354/89 vom 30.06.1989, Verordnung des Bundesministers für Raumordnung, Bauwesen und Städtebau – Vierte Verordnung zur Änderung der Baunutzungsverordnung

BR-Drs. 661/89 vom 27.11.1989, Verordnung der Bundesregierung – Sechzehnte Verordnung zur Durchführung des Bundes-Immissionsschutzgesetzes (Verkehrslärmschutzverordnung – 16. BImSchV)

BT-Drs. 7/719 vom 14.02.1973, Entwurf eines Gesetzes zum Schutz vor schädlichen Umwelteinwirkungen durch Luftverunreinigungen, Geräusche, Erschütterungen und ähnliche Vorgänge – Bundes-Immissionsschutzgesetz –
BT-Drs. 15/2250 vom 17.12.2003, Gesetzentwurf der Bundesregierung – Entwurf eines Gesetzes zur Anpassung des Baugesetzbuchs an EU-Richtlinien (Europarechtsanpassungsgesetz Bau – EAG Bau)
BT-Drs. 17/10771 vom 25.09.2012, Gesetzentwurf der Fraktionen der CDU/CSU und FDP – Entwurf eines Elften Gesetzes zur Änderung des Bundes-Immissionsschutzgesetzes
Rat der Europäischen Union, Drs. 10917/06 vom 26.06.2006, Vermerk des Generalsekretariats für die Delegationen zur Überprüfung der EU-Strategie für nachhaltige Entwicklung – Die erneuerte Strategie

I.3.2. Internetquellen

Bertelsmann Stiftung (Hrsg.): Bevölkerungsentwicklung 2006 bis 2025 für Landkreise und kreisfreie Städte, online: http://www.bertelsmann-stiftung.de/cps/rde/xbcr/SID-A44C6DEF-E34FAC9E/bst/xcms_bst_dms_26882_26883_2.pdf, Zugriff am 26.10.2013

Bonk – Marie – Hoppmann GbR: Schalltechnisches Gutachten zum Bebauungsplan Nr. 44 „Nördlicher Dorfanger, Großkoschen", online: https://www1.senftenberg.de/sessionnet/buergerinfo/vo0050.php?__kvonr=1866, Zugriff am 26.10.2013

Bundesinstitut für Bevölkerungsforschung (Hrsg.): Medianalter in Deutschland – 1950 bis 2060, online: http://www.bib-demografie.de/DE/ZahlenundFakten/02/Abbildungen/a_02_16_medianalter_d_1950_2060.html?nn=3074118, Zugriff am 26.10.2013

Bundesministerium für Ernährung, Landwirtschaft und Verbraucherschutz (Hrsg.): Bundeswaldinventur[2] – Waldflächenveränderung, http://www.bundeswaldinventur.de/enid/ce41960de9ae254828bd0691e20dcaff,0/4r.html, Zugriff am 26.10.2013

Deutsche Gesellschaft für Akustik (Hrsg.): Lärmlexikon – Fachbegriffe der Akustik, online: http://www.ald-laerm.de/laermlexikon?search_letter=l, Zugriff am 26.10.2013

Länderarbeitsgruppe Umweltbezogener Gesundheitsschutz (Hrsg.): Leitfaden Wohnumfeld- und Freizeitlärm, online: http://www.verbraucherschutz.bremen.de/sixcms/media.php/13/E_26_TOP_12.4_Anlage_Leitfaden%20Freizeitl%E4rm.pdf, Zugriff am 26.10.2013

Ministerium für Klimaschutz, Umwelt, Landwirtschaft, Natur- und Verbraucherschutz des Landes Nordrhein-Westfalen (Hrsg.): Umgebungslärmkartierung, online: http://www.umgebungslaerm-kartierung.nrw.de/, Zugriff am 26.10.2013
Neumair, Simon-Martin; **Haas**, Hans-Dieter: Gabler Wirtschaftslexikon – Stichwort: Grunddaseinsfunktionen, http://wirtschaftslexikon.gabler.de/Archiv/6643/grunddaseinsfunktionen-v7.html, Zugriff am 26.10.2013
Stadt Bornheim: Aktueller Bebauungsplan in Bearbeitung. Hersel – Bebauungsplan He 05 im Stadtteil Hersel, online: http://www.o-sp.de/bornheim/plan/verfahrensschritte.php?pid=2810&art=LINK3, Zugriff am 26.10.2013
Stadt Bornheim: Bebauungsplan He 05 in der Ortschaft Hersel – Textliche Festsetzungen, online: http://www.o-sp.de/download/bornheim/67890, Zugriff am 26.10.2013
Stadt Bornheim: Bebauungsplan He 05 in der Ortschaft Hersel, online: http://www.o-sp.de/download/bornheim/67889, Zugriff am 26.10.2013
Stadt Bornheim: Bebauungsplan He 05. Bebauungsplan der Innenentwicklung gemäß § 13a BauGB in der Ortschaft Hersel. Begründung, online: http://www.o-sp.de/download/bornheim/67891, Zugriff am 26.10.2013
Stadt Senftenberg (Hrsg.): Amtsblatt für die Stadt Senftenberg – Ausgabe vom 04.07.2013, online: http://www.senftenberg.de/loadDocument.phtml?ObjSvrID=2055&ObjID=1883&ObjLa=1&Ext=PDF, Zugriff am 26.10.2013
Stadt Senftenberg: Bebauungsplan der Innenentwicklung Nr. 44 „Nördlicher Dorfanger, Großkoschen" – Satzung, online: https://www1.senftenberg.de/sessionnet/buergerinfo/vo00 50.php?__kvonr=1866, Zugriff am 26.10.2013
Stadt Senftenberg: Begründung zum Bebauungsplan der Innenentwicklung Nr. 44 „Nördlicher Dorfanger, Großkoschen" der Stadt Senftenberg in der Fassung vom 26.04.2013, online: https://www1.senftenberg.de/sessionnet/buergerinfo/vo0050.php?__kvonr=1866, Zugriff am 26.10.2013
Stadt Waiblingen (Hrsg.): Staufer Kurier – Ausgabe vom 02.05.2013, online: http://www.waiblingen.de/sixcms/media.php/7/stk1813.pdf, Zugriff am 26.10.2013
Stadt Waiblingen: Bebauungsplan und Satzung über Örtliche Bauvorschriften „Brücklesäcker IV – Erweiterung Ost (Parkierungsanlage)". Begründung mit Umweltbericht, online: http://www.waiblingen.de/sixcms/media.php/7/brucklesackerBegruendung150313.pdf, Zugriff am 26.10.2013
Stadt Waiblingen: Bebauungsplan und Satzung über Örtliche Bauvorschriften „Brücklesäcker IV – Erweiterung Ost (Parkierungsanlage)". Textliche Festsetzungen, online: http://www.waiblingen.de/sixcms/media.php/7/brucklesackerTextteil%20Satzung180612.pdf, Zugriff am 26.10.2013

TÜV SÜD Industrie Service GmbH: Schallimmissionsprognose im Rahmen des vorhabenbezogenen Bebauungsplans für den geplanten neuen Parkplatz im Werk D2 der Andreas Stihl AG & Co. KG in Waiblingen, online: http://www. waiblingen.de/sixcms/media.php/7/Anlage4-Schallgutachten_Parkierungsanlage.pdf, Zugriff am 26.10.2013

UBA (Hrsg.): Auswertung der Online-Lärmumfrage des Umweltbundesamtes, online:http://www.umweltbundesamt.de/sites/default/files/medien/publikation/long/3974.pdf, Zugriff am 26.10.2013

I.3.3. Sonstige Quellen

DIN 4109 – Schallschutz im Hochbau, hrsg. vom Deutschen Institut für Normung, Berlin 1989, Beuth

DIN 18005 – Schallschutz im Städtebau, hrsg. vom Deutschen Institut für Normung, Berlin 2002, Beuth

DIN 45691 – Geräuschkontingentierung, hrsg. vom Deutschen Institut für Normung, Berlin 2006, Beuth

Freizeitlärm-Richtlinie des Länderausschusses für Immissionsschutz (LAI) vom 04.05.1995, in: NVwZ 1997, S. 469–471

II. Rechtsgrundlagenverzeichnis

Baugesetzbuch (BauGB) i. d. F. der Bekanntmachung vom 23.09.2004 (BGBl. I S. 2414), das durch Art. 1 des Gesetzes vom 11.06.2013 (BGBl. I S. 1548) geändert worden ist.

Baunutzungsverordnung (BauNVO) i. d. F. der Bekanntmachung vom 23.01.1990 (BGBl. I S. 132), die durch Art. 2 des Gesetzes vom 11.06.2013 (BGBl. I S. 1548) geändert worden ist.

Bundes-Immissionsschutzgesetz (BImSchG) i. d. F. der Bekanntmachung vom 17.05.2013 (BGBl. I S. 1274), das durch Art. 1 des Gesetzes vom 02.07.2013 (BGBl. I S. 1943) geändert worden ist.

Gesetz zum Schutz gegen Fluglärm (FluLärmG) i. d. F. der Bekanntmachung vom 31.10.2007 (BGBl. I S. 2550)

Gesetz zur Anpassung des Baugesetzbuchs an EU-Richtlinien (**Europarechtsanpassungsgesetz Bau – EAG Bau**) i. d. F. der Bekanntmachung vom 24.06.2004 (BGBl. I S. 1359), in Kraft getreten am 20.07.2004

Grundgesetz für die Bundesrepublik Deutschland (GG) in der im BGBl. Teil III, Gliederungsnummer 100-1, veröffentlichten bereinigten Fassung, das

zuletzt durch Art. 1 des Gesetzes vom 11.07.2012 (BGBl. I S. 1478) geändert worden ist.
Planzeichenverordnung (PlanZV) vom 18.12.1990 (BGBl. 1991 I S. 58), die durch Art. 2 des Gesetzes vom 22.07.2011 (BGBl. I S. 1509) geändert worden ist.
Richtlinie 2002/49/EG des Europäischen Parlaments und des Rates vom 25.06.2002 über die Bewertung und Bekämpfung von Umgebungslärm (**Umgebungslärmrichtlinie** – Umgebungslärm-RL), ABl. EG vom 18.07.2002
Sportanlagenlärmschutzverordnung (18. BImSchV) vom 18.07.1991 (BGBl. I S. 1588, 1790), die durch Art. 1 der Verordnung vom 09.02.2006 (BGBl. I S. 324) geändert worden ist.
Technische Anleitung zum Schutz gegen Lärm (TA Lärm) vom 26.08.1998 (GMBl Nr. 26/1998 S. 503)
Verkehrslärmschutzverordnung (16. BImSchV) vom 12.06.1990 (BGBl. I S. 1036), die durch Art. 3 des Gesetzes vom 19.09.2006 (BGBl. I S. 2146) geändert worden ist.
Verordnung über genehmigungsbedürftige Anlagen (4. BImSchV) vom 02.05.2013 (BGBl. I S. 973)

III. Abbildungsverzeichnis

Abbildung 1: Kleinräumige Bevölkerungsentwicklung bis 2030 7

Abbildung 2: Bevölkerung nach Altersgruppen 8

Abbildung 3: Veränderung der täglichen Flächeninanspruchnahme durch Siedlung und Verkehr 10

Abbildung 4: Schalldruckpegel verschiedener Schallquellen und -wirkungen in dB 26

Abbildung 5: Lärmkartierte Gemeinden mit Meldungen zur Lärmaktionsplanung (Stand: Juli 2012) 96

Abbildung 6: Festsetzungsbeispiel I – Ausschnitt aus der Planzeichnung 139

Abbildung 7: Festsetzungsbeispiel II – Lärmkartierung (Geltungsbereich markiert) 142

Abbildung 8: Festsetzungsbeispiel II – Ausschnitt aus der Planzeichnung 143

Abbildung 9: Festsetzungsbeispiel III – prognostizierte Lärmsituation ohne spezifische Festsetzungen 147

IV. Tabellenverzeichnis

Tabelle 1: Physikalische Zusammenhänge im Bereich Akustik 26

Tabelle 2: Überblick über planungsrelevante Regelwerke zum Lärmschutz 70

Tabelle 3: Immissionsgrenzwerte der 16. BImSchV 75

Tabelle 4: Immissionsrichtwerte der 18. BImSchV 79

Tabelle 5: Immissionsrichtwerte der TA Lärm 84

Tabelle 6: Orientierungswerte der DIN 18005 88

Tabelle 7: Immissionsrichtwerte der Freizeitlärm-RL 91

Berliner Schriften zur Stadt- und Regionalplanung

Herausgegeben von Prof. Dr. Stephan Mitschang

Band 1 Stephan Mitschang (Hrsg.): Umweltprüfverfahren in der Stadt- und Regionalplanung. 2006.

Band 2 Stephan Mitschang (Hrsg.): Stadt- und Regionalplanung vor neuen Herausforderungen. 2007.

Band 3 Stephan Mitschang (Hrsg.): Flächennutzungsplanung – Aufgabenwandel und Perspektiven. 2007.

Band 4 Stephan Mitschang (Hrsg.): BauGB-Novelle 2007. Neue Anforderungen an städtebauliche Planungen und die Zulassung von Vorhaben. 2008.

Band 5 Stephan Mitschang (ed. / Hrsg.): Soil Protection Law in the EU. Bodenschutzrecht in der EU. 2008.

Band 6 Stephan Mitschang (Hrsg.): Innenentwicklung – Fach- und Rechtsfragen. 2008.

Band 7 Stephan Mitschang (Hrsg.): Klimaschutz und Energieeinsparung in der Stadt- und Regionalplanung. 2009.

Band 8 Stephan Mitschang (Hrsg.): Fach- und Rechtsprobleme der Baunutzungsverordnung. 2009.

Band 9 Stephan Mitschang (Hrsg.): Aktuelle Fach- und Rechtsfragen des Lärmschutzes. Bauleitplanung, Fachplanung und Zulassung von Bauvorhaben. 2010.

Band 10 Stephan Mitschang / Gerd Schmidt-Eichstaedt (Hrsg.): Die Umweltprüfung in der Regionalplanung. 2010.

Band 11 Ulrich Battis / Jens Kersten / Stephan Mitschang: Rechtsfragen der ökologischen Stadterneuerung. 2010.

Band 12 Stephan Mitschang (ed. / Hrsg): Energy Efficiency and Renewable Energies in Town Planning Law. Energieeffizienz und Erneuerbare Energien im Städtebaurecht. 2010.

Band 13 Stephan Mitschang (Hrsg.): Planen und Bauen im Außenbereich. 2010.

Band 14 Stephan Mitschang (Hrsg.): Aktuelle Fragestellungen des Städtebau- und Umweltrechts – Ansatzpunkte für eine BauGB- und BauNVO-Novelle. 2011.

Band 15 Tim Schwarz: Die Umweltprüfung in gestuften Planungsverfahren. Möglichkeiten und Grenzen der Koordination und Abschichtung im Rahmen der Umweltprüfung in der Raumordnung und der Bauleitplanung. 2011.

Band 16 Stephan Mitschang (ed. / Hrsg.): Urban Planning Law under EU-Influence. Städtebaurecht unter EU-Einfluss. 2011.

Band 17 Stephan Mitschang (Hrsg.): Bauen und Naturschutz. Aktuelle Fach- und Rechtsfragen nach dem Inkrafttreten des BNatSchG 2010. 2011.

Band 18 Stephan Mitschang (Hrsg.): Gerüche, Feinstaub und Gefahrstoffe in der Bauleitplanung und bei der Zulassung von Bauvorhaben. 2011.

Band 19 Stephan Mitschang (Hrsg.): Klimagerechte Stadtentwicklung – Die neuen Regelungen der BauGB-Novelle 2011. 2012.

Band 20 Stephan Mitschang (Hrsg.): Stärkung der Innenentwicklung – BauGB-Novelle 2012/13. 2013.

Band 21 Stephan Mitschang (Hrsg.): Windenergie – Ausbau und Repowering in der Stadt- und Regionalplanung. 2013.

Band 22 Stephan Mitschang (Hrsg.): Innenentwicklung – Fach- und Rechtsfragen der Umsetzung. 2014.

Band 23 Benjamin Heyn: Lärmschutz und Innenentwicklung. Ist der Lärmschutz notwendiges Korrektiv oder störendes Hemmnis für die Innenentwicklung? 2014.

www.peterlang.com

www.ingramcontent.com/pod-product-compliance
Ingram Content Group UK Ltd.
Pitfield, Milton Keynes, MK11 3LW, UK
UKHW020857160426
5217IPUK00035B/1355